A. E. Wilder Smith
D. Sc., Ph. D., Dr. es. Sc., F. R. I. C.
Professor am Medical Center
der University of Illinois,
Chicago

Die Erschaffung des Lebens

Evolution aus kybernetischer Sicht

Hänssler-Verlag
Neuhausen-Stuttgart

Weitere Bücher von Prof. Dr. Wilder Smith:

„Der Mensch im Streß"
„Die Demission des wissenschaftlichen Materialismus"
„Ergriffen? Ergreife!"
„Grundlage zu einer neuen Biologie"
„Herkunft und Zukunft des Menschen"
„Ist das ein Gott der Liebe"
„Warum läßt Gott es zu?"

Alle im Hänssler-Verlag, Neuhausen-Stuttgart, lieferbar

ISBN 3 7751 0077 6

TELOS-Taschenbuch Nr. 190
3. Auflage
© 1972 by Hänssler-Verlag, Neuhausen-Stuttgart
Deutsche Übersetzung: Monika Grote
Umschlagentwurf: Daniel Dolmetsch
Gesamtherstellung: St.-Johannis-Druckerei C. Schweickhardt
7630 Lahr-Dinglingen
Printed in Germany   14967/1977

Inhaltsverzeichnis

Dank   11

Vorwort   12

Einleitung   20

Teil I

1. Die fehlenden Faktoren des neodarwinistischen Ge-
   dankenguts   32
   Die fehlenden Faktoren   32
   Die natürliche Auslese ist unzulänglich   33
   Die Situation in der Kernphysik   34
   Der Zufall reicht nicht aus   34
   Die Bedeutung großer Zeiträume   35
   Die Notwendigkeit von Energiequellen   36
   Die natürliche Auslese   37

2. Die Abiogenese und ihre Postulate   39
   Zufallssysteme als Voraussetzung der Abiogenese
   Der Ursprung der Biomonomere   39
   Die spontane Entstehung von Biomonomeren-
   Aminosäuren   42
   Die spontane Entstehung von Bausteinen — Zucker   43
   Die spontane Entstehung von Bausteinen — hete-
   rozyklische Basen   44
   Die spontane Entstehung von Biomonomeren —
   Porphyrine   45
   Die Entstehung des Lebens aus den verschiedenen
   Bausteinen   46
   Spontane Entstehung von Biomonomeren, nicht aber
   von Proteinen mit spezifischer Aminosäuresequenz   48
   Entropie-„Löcher" und Entropie-„Berge"   49

3. Wege der Entstehung von Makromolekülen   52
   Dehydration, Kondensation und Polymerisation von
   Bausteinen   52
   Wege zur Beeinflussung von Synthesevorgängen   54
   Verschiedene Ansichten über den Ursprung von Spe-
   zifität und Lenkung bei Synthesevorgängen   55
   Wege zur Beeinflussung einer Reaktion und zur Er-

reichung von Spezialität und Codierung 58
Innere Mechanismen zur Erzeugung codierter Sequenzen 61
Ein Beispiel aus Spitzbergen 63
Der Umfang natürlicher Spezifität 64
Autokatalytische und autodirektive Rückkopplung 66
Noch ein Beispiel 67
Komplexität und Spezifität 68

4. Präbiologische Systeme 71
Die Wichtigkeit, den Ursprung zu erkennen 71
Coazervate 72
Mikrosphären 78
Coazervate, Mikrosphären und spontane Formbildung
(Morphogenezität) 78
Kriterien des Lebens 80
Weiteres Beweismaterial von Kenyon und Steinman 82
Reductio ad absurdum 89
Ein Bild aus der Türkei 90

5. Der genetische Code und seine Bedeutung 93
Die Rolle des Zufalls bei der Archebiopoese 93
Meereswellen und Wassersäulen: Ein Vergleich 96
Die Archebiopoese und die DNS 98
Der genetische Code 99
Arten der Beschränkung bei der Makromolekülsynthese 102
Beschränkung und Wahrscheinlichkeit 104
Das Wesen von Spezifität und biologischem Code 105

6. Die biochemische Prädestination: weitere Folgerungen 108
Neuere Entwicklungen in den Theorien zur Abio-
genese 108
Einige Konsequenzen der biochemischen Prädestination 111
Das Labyrinth und die Mäuse 115
Die Unumgänglichkeit innerer Eigenschaften 118
Anerkennung der Beweise 119
Der Ursprung von Beschränkung 120
Weitere Aspekte der Kenyonschen Biomonomer-
beschränkung 122
Ein Lösungsvorschlag zum Problem der Synthese-
lenkung und -beschränkung 124
„Konservierte" Informationen 126
Ein Beispiel aus dem Nahen Osten 128
Das eigentliche Problem 131

Teil 2

7. Beziehungen zwischen Artbildung und Stoffwechsel-
   energie   135
   Das Programmieren der Zelle: Energetische Erwägun-
   gen   135
   Stoffwechselenergie, Programmierung und Intelligenz   138
   Das Gehirn als Umwandler von Kalorien in Codes   140
   Ein neuer und bislang noch nicht vollzogener Schritt   141
   Experimente zur Höherentwicklung der Zuckerrübe   142
   Die Einzigartigkeit des Gehirns als Codierungsorgan   144
   Denken außerhalb des biologischen Bereichs — einige
   intellektuelle Schwierigkeiten   147

8. Künstliches Bewußtsein   151
   Culbertsons Arbeiten   151
   Die Nervennetz-Theorie von Sinnesdaten und Be-
   wußtsein   153
   C. D. Broads Arbeiten über Gehirnfunktion und Be-
   wußtsein   154
   Innere Programmierung: Gehirn versus Fernsehapparat   156
   Weitere Gesichtspunkte der Culbertsonschen Auffas-
   sung von Bewußtsein   158
   Die Unzulänglichkeit rein mechanischer Bewußtseins-
   konzeptionen   159
   Sir James Jeans und das Problem des Bewußtseins   161
   Das Universum — ein Gedanke im Bewußtsein   164
   Planung — Anzeichen für Geist und Bewußtsein   166

9. Bewußtsein und das Raum/Zeit-Kontinuum   168
   Definition und Beispiel einer Weltlinie   168
   Weltlinien und Bewußtsein   170
   Weitere Untersuchungen zum Wesen des Bewußtseins   172
   Die Bohrsche Auffassung vom Bewußtsein   177
   Transfinites Bewußtsein und die Unbestimmtheit   178
   Die zweidimensionalen Würmer und die Unbestimmt-
   heit   178
   Zusammenfassung   180

10. Künstliche und biologische Intelligenz   182
    Definitionen von Intelligenz   182
    Wichtige, mit biologischer und mechanischer Intelligenz
    verbundene Erscheinungen   183
    Mustererkennung, Einsicht und Vorstellungsvermögen   185

Grundanforderungen für ein breites Spektrum künst-
licher Intelligenz   187
Vergleich: Gehirn-Computer   189
Ungelöste Probleme im Hinblick auf die
künstliche Intelligenz   190
Maschinelle Sprachübersetzungen   191
Beziehungen zwischen Intelligenz und Muster-
erkennung: Androide und Teilroboter   192
Eine kritische Übersicht über die wichtigen Intelligenz-
und Bewußtseinsfaktoren bei Mensch und Maschine   194
Messung von Geist und Bewußtsein   195

11. Das Problem des Ursprungs: Versuch einer Lösung
Die Kybernetik und das Problem der Lebensentstehung   203
Der Ursprung der Codierungsinformation   207
Kritische Würdigung der drei Versuche, die in der all-
gemeinen Ordnung verborgene Intelligenz zu erklären   210
William Paley und das Argument der Planung   213
Die „Super-Computer"   216
Noch einmal Paley — einige Folgerungen   217
Das Blockieren der „Denkmühlen"   220
Schluß — Simson   221

12. Quantitative Überlegungen und Ausblicke   223
Eine mathematische Zusammenfassung des Problems   223
Die Kommunikationstheorie   225
Eine längst fällige Umwälzung in den Theorien zur
Entstehung des Lebens   228
Intelligenz und das Argument der Planung   229
Die Kommunikationslücke   230
Der Planer und sein Werk   231
Natürliche Auslese und lange Zeitspannen als
Mechanismen zur Reduzierung des Entropiestatus   233
Die Notwendigkeit langer Zeiträume im neo-
darwinistischen Denkschema   235
Epilog   238

Anmerkungen   246

Stichwortverzeichnis

Bibliographie

Alles, was gemacht ist,
erscheint dem verfinsterten Geist ohne Plan,
denn es gibt mehr Pläne, als er erwartete.
. . . Da scheint kein Plan zu sein, weil alles Plan ist.

C. S. Lewis in *Perelandra*

Dank

Es ist mir ein Vergnügen, folgenden Dank auszusprechen: Dr. Julian Richardson, Dozent für Elektrotechnik an der Middle East Technical University in Ankara, Türkei, brachte liebenswürdigerweise die Geduld auf, das gesamte Manuskript durchzuarbeiten und viele konstruktive Anregungen zu geben.

Die Atlas Computer Laboratory Library in Harwell, England, erwies mir ihre Gastfreundschaft während eines vierzehntägigen angenehmen Aufenthaltes im Sommer des Jahres 1969. Die Bibliotheksangehörigen förderten im Laufe unserer Gespräche viele nützliche Unterlagen für mich zutage.

Die Bibliothek der Middle East Technical University in Ankara gestattete mir bei verschiedenen Anlässen, ihre Quellen zu Rate zu ziehen, besonders soweit es das Thema „Bewußtsein" und „künstliche Intelligenz" anlangte. Ebenso gewährte mir die Bibliothek der Hacettepe University ihre wertvolle Unterstützung bei der Beschaffung einschlägiger Literatur.

Nicht zuletzt war es meine gute, geduldige Gattin, die den gesamten Text sorgfältig durcharbeitete und bei der Zusammenstellung des Stichwortverzeichnisses half, während sie außerdem noch unseren provisorischen Haushalt in der Türkei versah, sich um vier rasch heranwachsende Kinder kümmerte und bereit war, sich mit einem vierten Buch in ungefähr ebenso vielen Jahren abzufinden.

Die Bibelzitate sind der revidierten Luther-Übersetzung anstelle der Revised Standard Version entnommen.

Vorwort

Wir leben heute in einer Zeit, in der die Naturwissenschaften und ihre praktische Anwendung von überragender Bedeutung sind. Der Mensch hatte sich nur dazu zu entscheiden, den Mond zu erreichen, und in den folgenden zehn Jahren landete er mehrere Male auf seiner Oberfläche und brachte Gesteinsproben zur Analyse zurück. Es mußte scheinen, als ob es aufgrund dieser Technik keine Grenzen mehr für den menschlichen Fortschritt gäbe, wenn nur Zeit und Geld in ausreichendem Maße zur Verfügung ständen.

Bei der Anwendung der sogenannten wissenschaftlichen Methode entstand als Folgeerscheinung eine Monokultur von technischem Fachwissen, die sich mit großer Geschwindigkeit rund um die Erde ausbreitet. Die Kenntnis, wie man ein Problem auf wissenschaftliche Weise angreift, ist jedoch nicht der einzige Bestandteil der gegenwärtigen naturwissenschaftlichen Monokultur. Die technischen Fähigkeiten werden von einer Weltanschauung begleitet. Die Naturwissenschaften beschäftigen sich mit der Erforschung der Materie, während sie auf anderen Gebieten von keinem großen Nutzen sind. Die Erforschung der Materie hat nun viele dazu geführt, ein rein materielles Universum für die einzige Realität zu halten. Für sie sind alle Probleme und alle Lösungen einzig und allein materieller Art. Diese Weltanschauung ist als naturwissenschaftlicher Materialismus bekannt. Eine seiner gedanklichen Abzweigungen ist der Neodarwinismus, und in den folgenden Erörterungen werden wir viel über den naturwissenschaftlichen Materialismus und seinen Abkömmling, den Neodarwinismus, zu sagen haben.

Mit der sogenannten wissenschaftlichen Methode verbreitet sich also eine auf dem naturwissenschaftlichen Materialismus gedeihende Monokultur rings um die Erde. Noch vor wenigen Jahren hatte die Türkei, in der zu lehren ich das Vorrecht hatte und in der dieses Buch entstand, noch nicht einmal ein Postsystem, ganz zu schweigen von Fernsehen, einem Netz von Rundfunkstationen, modernen Krankenhäusern und Autobahnen. Aber die Religiosität der Türken war hoch entwickelt. Mit der Verwestlichung, die unter Kemal Attatürk begann, wird nun der Staub der Jahrhunderte vom Wirbelsturm der westlichen Technologie fortgeblasen.

Ein unvermeidlicher Teil dieses Vernichtungsprozesses besteht aus dem Untergang alter Sitten und Volksbräuche wie auch religiöser und abergläubischer Vorstellungen, die oft ein Hindernis für den Fortschritt darstellen, wenn es gilt, ein altes und stolzes Volk materiell zu unterstützen. Man hat behauptet, daß der moderne technische Zauberer aus dem Westen gewöhnlich nicht religiös, wenn nicht gar direkt atheistisch eingestellt sei. Was ein Mensch glaubt, das baut ihn auf oder zerstört ihn. Die Vertreter des Westens folgerten, daß – zumindest in der Türkei – der Glaube den Menschen „zerstörte". Der nicht-religiöse oder gar gottlose technische Zauberer, der den Lebensstandard über Nacht verbessern, Krankheiten heilen und das Leben verlängern kann, ist deshalb nicht nur in seiner technischen Zauberei, sondern auch in seiner religiösen Haltung ein Vorbild. Da technische Experten weder an Gott noch an Engel oder Teufel glauben, folgerten viele, daß es nicht fortschrittlich sei, einen Glauben an Gott oder das Übernatürliche zu haben, wenn ihn der moderne atheistische Wissenschaftler, der Pionier dieses gewaltigen Fortschrittes, auch nicht besitzt. Der kalte Sturm der Technologie hat in den Entwicklungsländern wie auch in den Ländern, in denen die Naturwissenschaften schon seit Jahren an oberster Stelle stehen, ein geistiges Vakuum geschaffen. Der einzige Unterschied ist der, daß der Prozeß in den Entwicklungsländern so rapide fortschreitet und die Umwälzungen so radikal sind, daß die einzelnen Generationen den Kontakt zueinander verlieren. Natürlich geschieht das auch in fortschrittlichen Ländern, aber die Tragweite des Problems kann man nirgends so klar sehen wie in den Ländern, die durch die naturwissenschaftliche Monokultur im Zeitraum einer Generation aus den vergangenen Jahrhunderten herausgerissen wurden.

Sowohl in fortschrittlichen als auch weniger fortschrittlichen Ländern ist das Endresultat der Invasion durch die naturwissenschaftliche Technologie gleich. In England und den skandinavischen Ländern ist es z. B. nichts Ungewöhnliches mehr, das gegenwärtige Zeitalter als ein „nachchristliches" zu bezeichnen. In den Ländern des Islam, in denen der naturwissenschaftliche Materialismus noch nicht so lange am Werke war, ist die jüngere Generation schon einem Großteil des Erbes der Vergangenheit entfremdet. Freilich halten sie sich noch an einige äußerliche Formen des religiösen Kults, jedoch geschieht dieses ohne die Überzeugung, die ihre Eltern noch besaßen.

In den Vereinigten Staaten und in den westeuropäischen Ländern, in denen der naturwissenschaftliche Materialismus von der jüngeren Generation Besitz ergriffen hat, kann man oft folgenden typischen Fall beobachten: Der Sohn oder die Tochter im Teenageralter, aufgewachsen in einer aufrichtig religiösen Familie (ob es sich dabei um eine jüdische, christliche oder mohammedanische handelt, ist für unsere Zwecke hier nicht von Bedeutung, solange diese Familie nur das Erbgut des Glaubens an einen Schöpfer und ein Buch bewahrt, auf das sich ihr Glaube gründet), soll auf eine führende Stellung vorbereitet werden. Zu diesem Zwecke benötigt er oder sie eine höhere Schulbildung, die aus dem Studium von Naturwissenschaften, Sprachen oder Rechtswissenschaft bestehen kann. Wir wollen annehmen, daß unser Student sich für die Naturwissenschaften entscheidet. Während seines ersten Jahres an der Universität macht er – aufgrund des naturwissenschaftlichen Materialismus, der heute die Basis aller höheren naturwissenschaftlichen Bildung darstellt – sehr schnell die Entdeckung, daß das ganze übernatürliche Glaubensgebäude, auf dem die Stabilität und das Glück seiner Familie während seiner Entwicklungsjahre beruhte, einfach Unsinn ist. Wenn unser Student in einer christlichen Familie aufgewachsen ist, findet er z. B. sehr schnell heraus, daß die Familienbibel angeblich eine bloße Sammlung von Mythen über die Schöpfung, die Sintflut, die Propheten und das Leben Jesu enthält. Die heutige Naturwissenschaft lehrt, daß das Leben nicht mit Adam und Eva begonnen habe, sondern daß „Bestände sich kreuzender Gene" die naturwissenschaftlichen Fakten unserer Abstammung besser beschreiben.

Erst kürzlich lernte mein Sohn in seinem Wahlfach Religionslehre, welches ein protestantischer Lehrer erteilt, der an nichts Übernatürliches mehr glaubt, daß Jesus niemals für sich in Anspruch nahm, Gott zu sein, und zwar aus dem einfachen Grunde, weil er wußte, daß er es nicht war. Auch vollbrachte er keinerlei Wunder. Seine Jünger erfanden sie, um damit ihre Gründe bei der Schaffung einer neuen Religion, deren Führer sie sein würden, künstlich zu unterstützen. Diese verstümmelte Religionsunterweisung gründete sich ganz eindeutig auf den gegenwärtigen naturwissenschaftlichen Materialismus. Materie bedeutet alles. Geist existiert demzufolge nicht. Alles, was außerhalb der naturwissenschaftlich-materialistischen Sicht der Dinge liegt, darf nicht ernst genommen werden. Das Ergebnis sind eine Verschiebung der kulturellen Werte und ein wachsendes religiöses Vakuum in der westlichen Welt. Die Naturwissenschaften sind glaubwürdig. Der Materialismus ist glaubwürdig. Die Religion ist es nicht. Es ist schockierend, daß die meisten führenden Persönlichkeiten innerhalb des Christentums und anderer Religionen bisher machtlos waren, die Flutwelle des naturwissenschaftlichen Materialismus aufzuhalten, außer vielleicht nach „Glauben" zu schreien.

In den alten asiatischen Kulturen läuft genau der gleiche Vorgang vor unseren Augen ab, nur ist die Geschwindigkeit hier viel größer. Wenn die naturwissenschaftliche Monokultur aus dem Westen sich explosionsartig in ihre Länder ausbreitet, beziehen junge Männer und Frauen die neu errichteten Universitäten, deren Lehrkörper sich aus Angehörigen westlicher Länder oder aus im Westen ausgebildeten Einheimischen zusammensetzt, um dort zu lernen, daß das religiöse (und oftmals auch kulturelle) Erbe der Vergangenheit ein Hindernis auf dem Wege der wissenschaftlichen Dampfwalze darstellt. Die meisten im Westen ausgebildeten Lehrer glauben nicht an einen nicht-materialistischen Sinn des Lebens. In Wirklichkeit glauben und lehren viele von ihnen, daß das Leben tatsächlich ein einziger großer Zufall sei, der sich im Laufe von Jahrmillionen herausgebildet hat.

Wenn das Leben also ein Zufall ist, warum es nicht als einen solchen behandeln? Die Studenten in den Entwicklungsländern und anderswo haben das Stichwort schneller als ihre Lehrer aufgegriffen. Wenn kein göttlicher Plan und Sinn hinter dem Leben steht, dann wird es so billig, wie der Zufall sein sollte. Erst letzte Woche wurde einem Studenten in Ankara die rechte Hand abgerissen, als er im Begriff war, auf dem Universitätsgelände einen Molotow-Cocktail zu werfen. Von zwei anderen, die aufeinander schossen, ist der eine jetzt gelähmt, mit einer Kugel in der Wirbelsäule. Der Dekan wurde verprügelt, ob von Studenten oder von der Polizei, ist nicht bekannt. Zwei andere Jugendliche schlugen aufeinander ein, bis der eine tot war. Der Mörder ist offensichtlich ein Jurastudent!

Falls man uns das Leben auf der Basis des naturwissenschaftlichen Materialismus hinreichend erklären kann, dann ist auch nicht das Geringste daran, was übernatürlich wäre. Dementsprechend gibt es nach dem Tode auch keine Bestrafung für Mord oder Gewalttat. Die materialistische Sicht des Lebens bringt eine oberflächliche und zugleich brutalisierende, gesetzlose Art des Lebens mit sich.

Warum hat es in den Vereinigten Staaten einen so schnellen

Verfall von Recht und Ordnung gegeben? Weil man viele Jahre gelehrt hat, daß das Leben eine ziellose, zufällige Erscheinung sei mit keinem anderen Sinn als dem rein materialistischen. Gesetze sind für den Menschen nur eine Sache der Zweckmäßigkeit. Da die Existenz des Menschen angeblich Zufall ist, sind es die Gesetze auch. Kein Wunder, daß das Ergebnis solcher Lehre Verachtung der Gerichtshöfe und jeder angemessenen Ordnung ist. Die alte, übernatürliche Vorstellung lehrte, daß das Leben Plan und Code sei. Zu seiner Regierung brauche es einen Plan von übernatürlich erlassenen Codes oder Gesetzen.

In den Institutionen der höheren Bildung wird diese Schwerpunktsverlagerung schon seit mehr als hundert Jahren betrieben. Heute sehen wir in weltweitem Umfang ihre Früchte als einen beispiellosen Zusammenbruch von Recht und Ordnung. Es ist unglaublich, daß die Politiker heute Kommissionen ernennen, die die Gründe für diese Flutwelle auf die Anarchie hin untersuchen sollen, während doch die tatsächliche Ursache so einfach ist, wenn man das Ganze einmal historisch betrachtet. Man hat gelehrt, daß der Ursprung des Lebens und seine Erhaltung auf „Anarchie" (Zufälligkeit, Fehlen von Gesetz und Code) beruht. Es ist nur zu natürlich, daß, nachdem diese Lehre gesät wurde, nun auch ihre Früchte erscheinen.

Durch die überwältigenden Erfolge des naturwissenschaftlichen Materialismus wurde ein religiöses Vakuum geschaffen. Was aber soll die echten Werte ersetzen, die durch die Flut zerstört wurden? Genau an dieser Stelle findet der Marxismus-Kommunismus einen hervorragenden Nährboden, denn er bietet dem Menschen einen Idealismus materialistischer Prägung an, der – eine Zeitlang zumindest – die alten Philosophien der weniger intellektuellen Vorfahren ersetzt. Wir wollen es präzisieren. Charles Darwin benötigte fast die Zeit einer Generation, um seine biologische Abstammungslehre zu entwickeln. Mit ihr offerierte er der gebildeten Welt eine rein naturgeschichtliche Beschreibung von Ursprung und Entwicklung des Lebens. Als Folge sah er sich – ganz gegen den Willen seiner Frau – gezwungen, den Glauben an die christliche Offenbarung aufzugeben. Heute benötigt man nur ein Semester Anfangsunterricht in Biologie, um einen Studenten durch die gleichen Stufen zu führen, die im Zeitraum einer Generation Darwin und seinen christlichen Glauben aus dem Sattel warfen. Überall in der intellektuellen Welt werden diese Stufen zu einem religiösen Vakuum mit immer größerer Geschwindigkeit durchlaufen. Die Folgen sind dort am größten, wo dieses religiöse Vakuum am schnellsten entstanden ist. Das bedeutet, daß es gerade die Entwicklungsländer sind, die am meisten unter dem naturwissenschaftlichen Materialismus leiden, wenn ihnen vielleicht auch, physisch gesehen, reiche Hilfe zuteil wird.

Vielleicht ist das, was an der gegenwärtigen weltweiten Revolution am stärksten beunruhigt, die Tatsache, daß der naturwissenschaftliche Materialismus sowohl für den Marxismus-Kommunismus als auch für die westliche Bildung die Grundlage abgibt. Er ist der gemeinsame Nenner. Die Naturwissenschaften sind erfolgreich. Die Naturwissenschaften werden's schon bringen. Die Naturwissenschaften erkennen nur die Materie an. Die Naturwissenschaften haben recht. Alles andere ist unwichtig. Das ist heute die stillschweigende Argumentation.

Die östliche, kommunistische Welt propagiert diese Lehre laut und unverhohlen, da sie ihre materialistische Auffassung der Naturwissenschaften zur Stützung des Staatsatheismus verwendet. Die westliche Welt nimmt, besonders soweit es die Gebiete höherer Bildung betrifft, gern den gleichen Standpunkt ein, wenn es auch nicht so offen geschieht.

So entlassen die Universitäten in Ost und West Generationen von Absolventen mit einer materialistischen und anarchistischen Einstellung zum Leben, die in einem geistlichen Vakuum gedeiht. Und doch zeigt gerade der Fortschritt einer materialistischen Wissenschaft denen, die Augen haben zu sehen, wie unzulänglich ihre Ansichten sind. Gerade die Beschäftigung mit einer materialistischen Wissenschaft brachte die Wissenschaftler dazu, die Tatsache anzuerkennen, daß die eigenen Theorien revisionsbedürftig sind. Es ist dringend erforderlich, sich auch um das über das Materielle Hinausgehende und über das Transzendente Gedanken zu machen. In einem Maße wie nie zuvor muß die Naturwissenschaft heute erkennen, daß das dringende Bedürfnis besteht, eine große Intelligenz hinter der verschlüsselten Ordnung, die sich durchweg in unserem sichtbaren und unsichtbaren Universum zeigt, zu suchen.

Bei der Erörterung dieser und ähnlicher Fragen erwächst eine bedeutende Schwierigkeit aus der Tatsache, daß dem durchschnittlichen Laien kein zusammenhängender Bericht über die neuen Ergebnisse angeboten wird. Diese neuen Ergebnisse beginnen, einige der ältesten Glaubensaussagen der Menschheit über den Ursprung aller Dinge wieder zum Leben zu erwecken, die seit fast hundert Jahren aus Furcht vor dem naturwissenschaftlichen Materialismus begraben lagen. Nun aber wird, wie wir in den folgenden Kapiteln sehen werden, dieser Mumie wieder neues Leben eingeflößt. Es ist so, als ob Weizenkörner, die zur Zeit der Pharaonen geerntet und gelagert wurden, in dem Lichte und der Wärme wissenschaftlichen Fortschrittes plötzlich zu keimen beginnen. Aber noch immer besuchen junge Menschen Schulen und Universitäten, auf denen sie ihren Glauben an irgend etwas Göttliches verlieren, weil ihnen die neuesten Entwicklungen nicht interpretiert und als für sie relevant dargestellt werden.

Angesichts der oben beschriebenen Einschätzung des naturwissenschaftlichen Materialismus und seiner Konsequenzen beschloß der Autor vor einigen Jahren, eine Reihe von Büchern zu schreiben mit dem Ziel, im modernen wissenschaftlichen Kontext verschiedene Gebiete zu behandeln, auf denen die jüngere Forschung immer mehr zu der Erkenntnis kommt, daß der naturwissenschaftliche Materialismus weder zur Vergangenheit noch zur Zukunft des wissenschaftlichen Fortschrittes die Schlüssel in Händen hält. Der Christ oder der, welcher an Gott glaubt, braucht sich nicht länger, vom intellektuellen Standpunkt aus gesehen, in die Katakomben zu verkriechen. Heutzutage unterstützt echte Naturwissenschaft denjenigen, der eine supramaterialistische Sicht des Lebens, der Welt und ihrer Zukunft vertritt.

Das vorliegende Buch ist das dritte in dieser Serie. Es prüft den Versuch des naturwissenschaftlichen Materialismus, Ursprung und Sinn des Lebens zu erklären, indem es einige Ergebnisse auf dem Gebiet der Erforschung der Lebensentstehung mit den jüngsten Fortschritten in Beziehung setzt, die in der Kybernetik und bei der Entwicklung künstlicher Intelligenz gemacht wurden. So ist dieses Buch in erster Linie nicht für den Durchschnittsleser, wer er auch sein möge, gedacht, sondern für denjenigen, der ernsthaft mit den im Laufe der Lektüre angeschnittenen Problemen und ihrer Beziehung zum Glauben ringt. In aller Kürze behandelt das Buch die Prämissen des materialistischen Naturalismus und wägt sie ab gegen den Supranaturalismus als Grundlage unserer Weltanschauung, d. h., unserer Auffassung vom Sinn des Lebens.

In der Vergangenheit war es recht schwer, sich rasch und verläßlich gegen die heftigen Anstürme des naturwissenschaftlichen

Materialismus zu wappnen. Die Vertreter dieser Weltanschauung haben in den letzten Jahren eine fast absolute Monopolstellung in der wissenschaftlichen Literatur innegehabt. Die religiöse Presse zeigt sich oft nicht in der Lage, wirksam gegen diese Auffassung des Lebens zu Felde zu ziehen. Dementsprechend war es für Lehrer, die den naturwissenschaftlichen Materialismus vertreten, ein Leichtes, den Glauben junger, mit wenig Tatsachenwissen ausgestatteter Studenten zu untergraben. Das Ergebnis war ein wahrer Kindermord wie zur Zeit des Herodes, ein Mord, der auch ungefähr so heldenhaft wie jener des Herodes war. Für diejenigen nämlich, die sich darauf verstehen, ist es so leicht, den unreifen Glauben eines Studenten als naturwissenschaftlich und philosophisch naiv hinzustellen. Es ist der Zweck dieser Reihe von Büchern, geistige Waffen für diejenigen zu liefern, die sie meinen zu benötigen und die für ihren Glauben und intellektuelle Redlichkeit kämpfen wollen. Das Buch beginnt damit, die transzendente Natur der Lebensentstehung aufzuzeigen, indem es sich mit den im Neodarwinismus fehlenden Faktoren beschäftigt. Es verbindet dies mit der bedeutsamen modernen Auffassung von der Natur des Geistes und der Intelligenz, wobei die jüngsten Entwicklungen auf dem Gebiet der künstlichen Intelligenz eine große Rolle spielen.

Zum Schluß sei an den Leser die Bitte gerichtet, in einem Punkte Nachsicht zu üben. Der Inhalt dieses Buches berührt viele wissenschaftliche Disziplinen. Von keinem Autor kann man erwarten, daß er eine Kapazität auf allen diesen Gebieten ist. Auch ich nehme dies nicht für mich in Anspruch. Trotzdem habe ich den Versuch unternommen, weit voneinander entfernte wissenschaftliche Disziplinen zu einem einheitlichen Ganzen zusammenzufügen, wenn ich nun das Thema vom Ursprung und Sinn des Lebens behandele.

Einleitung

Die fehlenden Faktoren des Neodarwinismus

Eine wachsende Anzahl von Naturwissenschaftlern, besonders Physikern und Mathematikern, zweifelt heute an der Zulänglichkeit der theoretischen Grundlagen, auf die sich der gegenwärtige materialistische Neodarwinismus stützt. Nur wenige stellen allerdings die sogenannte „Tatsache der Evolution" ernsthaft in Frage. Es ist nämlich ein klares Faktum, daß unbelebte chemische Substanzen irgendwie im Laufe der Zeit sich zu einer Ordnung zusammengefügt haben. Dies bedeutet, daß sie sich zu dem hochkomplizierten lebenden Substrat entwickelt haben, ein Vorgang, den man mit Recht als „Evolution" bezeichnet. Nicht diese faktische Entwicklung der Materie selbst soll hier betrachtet werden, sondern vielmehr die Theorien, die man aufgestellt hat, um diese Entwicklung von Ordnung zu erklären.

Das gesamte Problem ist heftig umstritten. In der Tat wird es immer schwieriger, öffentlich darüber zu reden, wenn man einen kritischen Standpunkt dazu einnimmt. Jegliches Infragestellen der „allgemein anerkannten Evolutionstheorie" wird schon aufgrund dieser Tat selbst oft als obskurantisch und fortschrittsfeindlich angesehen. Angesichts dieser Sachlage ist es nötig, unsere Begriffe sorgfältig zu definieren, bevor wir uns auf die stürmischen Gewässer rund um die biologischen Evolutionstheorien hinauswagen. In den folgenden Erörterungen soll „Tatsache der Evolution" einzig und allein bedeuten, daß die unbelebte Materie sich im Laufe der Zeit geordnet hat, bis sie eine Komplexität erreichte, in der sie die Grundlage für die heute bekannten biochemischen Vorgänge abgab. Die Frage nach irgendwelchen kausalen Faktoren für diesen Prozeß wird bei der Betrachtung dieser faktischen Entwicklung von Ordnung nicht gestellt.

In unserem gegenwärtigen Kontext soll die Bezeichnung „Evolution" nicht primär die Umwandlung niederer Organismen in höhere im Laufe der Zeit bedeuten. Wir sind hier also nicht primär an der Umwandlung von Bakterien in Frösche oder an der Entwicklung des Menschen oder seiner Vorfahren aus Affen oder ihren Vorfahren interessiert. Wir wollen den Ausdruck „Evolution" in seinem strikt ethymologischen Sinn benutzen, um damit die Entwicklung von steigender Ordnung innerhalb der Materie zu kennzeichnen, die zur Abiogenese (Entwicklung von Belebtem aus Unbelebtem), Ontogenese (Entwicklung des Embryos) und Phylogenese (Entwicklung der Arten) führte. Irgendwie sind Ordnung und Leben aus unbelebter Materie entstanden, so, wie sie auch heute noch durch die ständige Fortpflanzung um uns herum entstehen und sich vermehren. Die Neodarwinisten und andere schlagen bestimmte Theorien zur Erklärung dieser beobachtbaren Evolution aus der unbelebten Materie vor. Diese allgemeinen Theorien sind es, die hier untersucht werden sollen.

Die Entropie wird definiert als „Maß nicht verfügbarer Energie". In dieser speziellen Definition des Ausdrucks hat sich die Evolution (oder die Reduzierung der Entropie) abgespielt, wie sie sich auch heute noch auf drei klar erkennbaren Gebieten ereignet: Zunächst muß sich zu irgendeiner Zeit oder zu irgendwelchen Zeiten in der Vergangenheit Leben aus unbelebter Materie gebildet haben. Physisches Leben sieht man im allgemeinen nicht als ewig an, denn sogar die Erde muß – zusammen mit dem Universum – einen zeitlichen Anfang gehabt haben. Dieser einmalige oder wiederholte Prozeß (je nachdem, ob man eine einmalige oder eine wiederholte Entstehung des Lebens in der Vergangenheit für wahrscheinlich hält) wird Abiogenese, Neobiogenese oder Archebiopoese genannt.

Seit den Tagen eines Pasteur glauben nur noch wenige Wissenschaftler, daß sich Abiogenese oder Spontanentstehung von Leben aus unbelebter Materie (ohne die Vermittlung bereits existierender lebender Substanzen) auch heute noch ereignet. Andererseits bemühen sich viele Wissenschaftler, Leben oder zumindest die Intermediärprodukte, die vermutlich einmal zum Leben geführt haben, unter Laboratoriumsbedingungen aus unbelebten Substanzen zu erzeugen. Derartige Experimente stellen Versuche dar, Leben oder seine Intermediärprodukte auf nicht-spontane Weise herzustellen, denn jedes experimentelle Eingreifen in die Materie verbietet uns, ein Experiment als ein „spontanes" Ereignis hinzustellen. Eine wirklich spontane Reaktion muß unabhängig von allen aufgrund von Einsicht und Überlegung getroffenen Änderungen der Versuchsbedingungen verlaufen. Die Neobiogenese fällt, ob nun spontan oder nicht, in die erste Kategorie unserer Einteilung der Evolutionsprozesse.

Zum zweiten durchläuft jeder höhere Organismus in seiner Ontogenese evolutionäre Prozesse, in deren Verlauf er von der

Zygote (befruchtetes Ei) an aufwärts zu immer größerer Komplexität gelangt. Dieser Vorgang stellt den zweiten oder ontogenetischen Typ der Evolution dar. In den letzten zehn Jahren hatte die Molekularbiologie enorme Erfolge bei der Aufdeckung der Mechanismen zu verzeichnen, die in der lebenden und sich teilenden Zelle eine fortschreitende Ordnung der Materie hervorrufen, so daß wir heute mehr über die richtenden Prozesse in der Ontogenese wissen als je zuvor.

Der Neodarwinismus hat sich nun, im Verein mit der modernen Biochemie, darangemacht, diese beiden Arten von Evolutionsvorgängen zu erklären. So wird die Abiogenese fast durchweg als ein Prozeß angesehen, der auf normalen, naturgeschichtlichen, zufälligen chemischen Umsetzungen beruhte, welche zu immer komplexeren Molekülen führten, die dann allmählich aufwärts in Richtung der „einfachen" lebenden Zelle strebten. Darwin selbst machte seine Bereitschaft, eine solche Erklärung der Abiogenese zu akzeptieren, in einem seiner Briefe offenkundig, in dem er schreibt, daß dieser Vorgang möglicherweise in irgendeinem „warmen, isoliert liegenden Teich" stattgefunden habe. Die Prozesse innerhalb der Ontogenese hält man für prinzipiell ähnlich denen, die bei der Abiogenese ablaufen. Ganz gewöhnliche, spontane chemische Reaktionen werden von der natürlichen Auslese begünstigt, um das Leben nach der Abiogenese weiter auf der Evolutionsleiter nach oben zu führen. Das auf Zufall gegründete chemische System wird in beiden Fällen als grundsätzlich gleichartig angesehen.

Diesen beiden Arten von Evolution (in unserer Definition, Abiogenese und Ontogenese) kann man eine dritte, die Phylogenese hinzufügen, die gleichermaßen umstritten ist. Diese dritte Art der Evolution könnte man als diejenige definieren, die sich in der Vergangenheit ereignet und zu der Vielfalt und Komplexität des Lebens, wie wir es heute kennen, geführt haben soll. Sie beschäftigt sich mit der Herkunft der einzelnen Arten, und wie bei den beiden anderen Arten von Evolution setzt man auch hier voraus, daß sie sich auf die zufälligen Faktoren von gewöhnlichen, spontanen, chemischen Reaktionen gründet. Alle drei Typen der Evolution können einfach als verschiedene Äußerungen von Entropiereduzierung angesehen werden.

Die folgenden Ausführungen beschäftigen sich mit der Validität und Zulänglichkeit der neodarwinistischen Hypothesen zur Erklärung der drei Arten evolutionärer Prozesse, wie sie oben dargestellt wurden. Richtungslose (chemische) Mutationen, denen ein durch riesige Zeiträume hindurch sich erstreckender natürlicher Ausleseprozeß folgte, sollen die hauptsächlichen Kausalfaktoren hinter der heute sichtbaren biologischen Welt sein. Die Frage lautet: Können diese grundlegenden neodarwinistischen Lehrsätze die Komplexität der Biologie hinreichend erklären? Liefern ungerichtete Mutationen und chemische Reaktionen, gefolgt von natürlicher Auslese über lange Zeiträume hinweg, eine totale und umfassende Erklärung der Herkunft und Entwicklung des Lebens, soweit es Abiogenese, Ontogenese und Phylogenese anbelangt?

Neuere Arbeiten zur Abiogenese (Neobiogenese, Archebiopoese)

Einige grundlegende Erwägungen

Natürlich ist es heute ein prinzipieller Lehrsatz der meisten experimentellen Arbeiten auf dem Gebiet der Abiogenese (d   Umfang diesbezüglicher neuerer Untersuchungen wächst enorm an), daß natürliche, richtungslose, chemische Reaktionen ohne den Zusatz exogener oder übernatürlicher Einmischung zu der ursprünglichen, spontanen (einige sagen: zwangsläufigen) Erscheinung des Lebens auf der Erde führten. Das folgende Zitat bildet ein typisches Beispiel für diese Art des Denkens: „Wir müssen annehmen, daß es möglich ist, zumindest in einem gewissen Ausmaß jene Prozesse (die sich vor Urzeiten auf der Erde abspielten) im Laboratorium zu wiederholen. In diese Annahme eingeschlossen ist die Forderung, daß keine übernatürliche Kraft zum Zeitpunkt der Entstehung ‚in die Natur einging', von entscheidender Bedeutung war und sich dann wieder aus der Geschichte zurückzog."[1] Nur wenige Naturwissenschaftler drücken ihren Materialismus so kraß aus! Er besagt, daß gewöhnliche, zufällige, chemische Reaktionen, wie wir sie heutzutage aus dem Laboratorium kennen, von sich aus verantwortlich für die Abiogenese waren und es heute im Laboratorium teilweise oder ganz wieder sein werden, *falls und wenn wir die genauen Reaktionsbedingungen wiederholen können.*

Die naturwissenschaftlichen Materialisten richten all ihre Bemühungen darauf ab, folgendes zu demonstrieren: Falls heute im Reagenzglas eine zum Leben führende Reaktion stattfinden kann, wird damit der positive Beweis angetreten, daß auch zu Beginn, bei der Archebiopoese, keine übernatürlichen Kräfte erforderlich waren, um Leben zu erzeugen. So wird jede synthetische, im Labor stattfindende Erzeugung von Leben, die unter Bedingungen geschieht, welche denjenigen zum Zeitpunkt der Entstehung des ersten Lebens auf der Erde vermutlich ähneln, in vielen Kreisen stürmisch gefeiert, weil man damit angeblich den letzten Nagel in den Sarg Gottes und der Supranaturalisten einschlägt. Wer braucht schon noch Gott oder supranaturalistische Ansichten, wenn man das Leben auf der Erde ohne ihre Hilfe erfolgreich erklären kann? Bevor wir uns diesen weit verbreiteten Standpunkt zu eigen machen, wollen wir folgendes betrachten: Ist es nicht merkwürdig, daß diese Ansicht nicht allgemein für das gehalten wird, was sie in Wirklichkeit ist – ein Widerspruch in sich? Denn alle die Anstrengungen der naturwissenschaftlichen Naturalisten, anhand der oben geschilderten Methode ihre Ansicht zu beweisen, dienen doch in Wahrheit nur dazu, die Richtigkeit der supranaturalistischen Position zu beweisen. Ist es nicht so, daß die naturwissenschaftlichen Materialisten bei ihren Experimenten Intelligenz und Gedankenkraft zur Ordnung der Materie verwenden? Mit Hilfe von Intelligenz hoffen sie, belebte Materie aus ihrem unbelebten Grundstoff herzustellen.

Genau das sagt auch der Supranaturalismus, denn er behauptet, daß Intelligenz über der unbelebten Materie, dem Staub der Erde, schwebte, der dann zu Leben zusammengefügt wurde. Diese Vorstellung von der Lebensentstehung kann man mit folgender Gleichung beschreiben:

$$\text{Intelligenz (als Triebkraft)} + \text{Materie} = \text{Leben}$$

Die Mechanismen selbst, deren sich die Intelligenz bedient, sind nicht so entscheidend wie die Tatsache, daß Intelligenz im Verein mit Materie heute wie auch in der Vergangenheit zum Leben führen kann bzw. konnte. Entscheidend ist, daß Intelligenz sich der der unbelebten Materie innewohnenden chemischen und physikalischen Eigenschaften bediente, um ihre Entropie genügend herabzusetzen, so daß sie als Grundlage des Lebens dienen konnte.

Die einzige Frage, die uns noch zu lösen bleibt, wenn wir einmal die Bedeutung dieser Tatsache erfaßt haben, ist die nach der Herkunft der Intelligenz. Wo konnte solche Intelligenz existieren, bevor die Intelligenz eines naturwissenschaftlichen Materialisten daranging, die Materie zu formen? Wir beschäftigen uns mit der Frage nach der Existenz von Intelligenz und Bewußtsein nicht-menschlicher und nicht-biologischer Herkunft in späteren Kapiteln dieses Buches. Man hat oft behauptet, daß sich die seltene, glückliche Zufallsreaktion in der Vergangenheit ereignet habe und zum Leben führte und daß sich aufgrund einer solchen Methode von Treffern und Fehlschlägen das Leben ganz unerwartet auf der Erde entwickelte. Diese Ansicht unterscheidet sich von der vieler bekannter moderner Wissenschaftler, unter ihnen Kenyon und Steinman, die glauben, daß die der Materie innewohnenden Eigenschaften zwangsläufig, in einer Art Prädestination, zum irdischen Leben führten. Die ältere Meinung rechtfertigte man damit, daß die langen Zeiträume, in denen sich solche seltenen und unwahrscheinlichen Reaktionen ereignet haben könnten, sie in Wirklichkeit zu wahrscheinlichen Reaktionen machen.[2] Je mehr Zeit man für diese Zufallsreaktionen einkalkuliere, desto zahlreicher müßten sie werden. Bei einer derartigen Argumentation vergißt man jedoch, daß, je mehr Zeit man einer *reversiblen* Synthesereaktion einräumt, desto wahrscheinlicher auch die rückwärtslaufende Reaktion oder der Zerfall eintritt. So hebt sich bei genauerer Analyse der Gebrauch des Arguments der langen Zeiträume, die eine seltene oder zufällige Reaktion möglich oder sogar, wie manche meinen, zwangsläufig werden ließen, selbst auf, denn die biochemischen Reaktionen sind gewöhnlich reversibel. Lange Zeiträume würden nicht nur mehr Zeit für die glückliche Aufbaureaktion liefern, sondern zugleich auch mehr Zeit für die „unglückliche" Zerfallsreaktion fort vom Leben und zurück zum Unbelebten!

Aus diesen und anderen Gründen rücken viele Naturwissenschaftler heute von der alten Hypothese der „seltenen und glücklichen Reaktion" als Grundlage der Abiogenese ab und kommen zu der Auffassung, daß die Summation vollkommen normaler, gewöhnlicher, richtungsloser chemischer Reaktionen, ermöglicht durch die der Materie selbst innewohnenden Eigenschaften, in der Vergangenheit zum Leben führte. Man nimmt an, daß dieser gleiche Prozeß auch heute noch zwangsläufig zum Leben führen wird, falls man die gleichen primitiven Bedingungen wiederholen kann, die die Abiogenese hervorriefen.

Diese Ansicht ist die Grundlage vieler gegenwärtiger Versuche, die Entstehung des Lebens im Labor nachzuvollziehen, indem man bei relativ einfachen chemischen Substanzen beginnt.[3] Obwohl es vielleicht nicht möglich ist, in einem einzigen Schritt zu einem reproduzierenden Organismus zu gelangen, sollte dieser Schritt

doch, so meint man, zumindest irgendwelche chemischen Intermediärprodukte liefern, die als Wegweiser entlang der chemischen
Straße zum Leben dienen könnten, wenn der neue Versuch auf
richtigen Voraussetzungen beruht. Von daher erklärt sich die
enthusiastische Aufnahme der Arbeiten von Miller und anderen.
Diese Autoren stellten anhand von natürlichen, zufälligen Reaktionen Substanzen her, die man für chemische Zwischenstufen
auf einem Weg halten kann, der zur Erzeugung von belebten
Stoffen aus unbelebten chemischen Verbindungen führt. Jeden
Erfolg auf diesem Gebiet begrüßt man als einen weiteren Meilen-
stein auf dem Wege zum Beweis, daß Leben ein *natürliches*
Phänomen sei, das sich ganz spontan aus zufälligen Reaktionen
ergeben habe, welche durch die der Materie anhaftenden Eigenschaften selbst bedingt wurden. Dementsprechend verdankt es
seine Herkunft in keiner Weise dem Eingreifen übernatürlicher
Kräfte in der Natur. Der Schöpfer des Lebens ist in der Tat
nichts weiter als die verborgenen chemischen und physikalischen
Kräfte, die der Materie innewohnen. Nach diesen neueren Ansichten würde die Behauptung irrig sein, daß irgend etwas „Geistiges" die Materie bearbeitete, um Leben zu induzieren. Vielmehr
würde eine korrekte Beschreibung des Ursprungs der Abiogenese
dahingehend lauten, daß sich die Materie ihrer eigenen Eigenschaften bediente, so daß als Ergebnis Leben entstand. Um jedoch der echten wissenschaftlichen Forschung auf diesem Gebiet
Gerechtigkeit widerfahren zu lassen, wollen wir unsere Aufmerksamkeit auf einige der Experimente richten, die man in
letzter Zeit auf dem Gebiet der Abiogenese durchgeführt hat.

Experimentelle Arbeiten zur Abiogenese

Das gesamte Forschungsgebiet der Abiogenese ist zur Zeit in
rascher Entwicklung begriffen. Noch vor wenigen Jahren hätte
man mit Recht behaupten können, daß kein College und keine
Universität der Vereinigten Staaten irgendeinen brauchbaren
Kurs im Fach Abiogenese anbot. Heute gibt es Seminarkurse
für Doktoranden an der Pennsylvania State University und auch
am San Francisco State College. Die Stanford University hat
einen regulären Kurs in diesem Fach in ihr Vorlesungsverzeichnis
aufgenommen.[4] Der chemische Ursprung des Lebens wird, zumindest in Kurzform, in den meisten biologischen, zoologischen
und mikrobiologischen Einführungsvorlesungen behandelt. Falls
diese Entwicklung andauert, werden immer mehr Universitäten
in und außerhalb der USA in den kommenden Jahren Lehrver-

anstaltungen zum Thema „Abiogenese" durchführen. Die Zahl der wissenschaftlichen Veröffentlichungen auf diesem Gebiet ist enorm gestiegen, seit die International Union of Biochemistry 1957 diesem Thema einen ersten Band widmete.[5] Es wird also höchste Zeit, daß die technischen und philosophischen Aspekte aus einer Sicht behandelt werden, welche beweist, daß die Abiogenese keine Domäne der naturwissenschaftlichen Materialisten ist. Gerade auf dem Gebiet der Abiogenese nämlich tritt die Unzulänglichkeit eines rein materialistischen Standpunktes klar zutage. Seit 1957 widmen die Biophysical Society, die American Association for the Advancement of Science, die American Chemical Society und das Chemical Institute of Canada einen Teil ihrer alljährlichen Zusammenkünfte Seminaren zur Abiogenese und zu den chemischen Aspekten der Evolution. Die Mängel und die fehlenden Faktoren einer rein materialistischen Interpretation dieses Themas wurden jedoch, soweit der Autor weiß, nicht besonders behandelt. Man weist auf diese Entwicklungen hin, um nachdrücklich zu zeigen, wie eifrig die biochemische Seite der Evolution und die Herkunft des Lebens im Augenblick erforscht werden. Nur selten findet man jedoch einen klaren, unmißverständlichen Hinweis darauf, daß es auch eine Alternative und vielleicht sogar eine der materialistischen Interpretation überlegene Sicht der Dinge geben könnte.

Oparin und andere rechtfertigen die beinahe fieberhafte Aktivität auf diesem Gebiet mit der vollkommen einleuchtenden Erklärung, daß man das Leben nicht ganz verstehen könne, ohne seinen Ursprung zu kennen.[6] Solche Erklärungen sind zwar richtig, zeigen ihre eigentliche Bedeutung jedoch nur im Zusammenhang. Man darf nicht vergessen, daß Oparin, ein führender kommunistischer Naturwissenschaftler, an jedem wissenschaftlichen Beweis, daß Leben ein rein materielles Phänomen sei, interessiert ist; ebenso würde er auch an dem Beweis interessiert sein, daß keine übernatürliche Macht wie Gott oder ein Schöpfer bei der Entstehung des Lebens am Werke waren und daß es folglich auch keine übernatürlichen Konsequenzen (wie ein Gericht nach dem Tode) am Ende des menschlichen Lebens geben wird, weder bei der einzelnen Person noch bei der Menschheit als ganzer. So ist die Frage nach der Richtigkeit von Materialismus oder Theismus mit dem Problem der Abiogenese und des naturwissenschaftlichen Materialismus verknüpft.

Was für das Verhältnis normaler chemischer Zufallsreaktionen zum Ursprung des Lebens gilt, das gilt auch für seine Erhaltung und weitere Fortentwicklung. Fast durchgehend nimmt man heute an, daß ganz allein gewöhnliche chemische Reaktionen für die Erhaltung und weitere Aufwärtsentwicklung verantwortlich sind. Angeblich ist keine übernatürliche Kraft zur Erklärung beider Prozesse nötig. Die neuere molekularbiologische Forschung hat sich sehr intensiv mit diesen chemischen Prozessen beschäftigt; dabei gelangte sie zu dem Ergebnis, daß sie auf der gleichen chemisch-physikalischen Ebene wie die Reaktionen anorganischer Materie erklärbar seien. Falls also, so argumentieren die meisten Forscher heute, Ursprung und Erhaltung des Lebens einzig und allein physikalische und chemische Erscheinungen der Materie sind, warum sollte man da mehr verlangen? Wenn die neodarwinistische Hypothese diese Phänomene (Abiogenese und Erhaltung des Lebens) hinreichend erklärt, dann wollen wir uns gedanklicher Konsequenz und intellektueller Redlichkeit befleißigen und vollziehen, was die Kommunisten schon lange vollzogen haben: all den abergläubischen religiösen Klimbim in unserer Weltanschauung ausrotten und kompromißlose Materialisten werden. Schon viele Jahre lang fordert man uns auf, unser Denken mit dieser Auffassung in Übereinstimmung zu bringen. In der Folge befinden sich viele, die an Gott glauben, in einer intellektuellen Zwangslage; einige von ihnen kapitulieren, während andere für Glauben und intellektuelle Redlichkeit zwei völlig voneinander getrennte Bereiche haben und diesen schizoiden Zustand irgendwie im täglichen Leben aufrechterhalten. Angesichts der Tatsache, daß viele von ihnen Anzeichen erkennen lassen, sich der drückenden Last der Beweise für die Unrichtigkeit uralten menschlichen Glaubensgutes zu beugen, ist es unbedingt erforderlich, daß jemand auch diejenigen Fakten präsentiert, die gegen eine rein naturwissenschaftlich-materialistische Anschauung sprechen.

Es gibt keinen Zweifel an der Tatsache, daß diese Ansicht in den letzten Jahren fast bis zur völligen Zurückdrängung der alten supranaturalistischen Ansicht in den Kreisen von Naturwissenschaftlern und anderen propagiert wurde. Das vorliegende Buch als drittes in meiner Reihe will beweisen, daß der neodarwinistisch-materialistischen Auffassung in der Tat ein sehr realer Faktor fehlt, dessen Natur es näher beschreiben möchte. Seit ich das erste Buch der Reihe verfaßte, haben sich rasche Veränderungen auf diesem Gebiet zugetragen. Das vorliegende Werk soll deshalb eine Ergänzung zu „Herkunft und Zukunft des Menschen" bilden.

Vielen Naturwissenschaftlern scheinen die Beweise für die Zulänglichkeit der darwinistischen und materialistischen Anschauung erdrückend. Viele Jüngere jedoch kommen mehr und mehr zu der Überzeugung, daß ihr ganz bestimmte, entscheidende Momente fehlen. Mit Eden, Weisskopf, Schützenberger u. a. glauben sie, daß man neue Naturgesetze oder -phänomene entdecken müsse, um diese entscheidenden Faktoren zu liefern. Das vorliegende Werk möchte einen weiteren Schritt in Richtung auf die Lösung des Rätsels hin unternehmen, indem es darlegt, daß die postulierten neuen Gesetze und Faktoren eigentlich schon längst bekannt sind, aber noch nicht in unser naturwissenschaftliches Denkschema eingebaut wurden.

Bevor man jedoch neue Hypothesen aufstellen kann, müssen die alten gründlich widerlegt sein, denn keiner wird sich einer neuen Hypothese zuwenden, solange er die alte noch für ausreichend hält. Auch darf man nicht vergessen, daß Naturwissenschaftler sich ebenso irren können wie der Rest der Menschheit. Wenn ein älterer Wissenschaftler berühmt geworden ist, weil er bestimmte Theorien entwickelt hat, dann wird er diese Theorien und mit ihnen seinen Autoritätsanspruch auf diesem Gebiet nicht so leicht wieder aufgeben. Auch den Besten von uns fällt es schwer zuzugeben, daß sie sich geirrt haben. Dieses Buch stellt also eine Fortführung bei der Arbeit des Niederreißens und Zerstörens dar, die schon im ersten Band der Reihe begonnen wurde. Teil I des vorliegenden Werkes beschäftigt sich mit der undankbaren Aufgabe der Kritik und Vernichtung, während Teil II die neuen Theorien prüft, welche diejenigen, deren Unzulänglichkeit in der ersten Hälfte bewiesen wurde, ersetzen sollten.

Die Art der vorgeschlagenen Synthese ist folgende: Die Kybernetik arbeitet an dem Problem künstlicher Intelligenz und hat dabei schon einige Grundvorgänge des biologischen Nervensystems aufklären und auf elektronische Weise weitgehend nachahmen können. Obwohl die Vorgänge, durch die ein brauchbarer Computer zu seiner künstlichen Intelligenz gelangt, sich von den im Gehirn ablaufenden Vorgängen unterscheiden, sind doch die Resultate, wie wir später sehen werden, in einigen Fällen sehr ähnlich.

Wichtig ist, sich klarzumachen, daß Prozesse, die das menschliche Denkvermögen simulieren, nicht länger an biologisches Nervengewebe und an die Gegenwart von Sauerstoff und Hämoglobin gebunden sind. Zum ersten Male in der Geschichte konnte man

Intelligenz experimentell von einem lebenden Organismus trennen. Die vom Menschen geschaffene künstliche Intelligenz wird ganz und gar von anorganischen Systemen getragen, die offensichtlich keinerlei Persönlichkeitsstruktur aufweisen. Folglich ist es auch zum ersten Male in der menschlichen Geschichte nicht mehr erforderlich, an einen menschenähnlichen „alten Mann im Himmel" als Ursprung der übernatürlichen Intelligenz im Universum zu glauben. In den letzten Kapiteln dieses Buches soll der Versuch unternommen werden, einige neuere Ergebnisse der Kybernetik und der Schaffung künstlicher Intelligenz mit den Problemen der Entwicklungslehre in Übereinstimmung zu bringen. Die Entwicklungen auf diesem Gebiet scheinen zumindest einige der Gesetze und Erscheinungen zu liefern, die man in der Theorie des Neodarwinismus vermißt.

Der Autor glaubt, daß *Denk- und Informationsprozesse* einige der im Neodarwinismus nicht vorhandenen Faktoren umfassen. So sind es doch z. B. die Denkvorgänge und die Informationszufuhr von seiten der Biochemiker, die im Laboratorium wahrscheinlich zur Erzeugung von Leben aus toter Materie führen wird. Mit anderen Worten: Die Synthese von Leben wird sowohl von den der Materie innewohnenden Eigenschaften abhängen als auch von der Lieferung von Informationen durch den Wissenschaftler, der diese Eigenschaften der Materie lenkt.

Wenn dieses Konzept der „Lenkung chemischer Reaktionen durch Informationen (oder Gedanken)" heute eine echte Grundlage für im Laboratorium experimentell erzeugtes Leben darstellt, warum sollte es – unter der Voraussetzung der Einheitlichkeit – nicht auch die Grundlage für die Abiogenese abgegeben haben? Diese Vorstellung besitzt gegenüber den heute gängigen neodarwinistischen Theorien mehrere Vorteile. Erstens stellt sie eine genaue Beschreibung der Methode dar, deren sich alle experimentell tätigen Wissenschaftler bei ihren Versuchen, Belebtes aus Unbelebtem zu erzeugen, im Labor bedienen. Sie verwenden ihre Gedanken- und Informationszufuhr zur Erstellung von Arbeitsplänen und verwirklichen diese, indem sie versuchen, die Eigenschaften der unbelebten Materie zum Zustand des Belebten hin zu lenken.

Zweitens weist diese Vorstellung eine sehr große Übereinstimmung mit dem biblischen Schöpfungsbericht auf. Der Schöpfer nahm, so wird berichtet, den „Staub der Erde" und sprach darüber, d. h., er drückte seine gedanklichen Prozesse aus, indem er aus Staub einen lebendigen Menschen bildete. Dieser Vorgang stellt die Einwirkung von Intelligenz als Triebkraft oder die von gedanklichen Prozessen auf die chemischen und anderen Eigenschaften der toten Materie dar.

Die Annahme von Gedankenabläufen nicht-menschlichen Ursprunges in der Abiogenese würde so unser Verständnis der Grundlagen für die Erscheinung des Lebens vervollständigen. Man könnte sagen, daß die Bemühungen um experimentell erzeugtes Leben in Wirklichkeit ein Versuch sind, die Gedanken des Schöpfers nachzudenken.

Darüber hinaus haben die hier gemachten Vorschläge auch noch den Vorteil, experimentell verifizierbar zu sein; das kann man von vielen neodarwinistischen Aussagen über die Entstehung des Lebens nicht behaupten. Wenn wir zeigen können, daß Gedankenkraft zusammen mit den chemischen Reaktionen der Materie im Labor zum Leben führt, dann werden wir den experimentellen Beweis dafür haben, daß unsere Vorstellungen über die ursprüngliche Abiogenese als Abbild des gleichen Prozesses, nur in viel größerem Umfang, nicht so abwegig sind. Auf diese Art möge wenigstens der Beginn einer Synthese eingeleitet werden, die die Probleme der Archebiopoese und jene der Kybernetik und der künstlichen Intelligenz vereint.

Das Ziel ist hochgesteckt und zudem heftig umstritten. Wohl keiner ist sich seiner mangelnden Qualifikationen beim Umgang mit gewissen Problemen der Computerintelligenz tiefer bewußt als der Autor. Er bittet deshalb um die Nachsicht der mathematischen und kybernetischen Fachleute. Bei seinem Versuch einer Synthese könnten jedoch, so hofft er, andere und qualifiziertere Leute als er dazu angeregt werden, das Problem aufzugreifen und fundamentaler zu lösen.

1   Dean H. Kenyon und Gary Steinmann, *Biochemical Predestination*, p. 30.
2   Vgl. A. E. Wilder Smith, *Man's Origin, Man's Destiny*, pp. 63—70. Deutscher Titel: *Herkunft und Zukunft des Menschen*, Hänssler-Verlag.
3   S. L. Miller, *Science* 117 (1953): 528; und *J. Amer. Chem. Soc.* 77 (1955): 2351; und A. I. Oparin, Hrsg., *The Origin of Life on the Earth*, p. 123.
4   Kenyon und Steinman, p. X.
5   Oparin, *The Origin of Life on the Earth*.
6   Oparin, *Life: Its Nature, Origin and Development*, pp. 1—5.
7   Wilder Smith, *Man's Origin, Man's Destiny*.
8   Vgl. Veröffentlichungen in Paul S. Moorhead und Martin M. Kaplan, Hrsg., *Mathematical Challenges to the Neo-Darwinian Interpretation of Evolution*.

Die fehlenden Faktoren
des neodarwinistischen Gedankenguts

„Es existiert ein ziemlich weitverbreitetes Gefühl der Unzu-
friedenheit mit dem, was sich in den angelsächsischen Ländern
als offizielle Evolutionstheorie herausgebildet hat: dem sogenannten Neodarwinismus."[1] Das sagte Sir Peter Medawar in
seiner Eigenschaft als Vorsitzender bei der Eröffnung eines Symposiums über das Thema: „Mathematische Fragen an die neodarwinistische Evolutionstheorie", das am 25. und 26. April 1966
am Wistar Institute of Anatomy and Biology in Philadelphia
abgehalten wurde.

Im weiteren Verlauf seiner Eröffnungsansprache führte Sir Peter
aus, daß dieses ungute Gefühl hauptsächlich von drei Seiten
komme und nicht nur Ausdruck wissenschaftlicher Unzufrieden-
heit sei, sondern auch von Unbehagen in anderen Lagern zeuge:
„In allererster Linie religiöses; während man früher beklagte,
daß überhaupt eine Evolution stattgefunden habe, beklagt man
heute im allgemeinen, daß sie ohne göttliche Motivation stattfindet. Viele von Ihnen werden mit ungläubigem Entsetzen diese
Art von frommem Blödsinn gelesen haben, die Teilhard de Chardin darüber geschrieben hat . . ."

Sir Peter führte im Anschluß daran aus, daß es über die religiösen Einwände gegen die Evolutionstheorie hinaus noch die
philosophischen und methodologischen gebe, denen Professor
Karl Popper Ausdruck verliehen hat. Er glaubt, daß jedes wirkliche oder unwirkliche evolutionäre Ereignis, das wir uns ausden-
ken können, aufgrund der neodarwinistischen Hypothesen erklärbar sei. Auf diese Weise soll gezeigt werden, daß die Theorie zu allgemein und zu weitgefaßt ist, als daß sie als Richt-
schnur im wissenschaftlichen Umgang von praktischem Nutzen
sein könnte.

Die fehlenden Faktoren

Sir Peter schloß seine Einführung zu Recht mit den Worten,
daß die einzigen Einwände gegen die Evolutionslehre, um die
Wissenschaftler sich kümmern, echt wissenschaftlicher Art sein

müssen. Gerade diese wirklich wissenschaftlichen Vorbehalte waren die konkrete Grundlage für die Einberufung des Symposiums. Die Besorgnis der Teilnehmer rührte daher, daß in der heute gängigen Evolutionslehre wichtige Momente fehlen. Wenn jedoch in irgendeiner Theorie solche wesentlichen Punkte fehlen, muß man ihre Brauchbarkeit offensichtlich in Frage stellen. Die Theorie wird zu unspezifisch und gehaltlos, als daß sie noch konkrete Richtlinien für konstruktive und weiterführende Überlegungen und Experimente liefern könnte. Einige der versammelten Wissenschaftler brachten ihre Überzeugung zum Ausdruck, daß die fehlenden Faktoren innerhalb des neodarwinistischen Gedankenguts in der Tat von entscheidender Wichtigkeit seien.

Im weiteren Verlauf der Veranstaltungen stellte sich jedoch heraus, daß gewisse andere Wissenschaftler, besonders Biologen der älteren Schule, entschlossen waren, einigen jüngeren Wissenschaftlern, die von der offiziellen biologischen Lehrmeinung abweichende Ansichten vorbrachten, mit Ungeduld, Spott oder sogar Verachtung zu begegnen. Dies war besonders dann der Fall, wenn gewisse neue Erkenntnisse aus der kybernetischen Forschung zitiert wurden, die die Lücken in der neodarwinistischen Lehre besonders deutlich machen sollten. In der Tat konnte man durch alle Veranstaltungen hindurch die unterschwellige Gereiztheit und Ungeduld gegenüber denjenigen Wissenschaftlern verspüren, welche es für nötig halten, die angeblich feststehenden Grundlagen der modernen Biologie noch einmal zu überprüfen.

Die natürliche Auslese ist unzulänglich

Im Laufe des Symposiums führte M. Schützenberger aus, daß eine grundlegende Ursache für die erwähnte Besorgnis teilweise in dem darwinistischen Konzept des Zufalls liege. Er erklärte, daß es eine „ernstzunehmende Lücke in der heute gängigen Evolutionslehre" gebe. Schützenberger meinte, daß der Neodarwinismus nach Ausfüllung dieser Lücke in geringerem Maße von den Voraussetzungen der richtungslosen Mutation und der natürlichen Auslese als Erklärung der biologischen Fakten abhängig sein würde. Er vertrat die Ansicht, daß es sowohl grundsätzlich als auch mathematisch anfechtbar sei, die in einem unglaublichen Maße geordneten biologischen Systeme allein im Sinne richtungsloser Mutation und natürlicher Auslese erklären zu wollen. Diese beiden Mechanismen könnten eine untergeordnete Rolle spielen, man solle ihnen aber nicht, wie es heute geschehe, das Gewicht der Hauptrolle innerhalb der Evolutionslehre beimessen. Sie müßten von neuen Prinzipien unterstützt werden, falls die Entwicklungslehre auf eine mathematisch solide Grundlage gestellt werden solle.

Schützenberger wies außerdem noch auf die jüngsten Ergebnisse der Kybernetik hin, die gezeigt hätten, daß die spontane Entwicklung eines selbstreplizierenden Organismus ein Phänomen sei, welches auch von den größten und empfindlichsten Computern, die es zur Zeit gebe, noch niemals erfolgreich wiederholt oder nachgeahmt worden sei.

Die Situation in der Kernphysik

V. F. Weisskopf, Physikprofessor am Massachusetts Institute of Technology, der sich zu dem gleichen Thema äußerte, führte dabei folgendes aus:

„Ich glaube, daß man die Situation in der Entwicklungslehre fast mit der in der Kernphysik vergleichen kann. Auch hier möchten wir die Lage gern von allen Seiten anschauen, *weil wir den Verdacht nicht loswerden, daß ein wesentliches Moment noch immer fehlt* ... Wenn ich boshaft sein wollte, würde ich sagen, daß die Vertreter der Evolutionslehre sich ihrer selbst sicherer sind als wir Kernphysiker — und das heißt schon etwas."[3]

Der Zufall reicht nicht aus

M. Eden, Professor für Elektrotechnik, Mitglied des Massachusetts Institute of Technology ebenso wie Schützenberger, fand einen Grund zur Besorgnis in dem darwinistischen Konzept der Zufälligkeit als Ursache für die Ordnung, die in biologischen Systemen sichtbar ist. Er schrieb dazu:

„Wenn man ‚Zufälligkeit' ernsthaft und kritisch vom Standpunkt der Wahrscheinlichkeitsrechnung aus interpretiert, dann wird, wie wir meinen, das Zufallspostulat in hohem Maße unglaubwürdig. Eine adäquate wissenschaftliche Evolutionstheorie muß deshalb auf die Entdeckung und Erhellung neuer Naturgesetze physikalischer, biochemischer und biologischer Art warten. Bis zu diesem Zeitpunkt ist die neodarwinistische Evolutionslehre eine Neuformulierung von Darwins fruchtbarer Erkenntnis, daß es für die Herkunft der Arten eine naturgeschichtliche Erklärung geben könnte."[4]

Diese jüngsten Zweifel an der theoretischen Grundlage der Evolutionstheorie beschäftigen sich weitgehend mit der Rolle, die Zufallsprozesse in der darwinistischen Auffassung spielen. Solche Prozesse bilden das Fundament für die Idee, die beobachtete Herausbildung von Ordnung aus dem Zufall unterworfenen Systemen auf naturgeschichtlicher Grundlage zu erklären. Man hat jedoch nicht nur solche fundamentalen, zufälligen Abläufe in Zweifel gezogen, sondern auch noch andere wichtige darwinistische Prinzipien in den letzten Jahren kritisch überprüft.

Die Bedeutung großer Zeiträume

Gewöhnlich versucht man, einige Grundprobleme bei der Herausbildung von Ordnung aus Zufall dadurch zu bewältigen, daß man die Existenz riesengroßer Zeitspannen annimmt, in denen zufällige Geschehnisse sich selbst in Richtung auf Ordnung hin entwickelt haben könnten. Ein Zitat von John Kendrew zeigt, wie man dieses Argument der großen zeitlichen Zwischenräume verwendet, um den Vorwurf der Unglaubwürdigkeit zu entkräften: „Es mag verwunderlich sein, daß ein Zufallsereignis wie dieses eine Art höherentwickeln oder sogar eine neue Art hervorbringen und schließlich zu der ganzen großen Vielfalt tierischen und menschlichen Lebens um uns herum führen kann. Man darf jedoch nicht vergessen, daß sich diese Entwicklungen über einen enormen Zeitraum hin erstreckt haben, nämlich über mehr als fünfhundert Millionen Jahre."[5]

Aussagen wie die von Dr. Kendrew sind typisch für die darwinistische und neodarwinistische Auffassung, die in den langen Zeiträumen einen Schlüssel für die spontane Entstehung von Ordnung in ungeordneten Systemen sieht.

Jedoch hat man auch diese wichtige Grundlage des Darwinismus in Frage gestellt; dabei war es vor allem H. Blum, der, obschon kaum ein Antidarwinist, doch eine Kendrew und der Mehrzahl der Darwinisten diametral entgegengesetzte Ansicht vertritt, wenn es um die Bedeutung langer Zeitspannen und ihrer Rolle bei der Evolution geht. Blum zeigte, daß der Zeitfaktor in biologischen Systemen von einer Art, wie Kendrew und andere Evolutionsforscher sie sich vorstellen, für die Evolution vollkommen irrelevant sein kann. Er schreibt:

„Ich glaube, wenn ich dieses Kapitel (über Archebiopoese oder Neobiogenese) noch einmal vollständig neu abfaßte, dann würde ich den Akzent etwas verlagern. Ich würde die Bedeutung des großen Zeitraumes, der höchst unwahrscheinliche Ereignisse möglich machen soll, noch mehr herunterspielen. Man kann nämlich sagen, daß, je größer der verflossene Zeitraum ist, desto größer auch die Annäherung an ein Gleichgewicht als wahrscheinlichsten Zustand ist. Dies sollte, so scheint es, in unserem Denken vorrangig sein gegenüber der Vorstellung, daß die Zeit das höchst Unwahrscheinliche möglich werden läßt."[6]

Blums Schlußfolgerung ist sehr einleuchtend. Die Neodarwinisten übersehen oft vollständig den Begriff des Gleichgewichts. Wenn man bei reversiblen Reaktionen den Zeitfaktor verlängert, so wächst damit auch die Möglichkeit, daß sich eher ein Gleichgewichtszustand einstellt, als daß etwas Unwahrscheinliches entsteht. Die biochemischen Verbindungen sind von höchst unwahrscheinlicher Struktur. Deshalb bedeutet die Verlängerung der Zeitspanne für eine reversible Reaktion kein Fortschreiten in Richtung auf steigende Komplexität, die zum Leben führt. Blum ist sehr darauf bedacht, daß die Energie, die die Oberfläche der präbiotischen Erde erreichte, nach unseren heutigen Kenntnissen diesen Zustand nicht verändert haben würde.

Die Notwendigkeit von Energiequellen

„Der Ursprung präbiologischer Systeme"[7], eine Sammlung von Beiträgen zu diesem Thema von Sidney Fox, versucht das Problem präbiologischer Energiequellen zu lösen, welche die chemischen Gleichgewichtszustände in eine aufsteigende Richtung verlagert haben könnten, um so die Komplexität im molekularen und biologischen Bereich zu erklären. Blums Argument, daß sich im Laufe der Zeit ein Gleichgewichtszustand einstellt, müßte modifiziert werden, falls es nachweisbar wäre, daß einem derartigen System nutzbare Energie zugänglich gemacht werden könnte, während sich die Entropie auf Kosten dieser verfügbaren Energie verringert. Eine menschliche Zygote erreicht im Laufe der Zeit offensichtlich nicht den Gleichgewichtszustand, im Gegenteil, ihre Komplexität wächst. Sie hat auch die Möglichkeit dazu, weil sie die ihr zur Verfügung stehende Energie ausnutzen kann und auf diese Weise die normale Tendenz zur Auflösung überwindet, die sich bei Ausfall des Stoffwechselmotors der Zygote, der Enzyme nämlich, einstellen würde. Tatsächlich gibt es zum gegenwärtigen Zeitpunkt nur geringe Anzeichen dafür, daß in der präbiotischen Welt solche Systeme, wie Fox und andere sie sich vorstellen, die ausnutzbare, gekoppelte Energie geliefert haben könnten, welche notwendig ist, um die Prozesse in Richtung auf das Gleichgewicht hin wieder rückläufig zu machen. Es gibt immer mehr Beweise dafür, daß recht komplexe organische Moleküle mit verschiedenen Energieformen gespeisten Zufallssystemen entstehen können. Moleküle von der Komplexität eines lebensfähigen Proteins und Enzyme jedoch können sich auf diese Weise wahrscheinlich nicht bilden. Diese Fragen werden später ausführlicher behandelt.

Die natürliche Auslese

Schließlich ist auch ein drittes Element des neodarwinistischen Denkens in letzter Zeit unter Beschuß geraten. Es ist das Prinzip, welches die Evolution zu einem gerichteten Prozeß gemacht haben soll und welches als eine der großen fruchtbaren Einsichten gilt, die Darwin der wissenschaftlichen Welt vermittelt hat. Wir sprechen vom Prinzip der natürlichen Auslese. Eden meint dazu: „Vorstellungen wie die der natürlichen Auslese durch Überleben des am besten angepaßten Individuums sind tautologisch, d. h., sie sind einfach eine neue Formulierung der Tatsache, daß nur die Eigenschaften derjenigen Organismen, die lange genug leben, um Nachkommen zu erzeugen, oder mehr Nachkommen erzeugen als ihre Artgenossen, in den folgenden Generationen sichtbar werden."[8]

Abgesehen davon, daß man die Vorstellung vom Überleben des Geeignetsten als Tautologie ansehen kann, wird heute jedoch ein viel schwerwiegenderer Vorwurf gegen die Bedeutung des Prinzips der natürlichen geschlechtlichen Auslese erhoben. Die Arbeiten von J. Brun, in denen berichtet wird, daß sich der Nematode *Caenorhabditis elegans* an höhere Temperaturen anpassen kann, wenn man ihm für jede Erhöhung um 0,5° C acht bis zehn Generationen Zeit läßt, werden von Eden als Beispiel zitiert.[9] Da dieser Nematode zwittrig ist, kann die geschlechtliche Auslese vermutlich nicht zur Erklärung dieser stufenweisen Anpassung herangezogen werden. Dieser Fall kann zu Zweifeln darüber Anlaß geben, wie notwendig die natürliche geschlechtliche Auslese bei der Herausbildung von Anpassung, Richtung und Artbildung in der Evolution war.

Es nützt den Kritikern nichts, wenn sie argumentieren, daß die Sexualität die genetische Auslese nur beschleunige, und die Anpassung unter asexuellen Bedingungen nur langsamer verlaufe als die unter den Bedingungen der natürlichen geschlechtlichen Auslese. Darwin selbst erkannte der natürlichen Auslese eine große, nicht eine geringe Rolle zu. Angesichts dessen vermittelt der heute unternommene Versuch, sie nur als Beschleunigungsfaktor zu betrachten, den Eindruck, als ob man sich in Anbetracht der neuen und entgegengesetzten Beweise absichern oder davon distanzieren wolle. Als Ergebnis all dieser Fakten und Kritik bleibt bestehen, daß einige der grundlegenden neodarwinistischen Lehrsätze unter Beschuß geraten sind, und zwar unter schweren Beschuß. In späteren Kapiteln werden wir den Versuch unternehmen, dieses und anderes Beweismaterial kritisch abzuwägen. Wir verlassen nun die Frage nach den grundlegenden Lehrsätzen und Thesen des Darwinismus und wenden unsere Aufmerksamkeit einigen praktischen experimentellen Dingen zu, die von bedeutendem Einfluß auf die Theorie sind. Wir wollen den Ursprung der chemischen Grundbausteine des Lebens betrachten und feststellen, inwieweit man ihn aufgrund von Zufallsprozessen erklären kann. Im Anschluß daran werden wir uns dem möglichen Ursprung der komplexeren chemischen Lebenssubstrate zuwenden.

1 P. S. Moorhead und M. M. Kaplan, Hrsg., *Mathematical Challenges to the Neo-Darwinian Interpretation of Evolution*, p. XI.
2 Ibid., p. 73.
3 Ibid., p. 100.
4 Ibid., p. 109
5 John Kendrew, *The Thread of Life*, zitiert in ibid., p. 8.
6 H. Blum, *Time's Arrow and Evolution*, p. 178a.
7 S. Fox, „The Origins of Prebiological Systeras", New York, Acaderaic, 1965.
8 Murray Eden, Aufsatz in *Mathematical Challenges . . .*, p. 7.
9 J. Brun, „Genetic Adaptation of *Caenorhabditis elegans (Nematoda)* to High Temperatures",*Science* 150 *(1965):* 1467, zitiert nach *Mathematical Challenges . . .*, p. 6.

2
Die Abiogenese und ihre Postulate

Zufallssysteme als Voraussetzung der Abiogenese
Der Ursprung der Biomonomere

Bei der Beschäftigung mit Theorien über die Abstammung des Lebendigen aus anorganischem Material müssen wir zunächst die Frage nach dem Ursprung der chemischen Bausteine oder Biomonomere klären, aus denen sich das lebende Substrat zusammensetzt.

Jede lebende Substanz ist aus verhältnismäßig einfachen Biomonomeren aufgebaut, die sich – weil Bausteine – mit anderen Biomonomeren zu bestimmten Mustern zusammenschließen oder aneinanderreihen, um so die Makromoleküle entstehen zu lassen, die Leben der uns bekannten Art ermöglichen. Diese Biomonomere umfassen so einfache organische Moleküle wie Aminosäuren, heterozyklische Basen, Porphyrine und andere Substanzen. Wie sind nun diese Biomonomere aus anorganischem Material entstanden und wie haben sie sich aneinandergereiht oder polymerisiert, um die Strukturen herauszubilden, die als Grundlage des Lebens dienen?

Diese Frage ruft oft Verwirrung hervor, obwohl die Antwort, was den möglichen Ursprung einiger dieser Grundbausteine betrifft, heutzutage schon recht genau bekannt ist. Ungefähr einhundert wissenschaftliche Veröffentlichungen sind in den letzten Jahren zu diesem Thema erschienen. Die Quintessenz der meisten davon lautet, daß viele Biomonomere sich spontan aus ihren Grundelementen bilden können, und zwar unter den Zufallsbedingungen, die, wie man meint, denen auf der ursprünglichen präbiotischen Erde ähnlich sind. Das muß man bei allen Erörterungen über die Bildung der Biomonomere ganz klar im Auge behalten. Denn die Grundbausteine des Lebens, die Biomonomere, können unter Zufallsbedingungen entstehen, und so geschieht es auch tatsächlich. Die Frage jedoch, wie sich große und spezifische Makromoleküle als Grundlage des Lebens herausbildeten, läßt sich viel schwerer beantworten. Dies besagt nicht, daß sich nicht auch unter Zufallsbedingungen große Makromoleküle entwickeln könnten. In der Protobiologie weiß man nämlich sehr genau, daß Peptide (Ketten von Aminosäuren), die von biologischer Bedeutung sein könnten, unter Bedingungen ähnlich denen in der Frühzeit der Erde synthetisiert worden sind, und zwar ohne die Anwesenheit von Nucleinsäuren.[1] Man darf jedoch nicht vergessen, daß Peptidketten noch immer sehr weit von lebensfähigen Proteinketten entfernt sind. Gerade bei der Unterscheidung zwischen der Bildung der Biomonomere des Lebenssubstrates und der Entwicklung von Molekülen wie Hämoglobin, Chlorophyll und Nucleinsäuren aufgrund zufälliger Prozesse trennen sich die Wege des Darwinisten und des Supramaterialisten. Gewöhnlich beschuldigen die Neodarwinisten einen Wissenschaftler, der die spontane Entstehung von Biomonomeren, nicht aber die von lebensfähigen Makromolekülen für möglich hält, der Ignoranz. In einer kürzlich erschienenen Veröffentlichung zu diesem Thema sah ich, daß ein höchst erzürnter Vertreter des naturwissenschaftlichen Materialismus folgendes an den Rand geschrieben hatte: „Der Autor hat offensichtlich keine Ahnung von den fünfzig bis einhundert neuesten Arbeiten über abiologische Synthesen im Laboratorium." In Wirklichkeit hatte der Verfasser nur festgestellt, daß Biomonomere zwar spontan entstehen, Proteine mit spezifischer Aminosäuresequenz als Grundlage des Lebens jedoch nicht.

Die spontane Entstehung von Biomonomeren

Bei Experimenten zur Abiogenese von der Art, wie Miller sie zuerst ausführte und wie sie dann von späteren Forschern in abgewandelter Form und unter wechselnden Versuchsbedingungen wiederholt wurden, hat man in ausreichendem Maße gezeigt, daß verschiedene Biomonomere spontan auftreten können.[2] Diese Biomonomere werden für Zwischenstufen auf dem Wege der biochemischen Evolution gehalten.

Eine hervorragende Würdigung dieser Experimente wurde von Dean H. Kenyon und Gary Steinman geliefert.[3] Dieselbe Arbeit bringt auch eine gute Darstellung der sog. Haldane-Oparin-Hypothese über die Enstehung des Lebens aus einfachen chemischen Zufallsreaktionen aufgrund ausschließlich natürlicher Vorgänge.

Es ist allerdings wichtig, sich klarzumachen, daß das Millersche Experiment zur Abiogenese nicht auf die Herstellung vollentwickelter Bakterien oder anderer „einfacher" Lebensformen abzielt, indem man eine Mischung von Ammoniak, Methan, Wasserdampf und vielleicht einigen anorganischen Salzen elektrischen Entladungen aussetzt. Es richtet sich vielmehr auf die zufällige Herstellung einfacher chemischer Verbindungen oder Biomonomere, deren Entstehung man dann als Beweis für einen Trend vom Unbelebten zum Belebten in der chemischen Entwicklung darstellen könnte. So wird die spontane Bildung von Aminosäuren in einem anorganischen Medium als erster Schritt bewertet, der wegen ausschließlich natürlicher Mechanismen ohne jegliches übernatürliche Eingreifen von der unbelebten Materie zum Leben führt. Man weist darauf hin, daß diese Schlußfolgerung gerechtfertigt sei, einfach wegen der Tatsache, daß Aminosäuren Bausteine des Lebens sind und spontan enstehen.

Heutzutage erwartet niemand bei diesen Experimenten die völlig selbsttätige Erzeugung von Leben. Aber seit Millers Untersuchungen hoffen viele Wissenschaftler, daß die ersten Stufen der chemischen Evolution begangen seien. Bei Fortsetzung in derselben Richtung wird man zur spontanen Entstehung des Lebens aus anorganischem Material gelangen. Die selbsttätige Bildung von Aminosäuren wird durchgehend so interpretiert. Sie ist angeblich der erste Schritt in der langen, spontanen, chemischen Reaktionskette zum Leben (vgl. Abb. 1).

Schema zur Bedeutung von Spontaneität und Ausrichtung bei der Entwicklung des Lebens aus seinen chemischen Elementen.

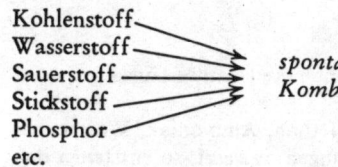

Kohlenstoff
Wasserstoff
Sauerstoff
Stickstoff
Phosphor
etc.

spontane, nicht-spezifische chemische Kombinationen. Diese ergeben:

Biomonomere (oder Grundbausteine des Lebens). Ansteigende Richtungsspezifität ergibt codierte Biodimere, Biotrimere und Biopolymere mit bestimmter Sequenz und schließlich als Höhepunkt die organischen Makromoleküle: Enzyme, DNS, RNS, Ribosomen. In dem Maße, in dem die Spezifität zunimmt, ver-

ringert sich die Bedeutung der Spontaneität. Zwischen spezifischen Makromolekülen entwickelt sich ein koordinierter spezifischer Stoffwechsel und führt schließlich zur Spezifität zellähnlicher Systeme. Von dort weitere spezifische Entwicklung zur lebenden Zelle. Weitere spezifische Entwicklung zu vielzelligen Organismen, die auf weiteren komplexen Codierungssequenzen beruht. Vielzellige Organismen. Weiteres Codieren führt zu den höheren Pflanzen, Tieren, Primaten und dem Menschen. Der Mensch als denkendes Wesen.

Jede Aufwärtsentwicklung beruht auf immer komplizierterer Codierung, d. h. weniger auf Zufall und mehr auf Codierungsordnung und -sequenzen. Codierte Botschaften beruhen auf Intelligenz, und diese wiederum beruht auf Arbeitsaufwand. So muß die gesamte Aufwärtsentwicklung des Lebens auf intellektuellem Arbeitsaufwand beruhen, um den Erfordernissen der Thermodynamik und der Informations- (und Codierungs)theorie zu entsprechen. Der Darwinismus erfüllt diese Forderungen nicht, sondern überläßt sie den Launen des Zufalls und der Unspezifität. Deshalb ist der fehlende Faktor des Darwinismus mit gerichteten energetischen Erfordernissen verbunden, denen beim jetzigen Stand der Theorie keine Rechnung getragen wird.

Die von Miller und seinen Mitarbeitern entwickelten Verfahren haben zur Isolierung vieler Bausteine des Lebens geführt, die im lebenden Substrat vorkommen und sich spontan aus einfacheren Substanzen bilden. Wir wollen uns nun mit einigen dieser speziellen Ergebnisse beschäftigen, die bei der experimentellen Erforschung der Abiogenese erzielt wurden.

Die spontane Bildung von Biomonomeren-Aminosäuren

Wenn man eine Mischung von Methan, Ammoniak, Wasserstoff und Wasser elektrischen Entladungen aussetzt, so entstehen dabei nach den vorliegenden Berichten Biomonomere wie Glycin, Alanin, β-Alanin, Sarcosin und α-Aminobuttersäure.[4] Asparaginsäure und Asparagin entstehen aus einfachen Reagenzien mit Cyanoacetylen als Zwischenstufe.[5] Wenn eine einfache gasförmige Mischung von Äthan, Ammoniak und Wasser einer mit Quecksilber sensibilisierten UV-Strahlung ausgesetzt wird, bilden sich Glycin, Alanin, α-Aminobuttersäure, Ameisensäure und Propionsäure.[6] Asparaginsäure, Threonin, Serin, Glutaminsäure,

Prolin, Glycin, Alanin, Valin, Alloisoleucin, Leucin, Tyrosin, Phenylalanin, α-Aminobuttersäure, β-Alanin, Sarcosin und N-Methylalanin entstehen bei der Erhitzung von Methan, Ammoniak und Wasser auf eine Temperatur von 950° C in Anwesenheit von Quarzsand.[7]

Kompliziertere heterozyklische Basen wie Adenin erhält man bei der Beschießung von Ammoniak, Methan und Wasser mit Elektronen. Sogar bestimmte Porphyrine kann man bei Abwandlung der oben beschriebenen Methode darstellen.[8] Die Art der Energiequelle scheint für die Art der entstehenden Endprodukte nicht von Belang zu sein. Die Synthese von heterozyklischen Basen und Porphyrinen, die auf ähnliche Weise experimentell gelang, wird in einem späteren Abschnitt ausführlicher beschrieben.

All diese oben erwähnten Biomonomere können sehr leicht als spontane chemische Reaktionen auftreten, und zwar unter den Bedingungen, welche nach unseren Vorstellungen auf der ursprünglichen, präbiotischen Erde herrschten. Man zieht deshalb daraus die Schlußfolgerung, daß man mit weiterem Ausbau und fortschreitender Vervollkommnung der Versuchsanordnungen sogar die Makromoleküle des Lebens ebenso als Folge zufälliger Prozesse hergestellt werden können.

Die spontane Entstehung von Bausteinen – Zucker

Die Aminosäuren allein als Bausteine oder Biomonomere würden zur Entwicklung des Lebens nicht ausreichen. Außer ihnen sind noch Zucker der verschiedensten Arten notwendig, da auch sie an den Prozessen lebender Makromoleküle beteiligt sind. Deshalb ist es nun unser nächster Schritt, die Möglichkeiten der zufälligen, spontanen Entstehung von Zuckern zu untersuchen.

Man weiß schon lange, daß Zucker sich leicht von Formaldehyd ableiten lassen.[9] In der Tat entsteht in einer Lösung von Formaldehyd in einer wäßrigen Base ganz spontan eine Mischung verschiedener Zucker.[10] Fructose, Cellobiose, Xylose, Glykolaldehyd, Galactose, Mannose, Arabinose, Ribose, Ribulose kann man mit Hilfe dieser Methode ebenso isolieren wie Glycerinaldehyd, Hydroxyaceton und einige Tetrosen.[11]

Die Anfangsreaktion, die zu all diesen Zuckern und Hydroxylverbindungen führt, ist wahrscheinlich die gleiche, welche zur

Synthese von Formaldehyd, einer offensichtlich trägen Reaktion, führt. Wenn zwei Formaldehydmoleküle miteinander reagieren, entsteht Glycolaldehyd, welcher sich mit einem weiteren Molekül Formaldehyd zu Glycerinaldehyd verbindet. Diese spätere Kondensation scheint autokatalytischer Natur zu sein. Ungefähr 50 Prozent des reagierenden Formaldehyds kann man auf diese Weise in Glycolaldehyd überführen.[12] In Gegenwart von Calciumoxyd oder Ammoniak spielen sich bei einer Temperatur von 50° C oder niedriger ähnliche Reaktionen ab. Bei Zimmertemperatur und genügend starker Konzentration von Ammoniak findet ein stetiger Aufbau von Zuckerprodukten im Reaktionsgemisch statt.

Die spontane Entstehung von Bausteinen — heterozyklische Basen

Wir haben uns bisher mit der selbsttätigen Entstehung von zwei wichtigen Arten von Lebensbausteinen beschäftigt: den Aminosäuren und den Zuckern. Ein anderer Grundbaustein, der zur Synthese bestimmter organischer Makromoleküle benötigt wird, besteht aus der als heterozyklische Base bezeichneten Klasse von Verbindungen. Diese Biomonomere wurden schon kurz in dem Abschnitt über Aminosäuren gestreift.

Adenin ist eine wichtige heterozyklische Base, die in Adenosintriphosphat (ATP) und den Nucleinsäuren enthalten ist. Wie sich herausgestellt hat, entsteht es spontan in einer wäßrigen Ammoniumcyanidlösung, die mindestens einen Tag lang erhitzt wurde. Adenin ensteht aber auch, wenn Ammoniumcyanidlösungen unter bestimmten Bedingungen bei Zimmertemperatur aufbewahrt werden.

Zugleich mit dem Adenin entstanden folgende weitere interessante Verbindungen: 4-Aminoimidazol—5-carboxamid (AICA), 4-Aminoimidazol—5-carboxamidin (AICAI), Formamid und Formamidin.[13] Ammoniumcyanid (9,9 M), das einen Tag lang auf 90° C erhitzt wurde, lieferte 60 mg/l Adenin; außerdem fand sich Glycinamid, Glycin, Alanin, Asparaginsäure und etwas polymerisierte Blausäure.

Auch UV-Strahlung begünstigt die Adeninbildung in Ammoniumcyanidlösungen, ferner die Beschießung einer gasförmigen Mischung von Methan, Ammoniak, Wasserstoff und Wasser mit Elektronen.[15] Nähere Details über den Reaktionsmechanismus, den man als Erklärung dieser Synthesen vorgeschlagen hat, finden sich bei Kenyon und Steinman.[16]

In Anbetracht dieser Ergebnisse fällt es nicht schwer, die spontane Entstehung von heterozyklischen Basen als Bausteine bei der Entwicklung des Lebens aus anorganischem Material als gegeben vorauszusetzen.

Die spontane Entstehung von Biomonomeren – Porphyrine

Das Porphyrinsystem ist in so fundamentalen lebenden Strukturen wie den Cytochromen, Chlorophyll und Hämoglobin enthalten. Die Frage, ob Porphyrine durch spontane Entstehung auf der präbiotischen Erde zur Verfügung standen, ist deshalb für das Problem der Abiogenese von großer Wichtigkeit.

Wenn man Pyrrol und Benzaldehyd zusammen auf 180° C erhitzt, verbinden sie sich zu α, β, γ, δ—Tetraphenylporphin und α, β, γ, δ—Tetraphenylchlorin.[17] Aldehyde erhält man leicht unter den Bedingungen, wie sie auf der präbiotischen Erde geherrscht haben dürften. Pyrrole entstehen ohne weiteres, wenn man eine Mischung von Acetylen und Ammoniak elektrischen Entladungen aussetzt.[18] Wenn die Uratmosphäre also genügend Acetylen und Ammoniak enthielt, dann würden elektrische Entladungen die Porphyrine geliefert haben, die als Bausteine des lebenden Substrats erforderlich sind. In ähnlicher Weise entstanden Porphyrine bei der Bestrahlung einer Lösung von Pyrrol und Benzaldehyd in Pyridin mit Röntgenstrahlen (Cobalt 60), nachdem Zinkacetat als Katalysator hinzugefügt worden war.[19] Obwohl man über die Rolle der Porphyrine bei der Hämoglobin-, Chlorophyll- und Cytochromsynthese gut informiert ist, sind sich die Biologen noch nicht darüber im klaren, ob diese Verbindungen für die Entstehung des Lebens auf der Erde wichtig waren. Zweifellos spielen sie heute eine entscheidende Rolle bei Oxydations- und Reduktionsvorgängen im lebenden Substrat und sorgen für Energiezufuhr in der Zelle. Einige Biologen halten es jedoch für möglich, daß dies bei sehr primitiven Lebensformen noch nicht der Fall war und andere Verbindungen die Rolle der Porphyrine übernahmen. Man nimmt an, daß sie erst auf späterer und weiterentwickelter Lebensstufe auftraten, während sie für die Abiogenese nicht entscheidend waren.

Die Entstehung des Lebens aus den verschiedenen Bausteinen

Die offizielle Lehrmeinung geht heute dahin, daß die chemischen Bausteine, wie wir sie oben kennengelernt haben, wahrscheinlich in der Atmosphäre entstanden und dann mit dem Regen in den Urozean gespült wurden, wo sie sich langsam anreicherten. Als hier die Konzentration der Biomonomere ständig zunahm, fanden eine Reihe von verschiedenen Reaktionen statt, durch die sie zu kettenförmigen Molekülen oder Polymeren verbunden wurden. Wir müssen uns mit diesen Reaktionen beschäftigen, denn auch von ihnen nimmt man an, daß sie – in gleicher Weise wie die Bausteine selbst – spontan auftraten.

Die chemischen Reaktionen, die man für die Verkettung der Biomonomere verantwortlich macht, heißen Polymerisation und Kondensation. Die Nitrilgruppe erweist sich als besonders geeignet für derartige Reaktionen, denn sie besitzt eine dreifache Wertigkeitsbindung, durch die viele chemische Reaktionen ermöglicht werden. Schon 1875 vermutete Pflüger, daß das Leben mit einem Cyanmolekül begonnen habe, welches leicht auf diese Art reagiert und, mit Pflügers Worten, „labile Proteine" ergibt.[20] Weil sich die Biomonomere so leicht spontan bilden und durch weitere Reaktionen zu komplexeren Formen verbinden, behaupten die naturwissenschaftlichen Materialisten seit Darwins Tagen, daß die ganze Skala von Reaktionen, welche zu einem lebensfähigen Protein mit spezifischer Aminosäuresequenz führt, sich auch in genau der gleichen Weise ereignet habe.

In Darwins Lebzeiten wußte man noch nicht, daß sich die Biomonomere so leicht bilden, obwohl man einiges vom allgemeinen Aufbau der Proteine verstand. Über die Aminosäuresequenz, die – zusammen mit Variationen im Aminosäuregehalt – den Grund der Spezifität der Proteine bildet, war man weniger gut informiert. Die damaligen Wissenschaftler glaubten fest daran, daß der Aufbau der Makromoleküle des Lebens kein Problem mehr sein würde, wenn die Biomonomere einmal zur Verfügung ständen. Er würde sich in vielen aufeinanderfolgenden spontanen Reaktionen vollziehen; übernatürliche Lenkung und Führung sah man als unnötig an. Heute jedoch sehen die Wissenschaftler diese Dinge radikal anders. Man hat heutzutage zumindest einige der thermodynamischen Gesetzmäßigkeiten beim Aufbau lebensfähiger Proteine und Nucleinsäuren aus ihren Bausteinen erforscht. Bei Synthesereaktionen, welche zu Proteinen mit spezifischer Aminosäuresequenz führen, werden aufgrund der thermodynamischen Erfordernisse nicht nur Energie, sondern auch gezielte, nicht-zufällige Vorgänge erforderlich. H. Blum zeigt in seinem Werk „Time's Arrow und Evolution" wie von Grund auf unbefriedigend das „Zufalls"prinzip wird, wenn es darum geht, die Spezifität der Makromoleküle, die die Grundlage des Lebens bilden, zu erklären.[21]

Die Zufallshypothese ist für den Ursprung der Biomonomere völlig ausreichend und zufriedenstellend, denn deren Struktur und Spezifität beruht auf der gegebenen Anordnung ihrer einzelnen Bestandteile. Aber es gibt keine Hinweise, daß Aminosäuren und andere einfache Biomonomere eine ihnen innewohnende Ordnung besitzen (vgl. später Kenyons Arbeit), welche sie ohne Hilfe von außen geradewegs zu Makromolekülen wie z. B. Hämoglobin zusammenführen könnte. Blums triftige Argumente wurden im Rahmen einer früheren Arbeit behandelt. Wir werden uns mit diesem wichtigen Problem später noch beschäftigen.

An dieser Stelle wollen wir lediglich festhalten, daß Blum – sicherlich kein Antidarwinist – zu der festen Überzeugung kommt, die spontane Anordnung von Bausteinen zu den geordneten und dicht geschlossenen Reihen lebensfähiger Moleküle mit spezifischer Sequenz, wie es beim lebenden Substrat der Fall ist, sei im höchsten Grade unwahrscheinlich und unglaubwürdig. Theoretisch gesehen gibt es keine Schwierigkeiten bei der Bildung der Bausteine selbst, denn deren Anordnung ist nur ein Ausdruck der verborgenen Gesetzmäßigkeiten, die sich aus den Atomen und Radikalen ergibt. Blum und mit ihm wahrscheinlich die Mehrzahl der Forscher auf diesem Gebiet glauben nicht, daß einfache Biomonomere eine solche verborgene Ordnung besitzen, die sie geradewegs zu der Stereospezifität lebender Makromoleküle führen könnte oder würde.

Das lebende Substrat aus Proteinen und DNS ist in so hohem Maße geordnet und kompliziert zusammengesetzt, daß eine selbsttätige, zufällige Anordnung einfach unglaubwürdig erscheint. Darüber hinaus zieht Blum die früher einmal höchst populäre Theorie in Zweifel, die besagte, daß sich in langen Zeiträumen auch die kompliziertesten Anordnungen lebensfähiger biochemischer Strukturen herausbilden können. Diese Frage haben wir schon einmal angeschnitten.

Wir sind damit an einen Punkt angelangt, an welchem wir festhalten können, daß Biomonomere aufgrund der ihnen innewohnenden chemischen und physikalischen Eigenschaften spontan entstehen können. Wir sind auch darauf gestoßen, daß einige Wissenschaftler von Rang daran zweifeln, ob die einmal gebildeten Biomonomere die Fähigkeit zur selbständigen Polymerisation besitzen, um so die spezifischen Makromoleküle als Grundlage des Lebens aufzubauen. Die ganze Frage ist so kompliziert, daß wir ihr später einen vollständigen Abschnitt widmen müssen. Zum gegenwärtigen Zeitpunkt können wir lediglich sagen, daß eine spontane Entstehung ohne äußere Einwirkungen für große Makromoleküle weder theoretisch wahrscheinlich noch praktisch beobachtet worden ist. Die äußeren Einwirkungen, an die wir hier denken, können durch den Einfluß von Enzymen oder durch auf Einsicht und Vernunft beruhende Veränderungen der Reaktionsbedingungen geschehen.

Es ist wichtig, daß an dieser Stelle unserer Beweisführung keine Mißverständnisse auftreten. Sicherlich schließen sich Biomonomere wie z. B. Aminosäuren spontan zusammen und bilden auch proteinähnliche Substanzen. Solche Experimente sind in der Tat ausgeführt worden. Die auf diese Weise isolierten Substanzen nennt man Proteinoide. Sie sind jedoch von den echten biologischen Proteinen noch sehr verschieden. So rufen sie keine Antikörperbildung beim Meerschweinchen, Kaninchen oder Uterusstreifentest hervor. In vielen Fällen ließen sich die Proteinoide nicht hundertprozentig in einer Säure oder Base hydrolysieren; das stellt einen schweren Mangel dar. Darüber hinaus bewegt sich ihr Molekulargewicht in einer Größenordnung von 3600–8600; für ein Protein ist dies recht niedrig. Mit anderen Worten: Die Eigenschaften der Proteinoide, welche aus der zufälligen, spontanen Kondensation der Biomonomere entstehen, unterscheiden sich von denen der natürlichen Proteine.

Spontane Entstehung von Biomonomeren, nicht aber von Proteinen mit spezifischer Aminosäuresequenz

Der Grund dafür, daß Biomonomere spontan entstehen, während dies für spezifische Polymere nicht wahrscheinlich ist, dürfte nicht schwer zu finden sein. Die Reaktionskette zum Aufbau des Alanins aus seinen Grundbestandteilen umfaßt nur sehr wenige Stufen. Es sieht fast so aus, als ob die einzelnen Atome die Alaninstruktur „nicht verfehlen könnten", denn ihre Eigenschaften sind derartig angelegt, daß „alles genau an seinen Platz

kommt". Anders ausgedrückt: Wenn jemand ein Zusammensetz-
spiel mit nur drei einzelnen Figuren baute, so ließe es sich sehr
leicht zusammenfügen. Die Chancen eines falschen Zusammen-
setzens sind minimal. Bei einem Puzzlespiel mit Tausenden von
Einzelstücken, von denen viele praktisch identisch sind, steigt
die Zahl der Schwierigkeiten beim richtigen Zusammenfügen
jedoch in dem Maße an, in dem die Zahl der ähnlichen Einzel-
stücke zunimmt. Die einfachen Biomonomere kann man mit
dem Puzzlespiel von nur drei Teilen vergleichen, während die
lebensfähigen Makromoleküle dem Spiel mit den Tausenden von
fast identischen Einzelteilen gleichen, von denen jedes an einen
sehr spezifischen Platz gebracht werden muß, um das Gesamtbild
richtig aufzubauen.

Es gibt jedoch noch einen anderen Gesichtspunkt, den man beim
Aufbau von Makromolekülen und Biomonomeren beachten
muß.

Entropie-„Löcher" und Entropie-„Berge"

Theoretisch und experimentell wissen wir genau darüber Bescheid, wie die Bausteine von Aminosäuren, Adenin, Zucker
und anderen einfachen Verbindungen unter bestimmten Bedingungen spontan enstehen können. Diese Biomonomere stellen
sozusagen „Entropielöcher" dar, in welche die Elemente leicht
„hineinfallen", wenn man sie nur mit einem ausreichenden
„Energiestoß" heftig genug „anstößt" (aktiviert).

Wenn wir uns in höhere Ordnungen der chemischen Verbindungen begeben und größere Komplexe wie z. B. lebensfähige Proteine erreichen, dann vollzieht sich deren Synthese unter anderen
Bedingungen. Diese größeren Moleküle sind die „molekularen
Häuser", aus denen die Zelle aufgebaut ist; sie selbst bestehen
aus den einfacheren Bausteinen oder Biomonomeren. Solche spezifischen lebensfähigen Proteine kann man nicht so leicht zusammenfügen wie die Biomonomere. Wenn man die ersteren
mit genügend Energie wahllos „anstößt", verbinden sie sich nicht
auf die spezifische Weise, wie es das Leben verlangt. Die natürlichen Proteine stellen zwar ebenso „Entropielöcher" dar wie
die Biomonomere, aber es besteht dabei ein Unterschied. Die
„Entropielöcher", welche von den natürlichen Proteinen gebildet
werden, liegen hoch auf den „Entropiebergen". Da sie also einen
so „hohen Entropiestatus" besitzen, ist es schwierig, Ketten von

Aminosäuren in bestimmter Anordnung und so, wie sie in der Natur vorkommen, in diese „Löcher" hineinzubringen.

Es fällt relativ leicht, eine Mischung von Elementen wie Kohlenstoff, Wasserstoff, Sauerstoff und Stickstoff in eine Bausteinverbindung zu bringen, die wir Aminosäure nennen. Diese ist ein „Entropieloch", welches in den „Entropieniederungen" liegt, genau wie ein niedrig gelegener See auf einem Golfplatz, für den sämtliche Golfbälle, die jemals über diesen Platz geschlagen wurden, eine instinktive Zuneigung zu haben scheinen. Man kann einen Ball leicht in fast jede Richtung schlagen, er wird schließlich doch in solch einem See landen. Dieser niedrig gelegene See stellt ein „Entropieloch" wie ein Biomonomer dar.

Die Sachlage ist jedoch anders, wenn man die „Behausungen", die makromolekularen Proteine, betrachtet, die ihrerseits aus den einfacheren Aminosäuren aufgebaut sind. Die Proteine kann man mit Seen vergleichen, die sehr hoch auf den Bergen liegen, welche den Golfplatz umgeben. Diese Seen liegen so hoch und sind zudem noch derartig in den Bergen versteckt, daß es auf Schwierigkeiten stößt, einen Golfball so zu zielen, daß er in ihnen landet. Zunächst einmal bedarf es schon beträchtlicher Energie, um ihn zu solch einem verborgenen See hochzutreiben. Dann muß seine Richtung auch äußerst präzise sein, wenn er das genaue Ziel treffen soll. Diese beiden Faktoren muß man bei der Bildung spezifischer, natürlicher Makromoleküle ständig im Auge behalten: die bloße *Kraft,* die zur Erniedrigung des Entropiezustandes erforderlich ist, im Verein mit präziser Ausrichtung.

Wir sind nun an einem Punkt angelangt, an dem wir die Herstellung von Biomonomeren aufgrund spontaner Mechanismen erklären können. Jede Energiezufuhr wird in einer wahllosen Mischung der erforderlichen Elemente leicht jene niedrig gelegenen Stellen treffen. Die hochgelegenen, versteckten „Seen auf den Bergen" jedoch zu treffen, ist eine andere Sache. Die Chance, einen von ihnen zu erreichen, ist minimal.

Wir werden zu diesem Problem zurückkehren müssen, wenn wir die Theorie, die S. W. Fox zur Abiogenese aufgestellt hat, untersuchen. Bis dahin müssen wir unsere Aufmerksamkeit den chemischen Reaktionen zuwenden, durch die sich die Biomonomere aneinanderreihen und verbinden, um größere Moleküle, sowohl zufälliger als auch spezifischer Art, aufzubauen.

1   G. Steinman, *Arch. Biochem. Biophys. 119* (1967): 76; und 121 (1967): 533; und M. N. Cole, *Proc. Natl. Acad. Sci.* 58 (1967): 735.
2   S. L. Miller, *Science 117* (1953): 528; und J. Amer. *Chem. Soc. 77* (1955): 2351.
3   Dean H. Kenyon und Gary Steinman, *Biochemical Predestination*, pp. 1—301.
4   Miller, *J. Amer. Chem. Soc. 77* (1955): 2351.
5   R. A. Sanchez, J. P. Ferris und L. E. Orgel, *Science* 154 (1966): 784.
6   W. E. Groth und H. V. Weyssenhoff, *Planet. Space. Sci.* 2 (1960): 79.
7   K. Harada und S. W. Fox, Abhandlung in S. W. Fox, Hrsg., *The Origins of Prebiological Systems*, pp. 187—93.
8   A. Szutka, Abhandlung in *The Origins . . .*, pp. 243—51.
9   A. Butlerow, *Comp. Rend.* 53 (1861): 145 und *Ann.* 120 (1861): 295.
10 O. Loew, *J. Prakt. Chem.* 33 (1886): 321 und *Chem. Ber.* 22 (1889): 470.
11 E. Marian und O. Torraca, *Intern. Sugar. J.* 55 (1953): 309.
12 W. Langenbeck, *Angew. Chem.* 66 (1954): 151.
13 ˙ J. Oro, *Biochem. Biophys. Res. Comm.* 2 (1960): 407.
14 C. Ponnamperuma, Veröffentlichung in *The Origins . . .*, pp. 221—35.
15 C. Palm, und M. Calvin, *J. Amer. Chem. Soc.* 84 (1965): 2115.
16 Kenyon und Steinman, p. 150.
17 R. H. Ball, G. D. Dorough und M. Calvin, *J. Amer. Chem. Soc.* 68 (1946): 2278; und P. Rothemund, *J. Amer. Chem. Soc.* 58 (1936): 625.
18 A. I. Oparin, *The Origin of Life*, pp. 127—30; und J. B. S. Haldane, *Rationalist Annual* 3 (1929).
19 Szutka, pp 243—51.
20 Vgl. Kenyon und Steinman, p. 160.
21 H. Blum, *Time's Arrow and Evolution*, p. 178a.
22 A. E. Wilder Smith, *Man's Origin, Man's Destiny.*
23 S. W. Fox, K. Harada, K. R. Woods und C. R. Windsor, *Arch.* Biochem. Biophys. 102 (1963): 439; und *J. Amer. Chem. Soc.* 82 (1960): 3745.

3
Wege der Entstehung von Makromolekülen

(Leser, die komplizierte chemische Zusammenhänge scheuen, können Kapitel 3 und 4 überschlagen)

Bevor wir weitere Schritte unternehmen, müssen wir uns mit den Vorgängen beschäftigen, die die Lebensbausteine miteinander verbinden. Die biochemischen Gesetze sind oft von sehr spezieller Art, aber trotzdem lassen sie sich den allgemein gültigen Regeln der Chemie, die man im Laufe der Zeit im Labor entdeckt hat, ohne Schwierigkeiten einordnen.

Die Dehydration, Kondensation und Polymerisation von Bausteinen

Die Aminosäuren und andere Bausteine, die in den Makromolekülen des lebenden Substrates vorkommen, treten in der Mehrzahl der Fälle zu größeren Einheiten zusammen aufgrund von Reaktionen, die man als Kondensation bezeichnet. Der Zusammenschluß bringt die Abscheidung von einem Molekül Wasser zwischen den beiden zusammentretenden Molekülen mit sich. Eben dieser Austritt von Wasser stellt die Hauptschwierigkeit bei einigen Kondensationsprozessen von biologischer Bedeutung dar, denn die Bildung dieses einen Wassermoleküls zwischen zwei sich vereinigenden Molekülen erfordert Energie, die deshalb in irgendeiner Weise zugeführt werden muß.

Eine weitere Schwierigkeit entsteht hinsichtlich der Beseitigung des Wassers. Man nimmt an, daß die Kondensationsreaktionen auf der präbiotischen Erde in Gegenwart eines reichen Wasservorrats stattfanden, der jedoch nach dem Massenwirkungsgesetz den Kondensationsvorgang behindern und die Auflösungs- oder Spaltungsreaktion begünstigen würde. Das bedeutet also ganz einfach, daß ein großer Vorrat an Wasser wahrscheinlich jene Kondensationsvorgänge behindern würde, die aufwärts, zur Bildung von Makromolekülen, führen. Je mehr Wasser, desto weniger Kondensationen.

Wenn man jedoch einmal annimmt, daß die Kondensation stattfindet, so lassen sich die energetischen Erfordernisse wie folgt darstellen:

$$\Delta F^\circ\ 298 = 3\ \text{bis}\ 4\ \text{kcal auf der Dipeptidebene}$$

Wenn diese Reaktion in Richtung auf das Dipeptid verlaufen soll, muß das Wassermolekül aus dem Reaktionssystem entfernt werden, da es sich um einen reversiblen Vorgang handelt. Für den Fall, daß dies nicht geschieht, wird die zunehmende Wasserkonzentration das Dipeptid wieder – wie oben angedeutet – in die einzelnen Aminosäuren hydrolysieren. Die bei der Bildung des Dipeptids verbrauchte Energie würde dabei wieder in Freiheit gesetzt. Es würde keine Synthese stattfinden.

Chemisch betrachtet, haftet solchen Vorgängen und Reaktionen, die zu hoch komplexen Proteinen führen können, nichts Geheimnisvolles an. Solange man das gebildete Wasser aus dem Reaktionssystem entfernt und Energie zuführt, schreitet die Synthese selbsttätig voran. Das ist der Grund dafür, daß einige Wissenschaftler Leben lediglich für einen Mechanismus halten, welcher aus Kondensation mit Entfernung von Wasser und genügend Energiezufuhr besteht.

Die experimentellen Befunde dieses Kondensationsprozesses zeigen uns jedoch, daß der oben dargestellte Mechanismus allein nicht ausreicht, die *Spezifität* der Lebensprozesse zu erklären. Bloße Kondensation, verbunden mit Energiezufuhr, erklärt nicht alles. Eine gewöhnliche, chemische Kondensation führt sicherlich, falls sie überhaupt stattfindet, zu komplexeren Molekülen und Polypeptiden. Aber diese Strukturen werden noch nicht zwangsläufig aus den spezifischen, mit bestimmter Aminosäuresequenz ausgestatteten Arten von Proteinen bestehen, welche allein lebensfähig sind. Neben dem Entzug von Wasser und der Zufuhr von Energie muß man, wie schon früher angedeutet, noch einen anderen Faktor, den der Richtungsgebung nämlich, in Betracht ziehen. Wir folgern also daraus, daß bei der Herkunft der organischen Makromoleküle nicht nur rein chemische und energetische Faktoren berücksichtigt werden müssen, sondern auch das Problem der Richtung, in welche diese rein chemischen Prozesse gebracht werden, bedarf einer Klärung. Viele moderne Vertreter des naturwissenschaftlichen Materialismus glauben, auch diese Frage durch Berufung auf natürliche, dem Zufall überlassene Ursachen beantworten zu können. Einige meinen, daß diese Richtung durch eine den Biomonomeren selbst innewohnende Eigenschaft gegeben sei. Das bedeutet, daß sie sich aufgrund einer inneren Ordnung selbst in eine bestimmte Richtung bewegen können. Andere glauben, daß die Lenkung durch katalytische Reaktionen geschah, die an der Oberfläche natürlich vorkommender Mineralien, wie z. B. Ton, abliefen. Wir werden diesen Aspekt vom Ursprung von Spezifität und Richtungsgebung in einem besonderen Abschnitt behandeln müssen.

Genau die gleichen Erwägungen über Energie und Richtung treffen auch für die anderen chemischen Vorgänge zu, welche in der Biochemie zum Aufbau von Makromolekülen führen. Bei Pyrokondensationen, Polymerisationen und anderen Reaktionen von Aminosäuren, Polymetaphosphaten usw. müssen nicht nur die energetischen Anforderungen erfüllt sein. Dafür ist bei ihnen allen gesorgt. Beim Aufbau großer Moleküle jedoch, bei dem viele Wege möglich sind, bedarf es sowohl einer Ausrichtung als auch einer bestimmten Ordnung, wenn die Spezifität lebensfähiger chemischer Verbindungen erreicht werden soll.

Wege zur Beeinflussung von Synthesevorgängen

Prinzipiell gibt es zwei Arten, auf die man in eine vielstufige Synthesereaktion richtungsgebend eingreifen kann. Die erste besteht aus der Verwendung eines spezifischen Katalysators, der aufgrund seiner Eigenschaften eine Reaktion nicht nur schneller verlaufen, sondern möglicherweise auch eine bestimmte Richtung einschlagen läßt. Obwohl solche Katalysatoren in vielen Industriezweigen Verwendung finden, versteht man häufig doch ihre Wirkungsweise nicht so recht. Sie bringen oft eine viel größere Oberfläche mit, an der sich die Reaktionen abspielen können. Viele natürliche Substanzen, wie Ton, Quarzsand usw. fungieren unter bestimmten Bedingungen jedoch nicht nur als Reaktionsbeschleuniger, sondern sie wirken bei vielstufigen Reaktionsabläufen auch spezifisierend und richtend. Einige Wissenschaftler glauben deshalb, daß sich die Lebensbausteine auf der Oberfläche natürlicher Katalysatoren wie z. B. Ton ansammelten, um so die von der lebenden Zelle benötigten spezifischen Makromoleküle zu liefern.

Die zweite grundlegende Art, auf die eine bestimmte Ordnung und Abfolge in dem mehrstufigen Aufbau von Makromolekülen erreicht werden kann, besteht darin, daß der die Reaktionen überwachende Wissenschaftler aufgrund seiner Intelligenz Manipulationen der Versuchsbedingungen vornimmt. Wir müssen beide Methoden zur Lenkung von Reaktionen näher betrachten.

Verschiedene Ansichten über den Ursprung von Lenkung und Spezifität bei Synthesevorgängen

Daß eine bestimmte Lenkung bei der Proteinsynthese unbedingt erforderlich ist, wird aus den experimentellen Befunden deutlich, bei denen diese Lenkung nicht erfolgte. Nur wenn man diese Ergebnisse in Betracht zieht, kann man zu einer ausgewogenen Ansicht über die ungeheuer wichtige Rolle der Richtungsgebung bei Aufbauprozessen kommen. Als Einleitung zu diesem doch recht schwierigen Sachverhalt wollen wir eine Illustration heranziehen. Die Wellen und der Wind können zur Erklärung der Riffelmarken im Sand des Meeresstrandes dienen. Mit vereinten Kräften zeichnen sie Spuren in den Sand, manchmal mit einem bestimmten Muster, manchmal ohne ein solches. Wir können vielleicht die Aussage wagen, daß es oft eine Art von erkennbarem Muster gibt, welches als Folge von Wind und Wellen entsteht.

Niemals jedoch ist es in der Menschheitsgeschichte oder sogar in der Vorgeschichte (Zeugnis der Fossilien) vorgekommen, daß Wind und Wellen irgendeine Schrift oder irgendwelche Signaturen in den Sand gegraben hätten. Sie können viele Muster bilden, aber nicht das Muster, welches wir Schrift nennen. Wenn wir einen frühen Morgenspaziergang am Strand machen würden und unseren Namenszug deutlich lesbar im Sand geschrieben fänden, dann würden wir nie auf eine andere Idee verfallen, als dies einer intelligenten Handlung zuzuschreiben. Ein Muster, wie es von den kräuselnden Wellen hervorgerufen wird, muß nicht unbedingt mit Intelligenz erklärt werden. Andererseits sind andere Arten von höher entwickelten Codemustern, wie z. B. die Schrift, unserer Erfahrung nach nur mit Hilfe einer lenkenden Intelligenz erklärbar.

Die Biomonomere sind Riffelmarken im Ufersand vergleichbar, denn bei beiden herrscht ein ähnlicher, einfacher Ordnungszustand vor. Die DNS- und RNS-Moleküle jedoch zeigen im Verein mit den Molekülen einiger natürlicher Proteine die Codecharakteristika der Schrift. Beide stellen einen bestimmten, geordneten Code dar, der dem Dechiffrierer eine Information vermittelt. In der Schrift und auch im genetischen Code offenbart sich eine höhere und grundlegend andere Ordnung als in den Riffelmarken des Ufersandes – oder in den Biomonomeren. Wenn ich auf meinem Spaziergang frühmorgens die Riffeln im Ufersand sehe, rufe ich: „O der köstliche frische Wind und die

Wellen! Wie schön sind die Riffelmarken dort im Sand!" Und das ist die einzige Botschaft, die ich den Sandmustern entnehme. Wenn ich aber meinen eigenen Namen im Sand geschrieben lese oder: „John liebt Mary", dann ereignet sich etwas grundlegend anderes in mir. Ich erhalte eine Information, die meiner eigenen Vernunft durch die geschriebene Botschaft übermittelt wird. Einzig und allein ein menschliches, intelligentes Wesen könnte ein solches Muster hervorrufen.

Die Ordnung innerhalb des Lebendigen läßt sich – für unseren gegenwärtigen Zweck – in zwei Grundarten einteilen. Die erstere ist jene Art von Ordnung, die man in den Sandriffeln am Strand findet. Sie ist charakteristisch für die Biomonomere, welche die Grundlage jeglicher materiellen Ordnung des Lebens bilden. Die zweite Art von Ordnung findet man in den codierten Informationen, die in den mit einer bestimmten Sequenz versehenen Strängen und Spiralen der DNS- und RNS-Moleküle aufgeschrieben sind, denn dieser letzte Ordnungstyp enthält jene syntaktische, durch eine bestimmte Reihenfolge charakterisierte Ordnung, die dem Code eines geschriebenen Satzes ähnelt.

Die DNS- und RNS-Moleküle sind lange Fäden, welche aus spiralig gewundenen Ketten von Biomonomeren bestehen, die in einer bestimmten Reihenfolge angeordnet sind. Diese Reihenfolge verbirgt seinen Code, der die Informationen und Anweisungen zur Proteinsynthese als Grundlage des Lebens liefert. Die Information ist in der Form eines Vier-Buchstaben-Alphabets vom Typ abcacddcabaacdbbcad usw. enthalten, das sich so über Tausende von Buchstaben erstreckt. Die genaue Reihenfolge der Aminosäuren (Aminosäuresequenz) eines Proteins ist durch die Reihenfolge oder Sequenz dieses Alphabets aus vier Buchstaben auf den DNS-Fäden „niedergeschrieben", und zwar in einem Muster, das der Anordnung der Buchstaben unseres Alphabets in einem Satz durchaus vergleichbar ist. Die Ordnung in der Reihenfolge unserer Buchstaben ist es, welche eine Information in verschlüsselter Form liefert. So vermitteln die Buchstaben n, d und u Informationen, die je nach der Reihenfolge variieren, in welcher diese Buchstaben erscheinen. Wenn sie in der Anordnung u-n-d erscheinen, haben sie eine andere Bedeutung als in der Reihenfolge d-u-n. Mehrere Anordnungen sind sinnlos, so z. B. u-d-n oder n-u-d. Für den modernen Biochemiker ist die Reihenfolge d-n-s ebenso bedeutungsvoll, wie die Anordnung n-d-s nichtssagend ist. Die Buchstaben bleiben die gleichen, während ihre Reihenfolge die Art von Informationen bestimmt, welche durch diese Anordnung vermittelt wird. Jede im Organismus verlaufende Proteinsynthese wird von einem zugehörigen Gen gesteuert, d. h. von einem Abschnitt des DNS-Fadens, der die genetische Sequenz enthält, welche als Schablone für die Synthese eines Proteinmoleküls dient. Das heißt, die Aminosäuresequenz eines Proteins wird von der Sequenz des Vier-Buchstaben-Alphabets auf dem Genträger bestimmt. Drei DNS-„Buchstaben" werden für jede Aminosäure des Proteins benötigt. Daraus ergibt sich, daß dreihundert DNS-„Buchstaben" die Anweisungen für den Aufbau eines Proteinabschnittes von einhundert Buchstaben liefern. Es wird klar, daß die Methode, mit der wir unseren Namen in den Sand schreiben und dazu ein Alphabet von sechsundzwanzig Buchstaben verwenden, um Informationen über unsere Identität zu liefern, im Prinzip jener Methode gleicht, mit welcher die lebende Zelle Informationen an die Ribosomen (wo die Synthese stattfindet) liefert, um spezifische Proteine zu synthetisieren. Wenn wir unseren Namen in den Sand schreiben oder Informationen auf Gene geschrieben werden, so sind beides ganz analoge Vorgänge. Beide umfassen die Verschlüsselung von Informationen durch bestimmte Reihenfolgen.

Wenn uns jemand glauben machen wollte, daß die zufälligen Bewegungen von Atomen und Molekülen, hervorgerufen durch zufällige energetische Prozesse, den genetischen Code auf den DNS-Faden aufgeschrieben hat, so würde dies für die meisten von uns eine ebenso große Zumutung bedeuten, als wenn wir glauben sollten, daß unsere Namen durch das Zufallswerk von Wind und Wellen in den Sand geschrieben worden seien.

Sowohl der geschriebene Code im Ufersand als auch der genetische Code sind, zumindest für den Unvoreingenommenen, unverkennbare Arten von *Code*. Die Ordnung, die in jedem Code herrscht, verrät einem verständigen Menschen mit Sicherheit, daß es sich hier um die unverkennbaren Anzeichen von Intelligenz oder Überlegung handelt. Genauso zwangsläufig, wie der Name, der dort unerwartet im Ufersand zu lesen steht, jede unvoreingenommene Person an Intelligenz denken läßt, zwingt uns die Schrift auf den Genfäden dazu, *Denken* hinter ihnen zu suchen, *denn codierte Information ist eine Art des Denkens.* Es zeugt von Denken. Einen Code, wie auch immer er beschaffen sein mag, kann man nicht auf der Grundlage des Zufalls verstehen, denn *Denken bedeutet von Natur aus nicht Zufall.*

Um diese Überlegung noch etwas auszuweiten, wollen wir eine

kleine Überschlagsrechnung vornehmen. Stellen wir uns einmal den Grad an Wahrscheinlichkeit vor, der bei der Annahme, ein Code sei zufallsbedingt, gegeben wäre. Wir wollen ein einfaches Gen von vierhundert Buchstaben betrachten und dabei annehmen, daß ein Affe an eine genetische Schreibmaschine gesetzt würde und wild darauf herumhämmern soll, um unser codiertes 400-Buchstaben Gen entstehen zu lassen, und zwar aufgrund blinden Zufalls. Der Affe hat das einfache Vier-Buchstaben-Alphabet zur Verfügung. Die Wahrscheinlichkeit, daß der erste Buchstabe in der richtigen Anordnung erscheint, ist eins zu vier. Die Wahrscheinlichkeit, daß er den zweiten Buchstaben richtig hinbekommt, beträgt eins zu sechzehn. Die Wahrscheinlichkeit, daß die ersten drei Buchstaben in der richtigen Reihenfolge erscheinen, ist eins zu vierundsechzig. Für ein einfaches Gen mit nur 300 Buchstaben beträgt diese Wahrscheinlichkeit, so hat man ausgerechnet, eins zu einer Eins mit 130 folgenden Nullen. Es ist deshalb nicht sehr verwunderlich, wenn die meisten Wissenschaftler zu der Einsicht gekommen sind, daß die DNS- und Proteinsequenz nicht allein durch Zufall zustande gekommen sein kann. Irgendwie muß man den Faktor der Lenkung miteinbeziehen. Falls „blinder Zufall" ausscheidet, so müßten wir es mit „beeinflußtem" oder „gelenktem" Zufall zu tun haben, was ein Widerspruch in sich ist.

Wege zur Beeinflussung einer Reaktion und zur Erreichung von Spezifität und Codierung

Eine Möglichkeit, den blinden Zufall bei der Verbindung der Biomonomere miteinander in gewissem Maße auszuschalten, besteht darin, die Kondensationsreaktionen auf der Oberfläche eines Katalysators ablaufen zu lassen.

Sydney W. Fox, dessen Untersuchungen zur Abiogenese wir bereits erwähnt haben, gehört zu jenen Wissenschaftlern, nach deren Meinung Codierung und Spezifität der natürlichen Moleküle auf der Oberfläche natürlicher Katalysatoren entstanden sein könnten. Fox und andere gingen davon aus, daß Aminosäuren zunächst einmal nur zu einem sehr geringen Prozentsatz in gewöhnlichen, verdünnten, wäßrigen Lösungen kondensieren würden. Die Lösungen hätten sehr heiß zu sein oder es müßte – bei völliger Abwesenheit von Wasser – eine trockene Mischung der Biomonomere erhitzt werden. Zum zweiten müßte eine natürliche Oberfläche katalytischer Art zur Reduzierung von Zufallskondensationen gegeben sein, da diese keine oder zu wenige spezifische Sequenzen liefern würden, während ein Katalysator die chemischen Vorgänge lenken und zu spezifischen Sequenzen führen kann.

Unter diesen Voraussetzungen experimentierte Fox mit heißer Lava; dabei ergab sich, daß diese leicht zu Kondensationen von Aminosäuren zu Protenoiden führt. Darüber hinaus stellte sich heraus, daß die Aminosäuresequenz dieser Protenoide nicht rein zufälliger Natur war, denn ihr chemischer Aufbau unterschied sich von der ursprünglichen Zusammensetzung des Aminosäuregemisches. Mit anderen Worten: Es trat eine gewisse Selektivität zutage, welche die Reaktionsfähigkeit mancher Aminosäuren herabsetzte, die anderer jedoch erhöhte.

Selbstverständlich reicht die Ordnung in der Aminosäuresequenz dieser Protenoide bei weitem nicht an die der natürlichen Proteine heran, denn die letzte stellte einen Code dar, was bei der ersten nicht der Fall ist. Es gibt auch nicht die geringsten Anzeichen dafür, daß sich der hochentwickelte Codierungsgrad eines Gens je von dem niederen Ordnungszustand eines natürlichen Katalysators wie Ton ableiten ließe. Die Annahme, daß sich ein hochentwickelter Code oder ein hoher Ordnungszustand spontan aus einem niedrigeren Code oder einem niedrigeren Ordnungszustand entwickeln könne, ist mit informationstheoretischen Erkenntnissen unvereinbar, so daß unsere Argumentation sowohl auf theoretischen als auch praktischen Erwägungen beruht. Die Bedeutung der Informationstheorie für unsere Fragestellung werden wir später noch erörtern. Schließlich und endlich gibt es keine Hinweise darauf, daß Leben mit einem niedrigeren Status von Sequenzcodierung, als die einfachsten Viren ihn besitzen, überhaupt möglich ist. Sogar bei diesen primitivsten aller Organismen ist die Ordnung innerhalb der DNS, und deshalb auch die Aminosäuresequenz der Proteine, von einer derartigen Beschaffenheit, daß sie aus theoretischen Erwägungen heraus niemals von der niederen Ordnung eines natürlichen Katalysators hergeleitet werden könnte.

Bevor wir diesen Abschnitt beenden, müssen wir noch erwähnen, daß Fox im Verlaufe seiner Untersuchungen über die spontane Entwicklung von Protenoiden dazu überging, aus seinem Material „Mikrosphären" aufzubauen (vgl. Kap. 4), und dabei zu der Feststellung gelangt, daß man ausschließlich durch zufällige Reaktionen zu komplexen Mikrosphären gelangen könne. Wir wollen an dieser Stelle lediglich erwähnen, daß die einfachsten Lebensformen, die Viren, aus zwei Hauptbestandteilen bestehen: zunächst aus einem DNS-Anteil, welcher den genetischen Code enthält, zum zweiten aus einem Proteinmantel, der die DNS umgibt. Bei dem ganzen Gebilde kann man jedoch nur von Leben sprechen, wenn sich die codierte Information eines Virus den Zellmetabolismus eines Wirtes zunutze machen kann. Die Mikrosphären, die Fox aufbaute, enthalten keine Spur von DNS oder genetischen Code und können deshalb nicht in irgendeiner Bedeutung des Wortes lebendig genannt werden.

Das gleiche trifft für Untersuchungen über Coazervate zu, die Oparin und andere angestellt haben (vgl. Kap. 4).

Es bleibt dabei, daß wir noch immer kein Leben hergestellt haben würden, wenn wir uns – in einem gewaltigen Kraftakt unserer Phantasie – die spontane Bildung eines DNS-Moleküls und eines umhüllenden Mantels aus Proteinen vorstellen könnten. Denn ein solch virusartiges Gebilde würde noch immer nicht in der Lage sein zu leben, falls wir ihm nicht eine vollständige Zelle zur Verfügung stellten, in der es als Parasit leben könnte. Aufgrund dieser Tatsache konnten keine virusartigen Organismen existieren, bevor es Leben im eigentlichen Sinne gab.

Alle diese Erwägungen lassen uns erkennen, daß es in der Kette der Ereignisse, die wir als Marken auf dem Weg einer spontanen, natürlichen Entwicklung des Lebens betrachten könnten, noch immer enorme Lücken gibt. Wir haben im Verlaufe glänzender wissenschaftlicher Leistungen damit begonnen, den genetischen Code zu entziffern, und dabei herausgefunden, daß er unserem Schriftcode gleicht. Er wird auf Molekülfäden statt auf Papier oder Sand aufgezeichnet. Wäre es nicht beim gegenwärtigen Stand unseres Wissens angebracht, beide Codes, den auf dem Papier und den auf dem Molekül, zu verstehen zu suchen, indem man beide als Werkzeug zur Übermittlung von Botschaften ansieht, die von Intelligenz zeugen? Ein Code oder ein Programm, mit dem ein Computer gefüttert wird, ist eine Botschaft, welche von einer Informationsquelle an eine Maschine gesandt wird, die ihrerseits ebenfalls ein Produkt menschlicher Intelligenz darstellt. Sollte es nicht einleuchtend sein, einen Code wie den genetischen Code als *eine Quelle von Informationen zu betrachten, die eine nichtmenschliche Intelligenz an eine biologische Maschine gesandt hat?* Diese biologische Maschine könnte man mit Recht ebenso wie einen Computer als eine von derselben Intelligenz geschaffene Maschine ansehen; dabei übernimmt der

Code die Rolle eines Kommunikationsmittels zwischen der Schöpferintelligenz und seiner Schöpfung. Wenn man die Möglichkeit einer solchen Intelligenz als Quelle des ursprünglichen Codes einmal voraussetzt, scheint eine derartige Annahme nicht in sich unvernünftig zu sein. In einem späteren Abschnitt werden wir die Frage nach der Existenzmöglichkeit einer solchen übermenschlichen, nichtstofflichen Intelligenz behandeln.

Wir müssen uns in diesem Abschnitt noch einem weiteren Punkt zuwenden. Beim Copieren eines Codes ereignen sich immer leicht Fehler zufälliger Natur, genau wie es auch für das Schreibmaschinenschreiben zutrifft. Buchstaben werden vertauscht oder ausgelassen; so wird die richtige Abfolge des Codes, welchen wir Schrift nennen, gestört. Es ist verhältnismäßig leicht, solche zufälligen Fehler zu verbessern. Sie stellen so offensichtliche Fehler in sinnvollen Abfolgen dar, daß man sie gewöhnlich auch als solche erkennt. Falls man jedoch ein Manuskript zu oft abschreibt, können Zufallsfehler so gehäuft auftreten, daß ganze Absätze ihren Zusammenhang verlieren. Es gibt dann zu viele Fehler und zu wenig sinnvolle Sequenzen, als daß man noch einen Sinn daraus lesen könnte.

Wir wollen damit sagen, daß der Zufall jede codierte Abfolge und damit jeden Code zerstören kann. Codierte Reihenfolgen und Zufall sind auf jeden Fall unvereinbar. Der Zufall zerstört einen Code, und umgekehrt zerstört die Anwendung eines Codes auf einem willkürlich angeordneten Faden von Biomonomeren den Zufall. *Wenn sich also Code und Zufall gegenseitig ausschließen, wie konnten wir dann jemals zu der lächerlichen Schlußfolgerung kommen, daß der Zufall die Sequenzen des im höchsten Grade spezifischen genetischen Codes spontan entstehen ließ?* Und doch ist es im Prinzip genau das, was einige Biologen heute vertreten. Diese Idee ist einfach paradox. Code und Zufall sind so unvereinbar wie Feuer und Wasser. Die Behauptung, das eine habe das andere spontan hervorgebracht, hat so viel Wahrscheinlichkeit für sich wie die Behauptung, daß Wasser in einem Gefäß zu gefrieren begänne, wenn man einen Schweißbrenner darauf richtet.

Innere Mechanismen zur Erzeugung codierter Sequenzen

Wissenschaftler wie Teilhard de Chardin dachten die codierte Ordnung und Spezifität der Natur ohne die Einbeziehung äußerer Umstände erklären zu können. Alle, die mit Teilhard übereinstimmen – und auch einige von denen, die nicht seiner Ansicht sind – glauben, daß die biochemischen Evolutionsprozesse und die Entwicklung von Bewußtsein zwangsläufig erfolgten und nur eine Auswirkung des „nach oben gerichteten psychischen Dranges" darstellen, der den einfachsten Atomen seit ihrer Entstehung vor Millionen von Jahren anhafte. Das heißt, die Natur bewegt sich automatisch in Richtung auf Leben, Mensch und „Punkt Omega" (um Teilhards eigenen Ausdruck zu verwenden), einfach aus dem Grunde, weil die Materie so geschaffen ist, wie sie ist. Wir haben uns schon einmal kurz mit dieser Ansicht befaßt, als wir Kenyons „Theorie der biochemischen Prädestination" erörterten, und dabei festgestellt, daß die Verfechter dieser Theorie die gleiche Meinung vertreten, allerdings unter Ausschluß einer theistischen Weltanschauung. Diese Hypothesen lassen sich im Grunde alle darauf zurückführen, daß die ganze Natur ein Algorhithmus oder Code des Lebens, Bewußtseins oder Punktes Omega darstellt.

Man muß allerdings feststellen, daß diese Theorien in letzter Zeit als Widerspruch zu dem zweiten Hauptsatz der Thermodynamik erkannt worden sind, welcher besagt, daß eine grundlegende Eigenschaft der Materie die ihr innewohnende Tendenz zur Unordnung und nicht zu Code und Ordnung ist. Wenn man nicht Energie zuführt, um die „Entropieschranke" zu überwinden, kann man keine Verringerung der Entropie oder einen Zuwachs an Ordnung erwarten. Teilhard und seine Freunde sagen, daß die Materie eine grundsätzliche innere Tendenz besitzt, ihre Ordnung in Richtung auf Leben und Bewußtsein hin zu vermehren. Er glaubt mit vielen anderen, daß die Materie diese großartige Leistung auf Kosten des zweiten Hauptsatzes der Wärmelehre vollbringt, und zwar dadurch, daß sie in der Lage sei, Energie von der Sonne oder aus Radioaktivität zu nutzen. Im Rahmen einer Behandlung der Frage nach den Stoffwechselmotoren werden wir uns mit dieser Theorie später noch beschäftigen. Für unsere gegenwärtigen Zwecke wollen wir lediglich festhalten, daß es nur wenige Hinweise darauf gibt, daß spontane Strahlung wie die der Sonne den äußerst reduzierten Entropiestatus des Lebens in der heutigen Form ohne die Zwischenschaltung eines Stoffwechselmotors erklären könnte.

Die Behauptung jedoch, daß die den Aminosäuren innewohnenden Eigenschaften keinerlei Ordnung oder spezifische Sequenzen hervorrufen könnten, wäre nicht völlig korrekt. Es ist erwiesen, daß eine Veränderung der Seitenketten mancher Aminosäuren den Kondensationsvorgang zu Polypeptiden hinsichtlich der Reihenfolge der einzelnen Aminosäuren beeinflußt. Das ist auch nicht weiter verwunderlich, denn es gibt eine Anzahl einleuchtender Gründe dafür, daß die verschiedenen Seitenketten je nach ihren elektronenanziehenden oder -abstoßenden Eigenschaften auch etwas mit der Sequenz und sogar der räumlichen Anordnung einer Verbindung zu tun haben, obwohl sie aus offensichtlich zufälligen Reaktionen entstanden sind. Vor vielen Jahren bildete diese Frage den Gegenstand meiner Dissertation, die ich in England abfaßte und für die mir die Doktorwürde verliehen wurde.

Wir müssen bei der Behandlung dieses Problems jedoch Dinge, die verschieden voneinander sind, trennen. Unterschiede in der Sequenz und Veränderungen in Spezifität und räumlichem Aufbau *stellen keinen Code dar* mit einer bestimmten Bedeutung für bestimmte Empfänger, falls sie auf der unterschiedlichen Elektronenausstattung von Seitenkettenradikalen beruhen. Die so entstandenen Biopolymere kann man nicht willkürlich entstanden nennen. Man darf jedoch auch nicht sagen, daß sie codierte Informationen enthalten, weil sie nicht auf Zufall beruhen.

Ein Beispiel aus Spitzbergen

Ein Beispiel mag uns zur Verdeutlichung dieses Problems dienen. Vor einigen Jahren verlebten meine Frau und ich einige Sommerwochen in Spitzbergen am Polarmeer. An einer jener herrlichen Felsküsten trafen wir eine geologische Expedition aus Polen, die dort einige Untersuchungen über Dauerfrostböden angestellt hatte. Sie beschäftigte sich mit den manchmal recht komplizierten Gesteinsmustern in dieser Gegend. Diese Muster entstehen offensichtlich durch die Ausdehnung und Zusammenziehung des Gesteins bei dem Wechsel von hohen und tiefen Temperaturen im Laufe eines Tages oder eines Jahres. Es sieht oft so aus, als ob Intelligenzen irgendeiner Art die Kreise von Steinen und kleinen Spalten konstruiert hätten. Die polnischen Wissenschaftler versicherten uns jedoch im Gegenteil, daß diese Muster keinerlei Sinn in sich bergen. Das heißt, in ihnen war kein Code, wie man ihn z. B. in Hieroglyphen finden kann, enthalten.

Die nicht auf reinem Zufall beruhenden Polymere, die durch

die verschiedenen Eigenschaften einzelner Aminosäureseitenketten entstehen, stellen so etwas wie Ringe im ewigen Frost dar. Sie sind sicherlich nicht zufälliger Art und besitzen so etwas Ähnliches wie bestimmte Sequenzen oder Muster. *Aber weder die Kreise im ewigen Frost noch die Protenoide, die auf der Oberfläche natürlicher Katalysatoren durch die Kombination von Aminosäuren entstehen, tragen, soweit wir das experimentell feststellen können, irgendeinen Code oder irgendeinen Sinn in sich.* Und darin liegt der tiefe Unterschied zwischen der spezifischen DNS und den natürlichen Proteinen einerseits und den Protenoiden andererseits, die unter dem Einfluß unbelebter Katalysatoren entstehen.

Der Umfang natürlicher Spezifität

Falls die erste Entstehung des Lebens ein zufälliges Ereignis gewesen wäre, das einzig und allein auf zufällige chemische Reaktionen zurückzuführen war, dann – so hat man ausgerechnet – dann würde die ganze Erde – und bestände sie vollständig aus Aminosäuren – nicht genügend Masse hergeben, um auch nur je ein Molekül mit all den möglichen Aminosäuresequenzen zu bilden, die schon in einem Protein mit niederem Molekulargewicht vorkommen.[1] Eigenschaften, welche in den Aminosäuren selbst liegen, können in der Tat die Synthese großer Proteinmoleküle beeinflussen. Die Experimente haben jedoch klar erwiesen, daß ein solcher richtender Einfluß zwar spezifische Muster, aber auf jeden Fall nach unserer Erfahrung keine Codemuster hervorbringen kann.[2]

Es wäre jedoch nicht gerechtfertigt, derartige Feststellungen ohne jegliche Einschränkungen zu verallgemeinern. So hat sich z. B. herausgestellt, daß Alanin sich doppelt so häufig mit Glycin verbindet wie Valin mit Glycin.[3] Die Wahrscheinlichkeit, daß zwei beliebige Aminosäuren sich miteinander verbinden, hängt deshalb von folgendem ab:

1. ihrer relativen Menge im Reaktionsgemisch,

2. ihrem pK-Wert und

3. den physikalischen und chemischen Eigenschaften der jeweiligen Seitenketten.

Man darf auch nicht vergessen, daß die oben beschriebene Selektivität nicht nur bei Aufbau-, sondern auch bei hydrolytischen und Zerfallsreaktionen eine Rolle spielt; von daher können wir folgern, daß eine solche Art von Selektivität eine allgemeine Erscheinung darstellt. Der Vorgang einer selektiven Hydrolyse würde dazu beitragen, die Konzentration spezifischer, nicht-zufälliger Peptide zu erhöhen, denn die zurückgebliebenen, nicht gespaltenen Peptide stellen auch selektierte Substanzen dar. Wissenschaftler, die auf diesem Gebiet gearbeitet haben, sind jedoch allgemein der Auffassung, daß der Vorgang der selektiven Hydrolyse keine ernsthafte Rolle bei der Entwicklung biochemischer Spezifität gespielt hat.[4]

Einige Wissenschaftler glauben aufgrund dieser Beobachtungen, daß die spezifischen, natürlichen Proteine auf der präbiotischen Erde ohne die Kontrolle von Nucleinsäuren oder sogar Katalysatoren entstanden sind. Die Anhänger der biochemischen Prädestinationslehre vertreten z. B. diese Auffassung. Einige Wissenschaftler sind sogar noch einen Schritt weitergegangen und haben behauptet, daß Peptide mit spezifischer Aminosäuresequenz in dieser Weise abiogen entstanden sind und dann als Matrizen die Informationen zum späteren Aufbau von DNS-Molekülen geliefert hätten. Das würde genau das Gegenteil dessen sein, was heute in der Natur geschieht, denn heute liefert die DNS die Informationen zum Aufbau der Proteine. Hier stellt man jedoch die Theorie auf, daß spontan gebildete, spezifische Proteine die Informationen zur selektiven DNS-Synthese gaben. Die Beweise für eine solche Annahme sind jedoch gleich Null.[5]

Bei all diesen Spekulationen müssen wir festhalten, daß die Herausbildung spezifischer Sequenzen aufgrund der anhaftenden molekularen Eigenschaften bis zu einem gewissen Grade durchaus möglich ist und mit den wohlbekannten Regeln der organischen Chemie in Einklang steht. Wir dürfen jedoch niemals vergessen, daß auch die Erzeugung von bestimmten Buchstabensequenzen in unserem Alphabet mit 26 Buchstaben, die nicht eine völlig willkürliche Anordnung bedeutet, in sich noch keine *Codesequenz* darstellt. Auch wenn wir die Buchstaben zu bestimmten Mustern anordnen, sie also nicht völlig ungeordnet lassen, so darf man dies noch immer nicht mit der Schaffung eines sinnvollen Codes, wie er uns z. B. in einem Sonett von Shakespeare begegnet, vergleichen. Wir unterscheiden für unsere gegenwärtigen Zwecke zwei Arten von Ordnung. Die erste Art stellt zweifellos ein Muster dar, wie z. B. die Riffelmarken am Meeresstrand, welches jedoch keine Codebedeutung hat. Diese Ordnung kann man mit der Anordnung von Buchstaben vergleichen, die keine besondere Aussage vermittelt. Dann existiert jene zweite Art der Ordnung, welche einen sinnvollen Code darstellt, wie z. B. ein Abschnitt aus der Dichtung Goethes. Wir kennen nur eine einzige Möglichkeit, auf die eine solche Ordnung zustande kommen kann, und zwar unter dem Einfluß von Intelligenz. Die erste Art der Ordnung kann mit oder ohne eine solche Beeinflussung entstehen.

Autokatalytische und Autodirektive Rückkopplung

Es gibt noch eine weitere Frage, die wir behandeln müssen, bevor wir den Problemkreis der Entstehung spezifischer Sequenzen verlassen. Man weiß, daß der Ton Montmorillonit Aminosäuren absorbiert und auch ihre Dimerisation katalysiert.[6] Diese Art von Katalyse und Autokatalyse hat einige Wissenschaftler zu der Annahme geführt, daß die Spezifität der Proteinsynthese und die Verdoppelung eines Informationsvorrates in der Proteinstruktur in der prä- und parabiotischen Welt in einer Weise, wie wir es oben dargestellt haben, begründet gewesen sei. Die Polymerisation von Aminosäuren zu spezifischen Peptiden und Proteinen soll von den Peptidprodukten selbst in autokatalytischer Weise gelenkt worden sein. Dieser Auffassung nach ist das Leben das Produkt eines sich selbst lenkenden autokatalytischen Rückkopplungsmechanismus, der eine spezifische Peptid- und Proteinsynthese fördert.

Bei der Auseinandersetzung mit diesen Hypothesen ist es von entscheidender Wichtigkeit, zwei Grundtatsachen nicht aus dem Blick zu verlieren. Zum ersten tendiert die Natur mehr zu willkürlichen Prozessen als zu spezifischen, wenn sie sich selbst überlassen wird und jeder äußere Einfluß ausgeschaltet wird. Dieser Satz bedeutet eine andere Formulierung des zweiten Hauptsatzes der Wärmelehre, um den wir nicht herumkommen. Zum zweiten ist Leben in der uns bekannten Form eindeutig an höchst komplexe Codesysteme gebunden. Diese sind unseres Wissens noch nie spontan und zufällig entstanden, sondern immer von Intelligenz als Triebkraft geschaffen worden. Wie schon betont wurde, soll niemals bestritten werden, daß eine gewisse Peptidspezifität auch bei spontaner Aminosäurekondensation einzutreten pflegt und daß diese Spezifität von den Eigenschaften der Aminosäuren selbst abhängt. Wir können jedoch nicht daran rütteln, daß wir aufgrund unserer bisherigen Erfahrung nicht erwarten dürfen, diese Einschränkungen hinsichtlich der Willkürlichkeit der Aminosäurekondensation auch *in vollem Maße* für die Entstehung einer Spezifität, die wir einen Code nennen, verantwortlich machen zu können. Ein weiterer Vergleich wird diesen Sachverhalt veranschaulichen.

Noch ein Beispiel

Wenn man geeignete Metallarten und Maschinen nimmt und sie in passender Weise zusammenbringt, so ist es möglich, eine Armbanduhr daraus zu konstruieren. Man muß dabei etwas von Mathematik, Metallurgie und vom Uhrmacherhandwerk verstehen. Setzt man einmal die Metalle und ihre Eigenschaften als gegeben voraus, so kann man ihnen einen bestimmten Typ von Ordnung auferlegen, welcher fast als eine Art von mathematischem Muster oder Code bezeichnet werden könnte. Man würde jedoch einer Behauptung nicht zustimmen, welche besagen würde, daß die Metalleigenschaften selbst automatisch und spontan in der Lage seien, das mechanische Gefüge hervorzubringen, welches eine Uhr darstellt. Es ist klar, daß es keine Uhr ohne diese Eigenschaften geben kann, denn sie sind für jede Uhr von größter Bedeutung. Ebenso klar ist es, daß die Eigenschaften der Metalle *allein* (Gewicht, Ausdehungsfähigkeit, etc.) nicht zur Erklärung einer Uhr ausreichen. Zufallskräfte könnten die Metalle in alle möglichen Formen und Gefüge bringen; das Gefüge einer Armbanduhr jedoch ist aufgrund dieser Kräfte allein unbegreiflich. Um zu dem Plan einer Uhr zu gelangen, und zwar aufgrund der Eigenschaften der Metalle, muß man die metallischen Bestandteile einer Uhr mit der Intelligenz des Uhrmachers kombinieren. Es gibt unserer Erfahrung nach keinen anderen Weg, um eine Uhr herzustellen.

Die Eigenschaften der Elemente, aus denen eine Aminosäure besteht, sind für die Proteine von entscheidender Wichtigkeit, geradeso, wie für eine Uhr die Eigenschaften ihrer Metallbestandteile wichtig sind, und zwar in einem ungefähr ähnlichen Ausmaß. Aber die Eigenschaften der elementaren Bestandteile der Aminosäuren reichen nicht aus, die codierten Aminosäuresequenzen der natürlichen Proteine entstehen zu lassen. Man kann die Tatsache nicht umgehen, daß ein Code in jedem Fall auf Intelligenz und Gedankenkraft beruht.

Man kann das Problem auch so betrachten: In der Schweiz beschaffen sich die Montagnards manchmal Baumaterialien durch Sprengungen. Eine gutplazierte Ladung unter einem alten Baumstumpf kann bei derartigen Sprengungen ganz nützlich sein. Eine große Anzahl von Steinen besitzt gewisse Eigenschaften, aus denen sich bei richtiger Anwendung ein Haus oder eine Viehhürde konstruieren läßt. Diese Haus- oder Viehhürdenkonstruktion hängt von den Eigenschaften der Steine ab (ihrer Form, Festigkeit, Stabilität etc.), aber eben diese Eigenschaften reichen nicht zum Bau eines Hauses aus. Die Intelligenz des Baumeisters kann diesen Eigenschaften die Form oder den Code einer Viehhürde oder eines Hauses auferlegen, während sie allein in keiner Weise zu der Form führen können, welche das Haus oder der Pferch im Laufe der Bauzeit allmählich annimmt. Sprengungen plus Eigenschaften der Steine können ein wüstes Loch in die Masse von Baumaterial reißen, jedoch niemals aus sich heraus die Form eines konstruierten Bauwerkes entstehen lassen, denn dies beruht auf einer anderen Art von Muster, einem Code.

Die Art der Energie, welche Miller und andere ihren Gemischen aus Methan, Ammoniak, Wasserdampf etc. zuführen, kann man mit der Energie vergleichen, die einem Baumstumpf bei einer Sprengung zugefügt wird. Sie ähnelt elektrischen Entladungen oder Röntgenstrahlen. Sie kann eine Menge Baumaterial liefern oder, unter besonderen Umständen, sogar eine unregelmäßige Vertiefung oder ein Loch: ein Protenoid. Wir können und sollen jedoch – aus theoretischen und experimentellen Erwägungen – nicht erwarten, daß irgendein Code durch Zufallsmechanismen entsteht. Diese beiden verhalten sich wie Feuer und Wasser; sie sind unvereinbar. Und dennoch haben viele Wissenschaftler ihre Lebensaufgabe diesem Versuch gewidmet und verfügen dabei über Zuschüsse in einer Höhe von Millionen von Dollars. Aber dieser Versuch bedeutet eine Torheit, sowohl aus theoretischen als auch experimentellen Gründen, und schlägt jeder wissenschaftlichen Vernunft ins Gesicht.

Wir müssen uns nun kurz mit dem Prinzip beschäftigen, welches die Notwendigkeit eines Codes bei spezifischen, komplexen Molekülen beinhaltet.

Komplexität und Spezifität

Je größer die Zahl der Zwischenstufen einer Reaktion auf dem Wege zum Endprodukt ist, desto größer werden im allgemeinen die Chancen zur Entstehung unerwünschter Nebenprodukte. Auch das Umgekehrte gilt: Je geringer die Anzahl der Zwischenstufen bis zum Endprodukt ist, desto leichter läßt es sich erreichen, ohne daß Nebenreaktionen unseren Arbeitsplan durcheinanderbringen. Diese Aussage setzt voraus, daß den energetischen Erfordernissen ausreichend Rechnung getragen wird.

Die Bildung einfacher Bausteine oder Biomonomere umfaßt gewöhnlich nur wenige Reaktionsschritte. Deswegen sind die Möglichkeiten zur Entstehung von Nebenreaktionen auch nicht so zahlreich wie bei der Bildung von komplizierten Makromolekülen, denn diese sind oft aus Zehntausenden von Bausteinen aufgebaut und durchlaufen viele einzelne Stufen.

Aus diesen Tatsachen läßt sich ersehen, daß es trotz der spontanen Entstehung einfacher Bausteine, die sich mit unserer Sprengung vergleichen läßt, schwierig ist, sich den Aufbau eines „Hauses", das doch aus vielen tausend Bausteinen besteht und Ausdruck eines „Codes" ist, aufgrund der gleichen Mechanismen vorzustellen. Je komplexer das Endprodukt ist und je mehr Reaktionsstufen dahin führen, desto größer ist auch die Notwendigkeit, dieses System irgendeiner Beschränkung oder „Codifizierung" zu unterwerfen, falls man ein spezifisches Endprodukt erhalten will.

Diese Codifizierung kann man, wie schon beschrieben, auf zwei Hauptwegen in ein vielstufiges Reaktionssystem, das Spezifität erfordert, hineinbringen. Zum einen kann man einen spezifischen Katalysator verwenden oder zum anderen die Reaktionsbedingungen auf intelligente Weise so manipulieren, daß ein spezifisches Reaktionsprodukt auf Kosten der anderen, unerwünschten Produkte begünstigt wird. Murray Eden wies in diesem Zusammenhang darauf hin, daß die Natur nur einen winzigen Bruchteil der strukturell möglichen Proteinzusammensetzungen verwirklicht hat. Er folgert daraus, daß es ein *hohes Maß an Richtungsbeschränkung beim Proteinaufbau während der Abiogenese und später bei der vitalen Proteinsynthese gegeben haben muß*. Allein aus dieser Tatsache leitet er ab, daß sich zumindest die Proteinsynthese nicht auf spontane Prozesse als Ergebnis abiogener Reaktionen gründet.[7] Das gleiche Argument gilt natürlich auch für die Superspezifität, die man als optische Aktivität bei lebenden Molekülen bezeichnet. Wir haben bereits versucht zu zeigen, daß die Spezifität, welche natürlich Katalysatoren hervorrufen, in keiner Weise ausreicht, um die Art von natürlicher Spezifität zu erklären, welche man im lebenden Substrat beobachten kann. Dementsprechend glaubt Eden, daß irgendeine äußerst wirksame Form von Synthese-(oder Abbau-)beschränkung seit der Entstehung des Lebens am Werk gewesen sein muß. In einem späteren Kapitel werden wir uns mit einigen weiteren Aspekten vielstufiger und spezifischer Reaktionen beschäftigen.

1   G. Steinman, *Arch. Biochem. Biophys.* 119 (1967): 76; und 121 (1967): 533.
2   S. W. Fox, K. Harada, K. R. Woods und C. R. Windsor, *Arch. Biochem. Biophys.* 102 (1963): 439; und G. Krampitz, *Naturwiss.* 46 (1959): 558.
3   Dean H. Kenyon und M. V. Cole, *Proc. Natl. Acad. Sc.* 58 (1967): 735.
4   Kenyon und Steinmann, *Biochemical Predestination*, p. 211.
5   J. Lederberg, *Science* 131 (1966): 269.
6   Steinmann, *Arch. Biochem. Biophys.* 121 (1967): 533.
7   Murray Eden, Abhandlung in P. S. Moorhead und M. M. Kaplan, Hrsg., *Mathematical Challenges to the Neo-Darwinian Interpretation of Evolution*, p. 7.

4
Präbiologische Systeme

Die Wichtigkeit, den Ursprung zu erkennen

Wir haben bis jetzt einige der Theorien untersucht, die sich mit präbiotischen, chemischen Vorgängen beschäftigen, von denen viele Biologen glauben, daß sie sich in einem Zeitraum von ungefähr zwei oder drei Milliarden Jahren abgespielt haben.[1] Wir müssen nun unsere Aufmerksamkeit einem anderen Aspekt dieser Frage zuwenden. Man erkennt heute allgemein, daß das größte Problem der Geschichte des Lebendigen mit der Frage zu tun hat, wie sich die Materie ohne die Hilfe lebenden Substrates zu einem Zustand entwickeln und zusammenfügen konnte, welcher Leben ermöglicht.

Auf einer Konferenz über präbiologische Fragen der Evolution, die vom 27.-30. Oktober 1963 in Wakulla Springs, Florida, stattfand, begann A. I. Oparin seine Ausführungen mit den folgenden Worten:

„Heraklit und später auch Aristoteles wurde als ersten klar, daß man das Wesen der Dinge nur dann verstehen könne, wenn man ihren Ursprung kenne. Diese grundlegenden Worte gelten natürlich auch für das Wesen des Lebens, das ebenfalls nur im Lichte seines Ursprungs verstanden werden kann."[2]

Vermutlich beinhaltet diese Erklärung auch, daß wir uns über Wesen und Sinn des Lebens im unklaren befinden werden, wenn wir nicht seinen Ursprung kennen. Vielleicht können wir in dieser Logik noch einen Schritt weitergehen und behaupten, daß wir nichts vom Sinn des Lebens verstehen können, wenn wir nichts von seiner Herkunft wissen.

Offensichtlich können wir nur induktiv auf den präbiologischen Ursprung chemischer und metabolischer Systeme schließen. Aber sollten wir uns nicht besser aller Spekulationen enthalten, wenn sie uns zu derartigen Vorstellungen verleiten, wie sie uns einige Biologen offerieren? So verwendet Oparin in diesem Zusammenhang Sätze und Wörter, die sich bei näherer Betrachtung als beinahe sinnlos erweisen, dem Uneingeweihten jedoch bedeutungsschwer erscheinen. Ein Beispiel:

„Auf diese Weise schritt die allmähliche Vervollkommnung des lebenden Gefüges als Ganzem und seiner einzelnen Mechanismen voran. Die Enzymproteine und die Nucleinsäuren, welche mit ihrer Synthese zusammenhängen, *paßten sich selbst* immer besser an die Erfüllung ihrer biologischen Aufgaben an; dabei war die Herausselektion dieser Verbindungen eine Funktion der streng definitiven Anordnung der Monomere in den Polynucleotidketten. Dies stellte eine unerläßliche Bedingung für die Konstanterhaltung der Enzymsynthese in wachsenden und reproduzierenden Systemen dar."[3]

Kann man sich ein besseres Beispiel dafür wünschen, daß jemand eine Sache von vornherein als erwiesen ansieht? Denn was wir gerade wissen möchten, ist, wie sich die Proteine anpaßten und wie sie lernten, ihre biologischen Funktionen besser wahrzunehmen. Nicht nur, daß man die Sache von vornherein als völlig erwiesen ansieht, sondern dies geschieht auch noch in einer entsetzlich schwülstigen Sprache, die den Uneingeweihten so beeindruckt, daß er nicht mehr nach der eigentlichen Bedeutung der Worte fragt. Uns interessiert aber gerade ungemein, wie es dazu kam, daß die Selektion der erforderlichen Verbindungen „eine Funktion der streng definitiven Anordnung der Monomere in ihren Polynucleotidketten" war, besonders dann, wenn sich die gesamte Biologie auf Zufall gründet. Denn Willkür und Zufall müssen die ursprünglichen, das Leben beherrschenden Gesetze gewesen sein, wenn die neodarwinistischen Theorien stimmen, wie Oparin ja glaubt. Der Ausdruck „allmähliche Vervollkommnung" kann nicht dazu benutzt werden, um das ganze Problem unter den Teppich zu kehren, noch kann „definitive Anordnung" Ausdrücke wie „willkürliche Anordnung" ersetzen, ohne daß man den Prozeß näher erklärt und bestimmt, durch den dieser Wechsel zustande kam.

Coazervate

Oparin führt dann seine Vorstellung näher aus, daß die Coazervate weitere Stufen in dem Vorgang einer „allmählichen Vervollkommnung" bis hin zu einer definitiven Anordnung seien.[4] Bevor wir diese Ausführungen näher analysieren, müssen wir eine exakte Beschreibung der Coazervate geben, denn auf diesem Gebiet herrscht recht große Verwirrung.

Zur Coazervatbildung kommt es bei der Lösung von großen

Molekülen in Wasser. Sie bestehen aus Kügelchen oder Tröpfchen, die von einer Art Zellwand umgeben sind, welche den Inhalt von der Umgebungsflüssigkeit sondert. Diese Tröpfchen oder Coazervate sind gewöhnlich nicht sehr stabil, und trotz möglicher Strukturierung gibt es nichts in ihnen, was sich mit dem inneren Gefüge einer lebenden Zelle vergleichen ließe.

Mikrosphären bilden sich unter etwas anderen Bedingungen, und auch in ihnen hat man präbiologische Vorstufen von lebenden Einheiten sehen wollen.[5] Obwohl nach der Meinung Oparins und anderer sowohl die Coazervat- als auch die Mikrosphärenbildung Stufen zum Leben darstellen, hat man doch mit genauen Einzelheiten über das „Wie" zurückgehalten. Wenn man nach Details über diese Umwandlung einer Mikrosphäre oder eines Coazervates in eine lebende Einheit fragt, flüchtet man sich meist in bon mots wie „Dafür braucht man eine Billion Jahre".[6] Derartige Erklärungen bedeuten, daß die Entwicklung zum Leben via Coazervat- oder Mikrosphärenbildung ganz einleuchtend sei, wenn man nur eine Billion Jahre zu der Gleichung, die wir lösen wollen, hinzuaddiert. Man könnte natürlich ebensogut behaupten, daß sich die Golden Gate Bridge von selbst in die Luft erheben würde, wenn man nur dem Eisenerz, aus dem sie besteht, eine Billion Jahre Zeit dazu gäbe.

Coazervate sollen entstehen, wenn die Hydratationshülle, die kolloidale Partikel umgibt, reduziert wird.[7] Unter wechselseitiger Abspaltung von Wasser vereinigen sich eine Anzahl von Partikeln, um ein öliges Tröpfchen von der Form eines Coazervates zu geben. Dies bedeutet, daß jeder Stoff, der die Dehydration großer Moleküle mit hydrophoben Seitenketten in wäßrigen Lösungen fördert, auch die Coazervatbildung begünstigt. So werden Moleküle gleich welcher Art, die in Wasser gut löslich sind, die Tendenz zur Coazervatbildung zeigen, wenn man sie wäßrigen Lösungen von Stoffen mit fettlöslichen Seitenketten zusetzt.

Biochemiker und andere werden bemerken, daß die Grundzüge der Coazervatentstehung mit denjenigen Ähnlichkeit besitzen, die beim Vorgang des „Aussalzens" auftreten. Dies wird bei der Coazervatbildung demonstriert, wenn man Kaliumoleat in Wasser löst und Kaliumchlorid zufügt. Kaliumoleat besteht aus einem gut löslichen Kaliumion und einer weit weniger gut wasserlöslichen Komponente von ölsaurem Salz (chemischer Teil). Wenn nun einer recht konzentrierten Lösung von ölsaurem Ka lium in Wasser in steigendem Maße Kaliumchlorid zugesetzt wird, dann entstehen schließlich zwei Phasen oder Schichten anstelle der einen ursprünglichen Schicht. Genau am Anfang dieses Trennungsvorganges erscheinen die öligen Tröpfchen, welche man Coazervate nennt.

Diesen „Aussalzungsprozeß" erklärt man mit der Annahme, das Kaliumchlorid konkurriere um die Wassermoleküle, die in der Lösung des ölsauren Kaliums enthalten sind, und trenne so die Wassermoleküle von den langen, fettigen Ketten des ölsauren Salzes, welche immer hydrophob sind. Diese sondern sich deshalb von der wäßrigen Phase ab, sobald durch die Konkurrenz der Kaliumchloridionen genügend Wasser entfernt worden ist. Die Moleküle des ölsauren Kaliums trennen sich schließlich ganz vom Wasser, wenn durch das Kaliumchlorid genügend Wasser entzogen wurde, und sie erscheinen als ölige Tropfen oder Coazervate, die kugelige Mizellen darstellen.

Die Bildung von Coazervaten in Lösungen von Proteinen in Wasser beruht auf den gleichen Prinzipien. Komplexe Coazervate können auf die gleiche Weise zwischen Gelatine und Gummiarabikum entstehen. Ebenso kann man basische Proteine wie Histone und saure Substanzen wie Nucleinsäuren zur Coazervatbildung veranlassen. Sie entstehen in verdünnten oder konzentrierten Lösungen gemäß dem Löslichkeitsgrad der verwendeten Stoffe in Wasser.

Wichtig daran ist nun, was Wissenschaftler, die Meinungen wie Oparin und Kenyon vertreten, aus diesem wohlbekannten Phänomen gemacht haben. Wir wollen Kenyon als Beispiel anführen, denn er äußert sich darüber so unmißverständlich, wie es im folgenden zum Ausdruck kommt:

„Man hat die Vermutung geäußert, daß die Bildung von Coazervaten so etwas wie die Entstehung primitiver Urzellen darstellt. Unter dem Gesichtspunkt, daß die primitiven Gewässer zweifellos Salze enthielten und geeignete, Coazervate bildende große Moleküle in diesem Stadium der Evolution wahrscheinlich schon aufgebaut waren, hat man die mögliche Rolle, welche Urcoazervate für das Erscheinen von Urzellen gespielt haben könnten, detailliert untersucht. Die Coazervatbildung würde ein Mittel darstellen, durch das ein abgegrenztes inneres Milieu für die lokalisierte Entwicklung von vormetabolischen Reaktionsabläufen geschaffen wurde."[5a]

Das sind eindrucksvolle Worte, aber die Befunde, auf die sie sich stützen, erscheinen recht unsicher. Die Argumentation ist folgende: Anhand der Coazervatbildung läßt sich die spontane Entstehung von Grenzflächen erklären, welche ein inneres Zellmilieu von einem Außenmedium abtrennen. Dies stellt eine erste und grundlegend wichtige Voraussetzung für die Entstehung und Erhaltung von Stoffwechselvorgängen dar. In der äußerst stark verdünnten Lösung des Meeres würde die Konzentration der einzelnen Substanzen zu gering sein, um Stoffwechselprozesse zu ermöglichen. Die einzelnen Substanzen *müssen optimal konzentriert und in dieser Konzentration gehalten werden.* Diese Zurückhaltungsfunktion wird von einer Zellmembran wahrgenommen, welche deshalb für jede Form von Leben unerläßlich ist.

Wenn wir annehmen, daß sich in den primitiven Meeren ein Aufbau von gelösten Salzen vollzog und daß es ferner schon komplexe organische Polymere aufgrund chemischer Entwicklungsprozesse in jenen Urmeeren gab, dann sollten wir eine Aussalzungsreaktion oder Coazervatbildung erwarten. Ölige Tropfen würden entstehen, die jedoch nur unter sehr sorgfältig definierten Bedingungen von Bestand sind. Der pH-Wert (Säuregehalt) muß stimmen. Heftige Störungen vernichten die Tröpfchen, und wir wissen, daß sie nur bei äußerst schonender Zentrifugation erhalten bleiben. In allen anderen Fällen verschmelzen sie erwartungsgemäß zu einer zusammenhängenden öligen Schicht. Dies zeigt, daß die Grenzschicht recht instabil ist und nicht die Eigenschaften einer regulären biologischen Zellmembran zeigt.

Wenn die Coazervattröpfchen auch unbeständig sind, so haben wir sie doch bei unserer Untersuchung vor uns als Kandidaten für den ehrgeizigen Titel der „Urzellen". Kenyon beschreibt seine Coazervate recht eingehend. Er findet z. B., daß die Tröpfchen Substanzen aus ihrer Umgebung aufnehmen und „verwerten" können. Sie absorbieren organische Verbindungen aus ihrer Umgebung, so daß „ihre Masse anwächst".

Inwiefern diese Massenvergrößerung durch Aufnahme von Stoffen aus der Umgebung alles andere als trivial zu nennen ist, geht aus dem Text nicht hervor. Auch ein Löschblatt nimmt, erstaunlich genug, Tinte aus seiner Umgebung auf und „vergrößert" dementsprechend „seine Masse". Sicherlich bedarf es keines speziellen, experimentellen Nachweises, daß ölige Tröpfchen von allen Substanzen, die bei diesem Test verwandt wurden, jede geeignete organische Substanz auflösen, welche sich zufällig in ihrer Nähe befindet. Es gibt wahrhaftig keinen besonderen Grund zu schreiben (oder auch nur in den Lehrbüchern der Abstammungslehre zu erwähnen), daß sich dadurch die Masse derartiger Tröpfchen vergrößert.

Bei dieser ganzen Angelegenheit ist es für uns einzig und allein von entscheidender Bedeutung, ob wir in der Coazervatbildung eine Parallele gefunden haben oder sogar eine Einsicht in die Entstehung der Zelle oder in den Vorgang des Zellwachstums gewonnen haben. Die Frage ist also, ob die Coazervatbildung uns Erkenntnisse über die Abiogenese oder den Wachstumsstoffwechsel der Zelle vermittelt. Wir meinen, daß es absolut keine Parallele zwischen der Bildung von Coazervaten und Urzellen gibt. Wir wagen diese ziemlich kategorische Erklärung, weil es keine Beweise dafür gibt, daß Aussalzungsprozesse jemals so etwas Ähnliches wie die innere Struktur einer echten Zelle hervorbringen könnten. *Die echte, lebende Zelle ist in einem derartigen Maße strukturiert und komplex, daß man sie in ihren Sequenzen und ihrer Spezifität beinahe als einen einzigen umfassenden Code bezeichnen könnte. Schon aus theoretischen Gründen sehen wir keine Möglichkeit, wie solche Strukturen durch bloße Aussalzungsprozesse entstehen könnten.*

Ein zweiter Grund, der uns verbietet, Coazervat- und Urzellbildung als Parallelvorgänge anzusehen, geht aus der klaren Tatsache hervor, daß es keine echte Analogie zwischen bloßer Massenvermehrung (Wachstum aufgrund einfacher physikalischer Absorption durch das Löschpapier) und der Vermehrung von Größe und Masse durch Stoffwechselvorgänge oder biochemische Umwandlungen gibt. Es ist offensichtlich, daß die Massenzunahme von Coazervaten nicht auf metabolischen Vorgängen, sondern auf rein physikalischer Absorption beruht.

Vollkommen oberflächliche Ähnlichkeiten werden so zurechtgemacht, daß sie Zellvorgängen ähneln, obwohl im Grund keinerlei Ähnlichkeiten existieren. Tatsächlich erinnern einige der Zitate, die die Coazervat-Urzell-Theorie vertraten, an unverhohlene Propaganda zur Unterstützung der Position des naturwissenschaftlichen Materialismus. In Wirklichkeit glänzt jede grundlegende Ähnlichkeit zwischen der primitiven Zelle und den Coazervaten nur durch ihre Abwesenheit.

Diese gleiche oberflächliche Art ist für Berichte charakteristisch, welche besagen, daß Enzyme wie z. B. Katalase von Coazervaten „aufgenommen" werden, um sich dann, phantastischerweise, anzuschicken, Katalaseaktivität zu zeigen.[9] Wenn man irgendeinen Katalysator oder irgendein Enzym in einem Lösungsmittel auflöst oder sie sogar nur mit einem Schwamm absorbiert, wird das Lösungsmittel oder der Schwamm die Aktivität des Katalysators oder Enzyms zeigen, die nun in ihnen enthalten sind! Sogar wenn man Wasserstoffsuperoxyd in Wasser löst, zeigt die entstehende wäßrige Lösung Wasserstoffsuperoxydaktivität! So wird auch die Katalase ihre Eigenschaften entfalten, wenn sie sich in einem wäßrigen Medium befindet oder von einem öligen Tropfen absorbiert worden ist! Bemerkenswert ist, daß es keine Proteste gegen solche Verzerrungen wissenschaftlichen Ernstes gibt. Der Grund ist vielleicht darin zu suchen, daß sich viele Leute gern mit einer derartigen intellektuellen Wassersuppe füttern lassen. Sogar nach der Aufzählung all der „Ähnlichkeiten" zwischen Coazervat- und Urzellbildung scheint Kenyon selbst im tiefsten Grunde seines Herzens von seinen eigenen Anstrengungen nicht sehr überzeugt zu sein. Nachdem er nämlich seine Theorien in der oben beschriebenen Weise aufgestellt hat, bekennt er anschließend: „An diesem Punkt ist es wichtig zu betonen, daß die Coazervatbildung hier nicht notwendigerweise für das einzige Phänomen bei der Entwicklung der Urzelle gehalten wird."[10] Und noch einmal: „Obwohl Coazervate im besonderen viele interessante Eigenschaften zeigen, welche sie mit der lebenden Zelle teilen, so ist jedoch der genaue Mechanismus innerer Differenzierung hin zu spezifischen zellulären Einschlüssen unklar . . ." Und: „Man weiß bis jetzt von keinem Coazervat, das in seinem Inneren die strukturelle Ordnung der lebenden Zelle zeigt."[11]

Hier haben wir nun endlich etwas weniger Triviales, denn die strukturelle Ordnung der lebenden Zelle ist ein ungeheuer wichtiges Kriterium. Coazervate haben bis jetzt noch nie diese Art von innerer Ordnungsstruktur gezeigt. Das spontane Auftreten von Morphogenezität (Körper- oder Strukturbildung), die Kenyon so ausführlich beweisen möchte, hat noch nie zu einer solchen Ordnung geführt, denn der die lebende Zelle charakterisierende Typ von regelmäßigem Muster entsteht nicht als Folge des morphogenetischen Prinzips, sondern als Ergebnis einer sehr hochentwickelten *Codierungsanordnung* in den Genen. Codes entstehen unserer Erfahrung nach aber nicht durch irgendeine spontane Morphogenezität.

Mikrosphären

In einigen Büchern über die chemische Evolution wird auf den Ausdruck „Mikrosphäre" oft unter einem sogenannten Synonym, nämlich „Urzelle" oder „Protozelle" Bezug genommen. Diesen recht ehrgeizigen Ausdruck verwendet man, um damit die Bildung kleiner, rundlicher Körper unter einer Vielzahl von chemischen Bedingungen zu beschreiben. Mikrosphären können Coazervaten ähneln, sie unterscheiden sich jedoch in einigen Aspekten von ihnen. So sind sie zum Beispiel stabil genug, um sich von ihrem Entstehungsmedium trennen zu lassen. Eine schonende Zentrifugation erfüllt oft diesen Zweck. Kenyon und Steinman veröffentlichten Photographien von diesen Körpern, welche aufgrund ihrer rundlichen Form eine oberflächliche Ähnlichkeit mit biologischen Zellen aufweisen. Mikrosphären entstehen, wenn man einfache Mischungen von Ammoniak, Wasserstoff und Wasser mit Elektronen beschießt. Sie sind kleine, rundliche Körper aus solidem Material, welche sich in verschiedenen einfachen Mischungen nach elektrischen Entladungen oder sonstiger Energiezufuhr bilden. Ihre Größe wie auch ihr chemischer Aufbau variieren.[12] Allgemein darf man sagen, daß die chemische Analyse der Mikrosphären für die chemische Analyse lebender Organismen wenig relevant ist. Nähere Angaben zu diesem Gebiet enthalten die schon erwähnten Bücher von Kenyon und Steinman.

Als man Ammoniak, Wasserstoff und Wasser elektrischen Entladungen aussetzte, entstanden Mikrosphären mit einem hohen Anteil anorganischer Verbindungen, möglicherweise Silikaten, die sich vom Borosilikatglas der Versuchsapparatur bei Kontakt mit Ammoniak herleiten. Auch einige Aminosäuren fanden sich in den Kügelchen. Der chemische Aufbau der Mikrosphären war also heterogen und bis zu einem gewissen Grade durch den Zufall bedingt; dabei spielte auch der Aufbau des Glases der Versuchsapparatur eine Rolle. Kenyon und andere fanden jedoch keine Anzeichen von Stoffwechsel oder der Entstehung lebensfähiger Proteine in ihnen.

Coazervate, Mikrosphären und spontane Formbildung (Morphogenezität)

Kenyon und Steinman verwandten die Beobachtung der spontanen Entstehung (Morphogenezität) von Coazervaten und Mikrosphären dazu, um ihre Theorie der biochemischen Prädestination zu stützen.

Diese Autoren glauben, daß, ebenso wie Biomonomere spontan aus ihren Grundelementen entstehen, so auch Protozellen oder Zellen spontan aus Biopolymeren gebildet werden. Die Elemente treten selbsttätig zum Aufbau von Bausteinen oder Biomonomeren zusammen. Was könnte natürlicher sein als die Annahme, daß sich die Bausteine ihrerseits miteinander verbinden und spontan zunächst Protozellen und dann Zellen entstehen lassen?

Dieser vermeintliche Trend der Bausteine, zu Protozellen, Coazervaten und Mikrosphären zusammenzutreten, wird Morphogenezität genannt und dann beobachtet, wenn geordnete, zellähnliche Körper (Coazervate, Mikrosphären) spontan aus Biomonomeren hervorgehen. Kenyon und Steinman bedienten sich der Coazervat- und Mikrosphärenbildung, um die Realität der Morphogenezität zu „beweisen". Ihr Argument ist folgendes: Wenn Coazervate und Mikrosphären Zellen ähneln und spontan entstehen, könnten dann nicht vollständige, funktionsfähige Zellen ebenfalls spontan aus Biomonomeren entstanden sein? Die Logik dieser Argumentation baut sich ganz darauf auf, daß sich Coazervate und Mikrosphären mit biologischen Zellen hinsichtlich Aufbau und Funktion vergleichen lassen. Wenn aber die beiden Gebilde, Coazervate und Mikrosphären, in Wirklichkeit nichts mit Zellen und ihrer komplexen Struktur zu tun haben, dann befinden sich Kenyon und Steinman auf dem Holzweg.

Wir sind der festen Überzeugung, daß die Art der Morphogenese, die man zur Beschreibung von Coazervat- und Mikrosphärenbildung verwendet, wenig mit der Art von Morphogenese zu tun hat, die die Bildung einer lebenden Zelle beschreiben würde. Diese beiden Prozesse sind so verschieden wie Tag und Nacht.

Um die Gründe für diese Ansicht zu erläutern, müssen wir zunächst die Kriterien prüfen, welche Kenyon und andere verwenden, um eine Struktur als tot oder lebend zu bezeichnen. Kenyons Argumentation hängt zum großen Teil mit diesem Punkt zusammen. Er möchte herausstellen, daß Coazervate und Mikrosphären viele Attribute der lebenden Zelle besitzen, und nimmt deshalb an, daß sie Wegweiser auf der Straße zum Leben sind. Wenn man nur noch ein wenig warten würde, so möchte man meinen, würde Kenyons Morphogenezität auch die vollentwikkelte lebende Zelle hervorbringen! Wir dagegen möchten zeigen, daß Coazervate und Mikrosphären keine signifikanten Attribute des Lebens besitzen und deshalb auch nicht als Wegweiser zu lebenden Organismen aufgefaßt werden dürfen.

Kriterien des Lebens

Bei Erörterungen wie der vorliegenden ist es sehr wichtig, die Kriterien des Lebens exakt definieren zu können. Wir müssen in der Lage sein zu entscheiden, wann ein stoffliches Gebilde die Bezeichnung „lebendes Gebilde" verdient. Dies stößt auf beträchtliche Schwierigkeiten, denn hier können wir nicht nur ein einziges Kriterium in Betracht ziehen, sondern müssen eine ganze Reihe von ihnen bemühen, um dann anhand aller Kriterien zu entscheiden, ob, alles in allem, ein bestimmtes stoffliches Gebilde lebt.

Einige der Eigenschaften der lebenden Zelle sind folgende: Sie nimmt Nährstoff auf, wandelt sie im Zuge des Stoffwechsels um, verarbeitet sie, erzeugt Energie für den eigenen Bedarf, sie resorbiert, sezerniert, reagiert auf äußere Reize, sie reproduziert und scheidet Sekrete ab. Eine beliebige Lebenseinheit braucht alle diese Eigenschaften durchaus nicht zusammen zu zeigen. So ist ein Maulesel ohne Zweifel lebendig, aber er kann sich nicht fortpflanzen. Auch ein kastriertes Tier pflanzt sich nicht fort, aber es lebt sicherlich. Eine Amöbe, deren Zellkern man herausgenommen hat, setzt ihren Stoffwechsel bis zu einem gewissen Grade fort, aber sie kann sich nicht mehr teilen. In tiefer Vollnarkose reagiert ein Mensch nicht mehr auf äußere Reize, und doch lebt er ohne Zweifel. Verschiedene Organe des menschlichen Körpers stellen unter extremen Streßbedingungen ihre Sekretion ein, ohne daß der Mensch dadurch sterben würde. Offensichtlich müssen wir also alle Eigenschaften eines gegebenen stofflichen Komplexes zusammenfassen, um dann, aufs Ganze gesehen, zu entscheiden, ob wir ihn für lebendig halten können. Kenyon und Steinman bedienen sich der oben aufgezählten Kriterien des Lebens und wenden sie auf die Eigenschaften ihrer Mikrosphären an. Sie kommen zu dem Resultat, daß Mikrosphären eine echte „Vorform" des Lebens sind und deshalb Hinweise auf die Art der Entstehung wirklichen Lebens darstellen. Sie führen dafür folgende Gründe an: Mikrosphären zeigen Vorgänge wie „Wachstum", „Knospung", „Stoffaufnahme", „Vakuolisierung" und sogar „Exkretion".[13] Sie vergleichen deshalb diese Eigenschaften mit denen, welche die lebende Zelle zeigt, und halten sie für entsprechend. In ihren Augen ist damit die Morphogenezität bewiesen und die Mikrosphäre eine Protozelle, die sich spontan entwickelt hat. So einfach ist das Ganze! Aber wir müssen ihre Beweise kritisch unter die Lupe nehmen. Als Beispiel wollen wir Kenyons Überzeugung nehmen, daß die Stoffaufnahme bei Mikrosphären ein Parallelvorgang zu der Stoffaufnahme der Zelle ist. Wie wir schon dargelegt haben, stellt die Stoffaufnahme der lebenden Zelle einen komplexen enzymatischen Prozeß dar, welcher sich aus verschiedenen Reaktionsketten und -stufen zusammensetzt. In einer Mikrosphäre finden sich keine Hinweise auf die Anwesenheit irgendwelcher Enzyme, so daß für ihre Stoffaufnahme keine enzymatischen Prozesse als Erklärung herangezogen werden können. Dagegen deutet alles darauf hin, daß es sich hierbei um ein rein mechanisches oder physikalisches Phänomen handelt. Es gibt also keine Parallele zwischen der Nahrungsaufnahme von Mikrosphären und Zellen.

Als nächstes vollen wir uns mit den Knospungs- und Reproduktionsvorgängen beschäftigen. Bei einer Mikrosphäre kommt es zweifellos zu einer physikalischen Art von Knospung. Dieser Vorgang ist jedoch völlig verschieden von einer Zellteilung, die von einem komplizierten Mechanismus gesteuert wird, der u. a. die Längsteilung der Chromosomen als Träger der Gene und ihre gleichmäßige Verteilung auf die Tochterzellen beinhaltet, so daß diese das gleiche genetische Material erhalten wie die Mutterzelle. Die verschiedenen Phasen dieses komplizierten Zellteilungsvorganges sind schon viele Jahre lang genau beobachtet und photographiert worden. Auch den Mechanismus, der zur Teilung eines DNS-Fadenmoleküls führt, hat man intensiv untersucht. Der Vorgang der Reproduktion hängt völlig von der Chromosomenteilung ab; ohne ihn würde es keine kontinuierliche Weitergabe des Erbgutes geben. Angesichts dieser wohlbekannten Vorgänge, die sich hinter Zellteilung und „Knospung" verbergen, ist es völlig rätselhaft, wie irgendein Naturwissenschaftler je davon ausgehen kann, daß die Knospung von Mikrosphären irgendeinen Parallelvorgang zur biologischen Reproduktion darstelle, denn Mikrosphären enthalten keine DNS-Fäden.

Die gleichen Erwägungen gelten für den „Wachstumsprozeß". Die lebende Zelle wächst durch Nahrungsaufnahme und anschließende chemische Umwandlung oder Metabolismus, der sich auf ein komplexes Enzymsystem stützt. Die Massen- und Größenvermehrung einer Zelle beruht somit auf einem höchst komplizièrten chemischen und enzymatischen Prozeß. Eine Mikrosphäre enthält jedoch keine Enzymsysteme, durch die ein Wachstum ermöglicht werden würde. Das Mikrosphärenwachstum vollzieht sich aufgrund von Absorption in der gleichen Weise, in der sich die Ölmenge im Kurbelgehäuse eines Autos vermehren kann, falls zuviel billiges Benzin am Kolben vorbeitropft, in das Kurbelgehäuse hinunterläuft, sich in dem Schmieröl auflöst und so die Ölmenge vergrößert. Wenige Wissenschaftler (und Laien, was das anlangt) würden im Ernst diese Ölvermehrung im Kurbelgehäuse mit dem Wachstum einer Amöbe vergleichen wollen.

Wir können daraus folgern, daß zwischen Mikrosphären und Coazervaten auf der einen und biologischen Zellen auf der anderen Seite nur eine oberflächliche Ähnlichkeit besteht. Im Gegensatz zu den letzteren enthalten Mikrosphären und Coazervate keine lebensfähigen Proteine mit spezifischer Aminosäuresequenz noch irgendeinen genetischen Bestandteil wie DNS oder RNS, die für Leben in der uns bekannten Form unerläßlich sind. Schon die Tatsache, daß biologische Zellen im hohen Grade codiert sind, während dies für Mikrosphären und Coazervate nicht zutrifft, sollte uns helfen, Dinge, die man nicht vergleichen kann, auseinanderzuhalten.

Nachdem wir nun versucht haben, sowohl aus theoretischen als auch praktischen Überlegungen heraus die volle Tragweite des Problems zu zeigen, können wir diesen Fragenkomplex doch nicht verlassen, bevor wir nicht einige der weiteren Möglichkeiten behandelt haben, auf die man in dieser Sache gekommen ist.

Weiteres Beweismaterial von Kenyon und Steinman

Aldehyde und Nitrile verbinden sich bei elektrischen Entladungen zu Produkten, welche für Kenyon und Steinman von potentieller Bedeutung für die Lösung der Frage sind, wie die erste primitive Zelle entstanden ist. Auch hat man nicht nur mit elektrischen Entladungen Experimente angestellt, um Kenyons Gedankengang zu unterstützen, sondern man führt zu dem gleichen Zweck auch „nasse Reaktionen" ins Feld.

Wenn man Ammoniumthiozyanat in Formaldehyd löst und anschließend in dünnen Schichten auf einer Oberfläche ausbreitet und mehrere Stunden lang bebrütet, „entstehen aktive mikroskopische Strukturen, ähnlich lebenden Zellen".[14] Kenyon beschreibt diese Erscheinung recht genau und berichtet, daß „dies morphogenetische Experiment viele Male wiederholt wurde und eine große Vielfalt von Formen hervorbrachte, welche eine starke Ähnlichkeit mit lebenden Zellen besaßen. Sie zeigten Erscheinungen wie interne Bewegung, Vakuolenbildung und Ortsverlagerung".[15] Hier finden wir einige Ähnlichkeiten zwischen der lebenden Zelle und Mikrosphären, welche Reaktionsprodukte von Ammoniumthiozyanat und Formaldehyd darstellen. Wegen dieser Ähnlichkeiten gab man dieser Erscheinung den Namen „Plasmogenie" (oder Protoplasmagenese)!

Derartige Untersuchungen wurden unter Veränderung der Versuchsbedingungen fortgeführt und ergaben, daß „die Entstehung von Mikrosphären durch UV-Bestrahlung begünstigt wurde . . . Der Einbau von Zink in die Formaldehyd-Thiozyanatstrukturen führte zu einer lokalisierten ATP-ase-gleichen Aktivität".[16] Die ATP-ase-Aktivität ist zweifellos eine in lebenden Zellen auftretende Erscheinung; das verleitet Kenyon zu der Schlußfolgerung, er habe in seinen Formaldehyd-Thiozyanat-Mikrosphären eine weitere Übereinstimmung mit dem Leben gefunden.

Bei allem gebotenen Respekt vor den Ansichten anerkannter Wissenschaftler finden wir es schwer, diese Art von Beweisen als einen Weg zu wirklicher, beweiskräftiger und echter Bildung von Vorformen der Zelle zu akzeptieren. Man brauchte nichts dazu zu sagen, wenn es sich hierbei nur um die Privatmeinung eines respektierten Wissenschaftlers handelte. Der eigentliche Haken an dieser Sache tritt jedoch dann zutage, wenn unreife Studenten ernsthaft mit solchen Ansichten zur Stützung der Position des naturwissenschaftlichen Materialismus im allgemeinen konfrontiert werden. Wenn man die Propaganda für eine atheistische Weltanschauung aufgrund derartiger Beobachtungen betreibt, dann muß etwas unternommen werden, um diese Ansicht als das, was sie ist, bloßzustellen, auch wenn dieser Versuch einen bedauerlich kritiksüchtigen Anschein haben sollte. Wir wollen uns deshalb noch einen Augenblick damit aufhalten, den Anspruch der „Plasmogenie" oder künstlichen Erzeugung von Protoplasma zu prüfen.

Zunächst einmal bringen Formaldehyd- und Thiozyanatlösungen keine chemischen Verbindungen hervor, die denen des lebenden Protoplasmas in irgendeiner Weise ähnlich sind. In den komplexen Verbindungen, die bei der Reaktion von Formaldehyd mit Thiozyanat entstanden, gab es keine Spuren von genetischen Substanzen in Gestalt von DNS- oder RNS-Molekülen noch irgendein Anzeichen für optische Aktivität oder Proteine mit spezifischer Aminosäuresequenz. Alle diese grundlegenden Bestandteile und Eigenschaften, *die für alle Formen des uns bekannten Lebens zutreffen,* fehlen bei der Plasmogenie nach Kenyon und anderen ganz und gar. Jeder, der etwas von anorganischer Chemie versteht, wird bei einer derartigen Reaktion sofort erkennen, daß auch eine so grundlegend wichtige Eigenschaft der organischen Moleküle wie die optische Aktivität aus theoretischen Gründen nicht in den Produkten der Kenyonschen Plasmogenie, so wie er sie darstellt, vertreten sein kann. Es ist eben unmöglich, asymmetrische Moleküle aus optisch inaktiven Substanzen wie Formaldehyd und Thiozyanat zu erhalten, ohne sehr verwickelte chemische Manipulationen und Antipodentrennungsprozesse vorzunehmen, wobei man optisch aktive Moleküle sehr komplizierter Art verwendet. Man hat noch keine Form des Lebens entdeckt, welche in ihren Molekülen keine optische Aktivität zeigte. Ebenso zwingend ist die Anwesenheit von DNS- und RNS-Molekülen und Proteinen mit einem spezifischen Aminosäurecode. Das ist das Minimum dessen, was mit den materiellen Strukturen der lebenden Organismen unauflöslich verbunden ist. Kenyons Mikrosphären jedoch können aus theoretischen Gründen keiner dieser Anforderungen genügen, da sie aus der spontanen Verbindung zwischen Formaldehyd und Thiozyanat hervorgehen. Wenn Kenyon derartige Eigenschaften entdeckt hätte, würde er sie sicherlich veröffentlicht haben. Sein Schweigen zu diesen Punkten beweist ihre Abwesenheit und läßt sich aus theoretischen Erwägungen erklären.

Wenn wir von den rein physikalischen Eigenschaften der Kenyonschen Mikrosphären, die wir schon erwähnt haben, einmal absehen, so kommen wir zwangsläufig zu dem Schluß, daß sie, zumindest chemisch gesehen, nichts mit der strukturellen Grundlage des Lebens gemein haben. Ein Anfänger, der Vorlesungen in organischer Chemie hört, würde verstehen, daß aus prinzipiellen Gründen weder DNS, RNS, spezifische codierte Proteine noch optische Aktivität in den Verbindungen, die Kenyon herstellte, anwesend sein können und daß deshalb ein chemischer Vergleich zwischen ihnen und dem Lebenssubstrat so etwas Ähnliches wäre wie der Vergleich zwischen einem Wurm und einer Windmühle. Die beschriebenen, rein physikalischen Eigenschaften wie Vakuolisierung, Strömungen im Inneren und Ortsveränderung würden sicherlich keinen zu den ungesicherten Behauptungen verleiten, die man daraus gezogen hat. Man könnte ebensogut schließen, daß die physikalischen Gesetze, aufgrund deren Zahnpasta aus einer Tube herausgepreßt wird, an sich und phylogenetisch mit der Evolution der Säugetierdefäkation verwandt seien! Zweifellos sind die Prinzipien ähnlich, ebenso wie die Translokation der lebenden Zelle und der Mikrosphäre einander ähnlich sind, während jedoch die Herleitung beider Mechanismen etwas ganz anderes ist.

Der nächste Schritt der naturwissenschaftlichen Materialisten ist noch bemerkenswerter. Er läuft auf die Vorstellung hinaus, daß aufgrund der äußeren Ähnlichkeit zwischen Mikrosphären und Zellen auch der Ursprung dieser beiden Strukturen verwandt ist. In der Tat kennzeichnet Kenyon seine Mikrosphären deswegen kühnerweise als Vorläufer der Zelle. In der Naturwissenschaft zählen innere Morphologie und innere Struktur mehr als die äußere Gestalt. Dennoch hat man das neue Wort „Plasmogenie" geprägt,[17] und zwar aufgrund von inneren Bewegungsvorgängen, Vakuolenbildung und Ortsveränderungen, die möglicherweise mit Konzentrationsvorgängen im Medium oder anderen einfachen Ursachen zusammenhängen. Könnte man nicht ebensogut einen synthetischen Schwamm mit einem lebenden natürlichen Schwamm und seiner Entwicklung vergleichen? Äußerlich können sich beide ähnlich sehen und ihre Funktion kann die gleiche sein, aber hier endet auch schon der Vergleich.

Obwohl alle diese Eigenschaften der Protozellen ausführlich beschrieben werden, vernachlässigt man vollständig die fundamentalste und wichtigste Eigenschaft, ihren chemischen Aufbau. In der Tat besteht einer der Höhepunkte der Arbeit aus der folgenden Bemerkung über Mikrosphären: „Der exakte chemische Aufbau der auf diese Weise erzeugten Makromoleküle wurde nicht genau ermittelt.[18] Obwohl diese absolut fundamentale Information nicht geliefert wird, sollen wir im Ernst daran glauben, daß dies Experiment den Ursprung des Lebens erhellen hilft. Wenn Leben ein rein chemisches Phänomen ist (was uns die naturwissenschaftlichen Materialisten einreden wollen), sind wir dann nicht berechtigt, Informationen über den chemischen Aufbau eines Komplexes zu fordern, der angeblich den Ursprung des chemischen Phänomens „Leben" erhellen soll? Sir Peter Medawar hat bessere Arbeiten als diese mit Recht als „frommen Quatsch" bezeichnet.

Wie schon dargelegt, kann man die Bedeutung der Mikrosphären nicht allein aufgrund ihrer äußeren Form und Gestalt einschätzen, sondern eher aufgrund ihres inneren Aufbaus und ihrer inneren Struktur. Wenn wir die dürftigen Informationen betrachten, mit denen wir hinsichtlich des chemischen Aufbaues versorgt werden, dann wird das zweifelhafte Fundament, auf das sich dieses besondere protobiologische Haus gründet, nur noch offenbarer, denn wir erfahren, daß, obwohl in einigen Mikrosphären Aminosäuren gefunden wurden, sie noch nicht einmal peptidisch miteinander verknüpft waren. Ihre Biuretreaktion verlief negativ, die Trypsin-Inkubation war erfolglos und die charakteristischen Infrarotbanden fehlten.[19] Ungeachtet des negativen Ausfalls all dieser Feuerproben hat man Photographien von den „Zellmembranen" dieser Mikrosphären veröffentlicht, um dem Unachtsamen zu zeigen, wie ähnlich sie den Membranen lebender Zellen sind. Man hat auch photographisches Belegmaterial veröffentlicht, um das „Knospen" einiger Arten von Mikrosphären und ihre Volumenvermehrung zu zeigen und den Einfluß von Licht und Bestrahlung auf ihr Wachstum. In der Tat ist die Begeisterung für die rundlichen Strukturen, die einen unbekannten chemischen Aufbau und keine Peptidbindung besitzen, so groß, daß man eigens für sie einen neuen Namen prägte. Er heißt „Jeewanu", ein Wort aus dem Sanskrit, das soviel wie „Lebenspartikel" bedeutet.[20]

Der Arbeitsaufwand für diese Art wissenschaftlicher Bemühungen ist enorm. Das beweist, welche Bedeutung man einem natürlichen Ursprung des Lebens im Vergleich zu einem übernatürlichen zumißt. Man muß noch über ein oder zwei weitere Experimente berichten, die zeigen, daß man bei dieser Suche keinen Stein auf dem anderen läßt. Verdünnte wäßrige Lösungen von Molybdänsäure, Paraformaldehyd und Eisenchlorid setzte man dem hellen Sonnenlicht aus. Im Laufe der Zeit entstand so eine Art von Mikrosphären.[21]

Die Verwendung von Molybdat wurde durch die Rolle angeregt, welche dieses Radikal in der Pflanzenphysiologie spielt. Nach einer Bestrahlungszeit mit hellem Sonnenlicht von sechshundert Stunden wurde die Lösung trübe. Die mikroskopische Untersuchung ergab die Anwesenheit von Mikrosphären mit einem Durchmesser von 0,5 μ bis 1,28 μ. Sie waren beweglich, besaßen eine äußere membranähnliche Struktur, die einen dunklen Innenraum begrenzte. Wenn man die Lösung dunkel hielt, entstanden keine dieser Mikrosphären.

In Lösungen, die man tausend Stunden lang bestrahlte, wuchsen die entstehenden Mikrosphären bis zu einem Durchmesser von 1 bis 1,5 µ heran und entwickelten knospenähnliche Strukturen. Es liegen auch darüber Photographien vor. Die Hydrolyse des Gebildes wies auf die Anwesenheit von Aminosäuren hin. Es stellte sich heraus, daß sich die innere Beschaffenheit der Kügelchen von der Beschaffenheit des äußeren Substrates unterschied; das zeigte die Anwesenheit einer Membran an, die die chemischen Grenzen der Mikrosphäre festlegte. Die Gebilde wuchsen nicht auf Bakteriennährmedien und, soweit es sich ermitteln ließ, gab es keine Verunreinigung mit Bakterien, welche die beobachteten Eigenschaften der Mikrosphären erklärt haben könnte. Die Versuche wurden unter aseptischen Bedingungen durchgeführt, um sich gegen Bakterienbefall zu schützen. Nur wenige Wissenschaftler würden jedoch einräumen, daß derartige Experimente mit Molybdänsäure für die Entstehung irdischen Lebens, das sich auf Kohlenstoffverbindungen aufbaut, von irgendeiner Bedeutung sind.

Man hat aber noch weitere Arten von Mikrosphären beschrieben. Da gibt es jene, die das Ergebnis einer autokatalytischen Kupferoxydproduktion in Fehlingscher Lösung bei Anwesenheit von Zucker sind.[22] Hier enstehen die Mikrosphären sogar ohne Strahlungseinwirkung. Bei Verwendung der seeding-Methode erhöhte sich ihre Größe und Anzahl. Es kam zu Knospungs- und Teilungsvorgängen. Der Zusatz von Ammoniummolybdat förderte ebenso wie die Anwesenheit eines Gummiarabikum-Rohrzuckergemisches die Bildung von Knospen. Durch die Zugabe von Salzen wurden die den Mikrosphären eigenen Bewegungsvorgänge verstärkt, und ihr Wachstum nahm zu. Bei den oben beschriebenen Experimenten stellen die Mikrosphären das Ergebnis der wohlbekannten Fehlingschen Reaktion dar. Sie bestehen aus kleinen Kupferoxydpartikelchen. Ungeachtet der umfangreichen Literatur über die Fehlingsche Reaktion unterzog Bahadur, der diese Experimente ausführte, seine Mikrosphären vorsichtshalber einer chemischen Analyse. Nicht unerwarteterweise kam er dabei zu folgenden Ergebnissen: 48,8 Prozent Kupfer, 4,2 Prozent Kohlenstoff und 0,3 Prozent Stickstoff.

Aus dieser Analyse ist klar ersichtlich, daß die Mikrosphären zum überwiegenden Teil aus Kupfer, wahrscheinlich Kupferoxyd, bestehen, da sie ja aufgrund der Fehlingschen Reaktion gebildet wurden. Da keine vollständige Analyse vorliegt, möchte man vermuten, daß es sich hierbei um keine reine chemische Verbindung handelte, sondern daß auch Zucker und Stickstoffverbindungen aus dem Substrat darin enthalten waren. Nachdem nun diese Analyseergebnisse angeführt wurden, versucht man durch eine höchst effektvolle Art der Darbietung den unachtsamen Leser einzufangen. Man berichtet mit gebührendem und würdevollem Ernst, daß die „CuO-Kügelchen durch ihre Fähigkeit, die Zersetzung von Wasserstoffsuperoxyd zu beschleunigen, eine lokalisierte, katalaseähnliche Aktivität zeigten. *Ein Produkt von bescheidenem Umfang war dadurch angezeigt, daß diese Aktivität sehr langsam dialysierte*".[23]

Kenyon möchte seine Leser hier glauben machen, daß es sich um einen Fall von Katalaseaktivität handelt, der, ebenso wie im Leben, auf einem großen Molekül beruht. Das vermeintliche Molekül ist in der Tat so groß, daß es semipermeable Membranen nur sehr langsam passiert. Dieser Vorgang wird offensichtlich für so etwas Ähnliches wie echte Katalaseaktivität gehalten. Kenyons Bemerkung stellt entweder ein Beispiel für eine fast unglaubliche Effekthascherei oder – um das Schlimmste zu vermuten, was man jedoch nicht gern möchte – für Unwissenheit dar. Jeder Chemiker, der sich in seiner Chemie auskennt, weiß, daß die Reduktionsprodukte der Fehlingschen Lösung Schwermetalle enthalten und daß diese Schwermetalle, unter ihnen auch Kupfer, schon an sich die Fähigkeit zur Spaltung von Wasserstoffsuperoxyd, also zur Katalaseaktivität, enthalten. Kein Wunder, daß diese berühmte „Katalaseaktivität" so langsam durch semipermeable Membranen hindurchdiffundiert! Kupfer und Kupferoxydpartikelchen können solche Membranen eben nicht leicht überwinden! Aber sie zeigen „Katalaseaktivität", indem sie Wasserstoffsuperoxydlösungen zersetzen, ein Umstand, den die Techniker im Hinblick auf ihre Konstruktionen beim Umgang mit konzentriertem Wasserstoffsuperoxyd gut im Auge behalten müssen.

Wenn man aufgrund von „katalaseähnlicher Aktivität" in den Reaktionsprodukten einer Fehlingschen Lösung zu relevanten Aussagen über den Ursprung des Lebens kommen möchte, dann erinnert dies sehr an den Versuch, einen unerfahrenen und unachtsamen Leser im Interesse des naturwissenschaftlichen Materialismus hinters Licht zu führen, denn man möchte nicht wagen, so wohlbekannten und angesehenen Wissenschaftlern Unkenntnis über die Eigenschaften von Kupfer und Katalaseaktivität nachzusagen.

Reductio ad absurdum

Kenyon und Steinman veröffentlichen noch andere und unglücklicherweise ähnliche Experimente, die ebenfalls beweisen sollen, daß die Morphogenezität eine den einfachen chemischen Biomonomeren und auch anderen Substraten innewohnende Eigenschaft und für das Problem der Entstehung irdischen Lebens von Bedeutung sei. Auf der Grundlage solcher Arbeiten, wie wir sie kurz dargestellt haben, vertritt Kenyon seine Theorie der biochemischen Prädestination.[24]

Der Autor, der das von Kenyon angeführte Beweismaterial zur Bedeutung der Morphogenezität für die Neobiogenese durchgearbeitet hat, ist zu dem Schluß gekommen, daß es nicht von Belang ist. Wachstum, Knospung, Vakuolisierung, äußere Membranen, Translokalisationsvorgänge im Inneren und die kugelige Gestalt der Mikrosphären haben für echte biochemische Vorgänge eine ebenso große Aussagekraft wie Wachstum, Knospung, Vakuolisierung, äußere Membranen, innere Translokalisationsvorgänge und die kugelige Form der Seifenblasen im Rasierschaum. Auch diese Seifenblasen zeigen nämlich bei genauer Beobachtung Phänomene, die an Wachstum, Translokation, Oberflächenmembranen und Knospung erinnern, und sie besitzen zudem noch eine wunderschöne Kugelform! Bei entsprechenden Beleuchtungsverhältnissen erscheint sogar das Innere der Kugel dunkel. Einige Seifenblasenexperten (das lernte ich, als mein ältester Sohn noch sehr klein war) können ihre Blasen sogar auf hervorragende Weise zum Knospen bringen, wenn sie die richtige Art von Blasröhrchen und Seifenlösung zur Verfügung haben. Wenn derartiges Beweismaterial das beste ist, das die naturwissenschaftlichen Materialisten zur Verteidigung ihrer Auffassung über den Ursprung des Lebens vorbringen können, dann haben diejenigen Wissenschaftler, die an den übernatürlichen Ursprung der als Leben bezeichneten Ordnung glauben, gar nichts von der intellektuellen Seite des naturwissenschaftlichen Materialismus zu befürchten.

Ein Bild aus der Türkei

Es mag uns gestattet sein, diese recht langatmigen Ausführungen über Laborversuche und ihre Aussagekraft durch eine Illustration abschließend zusammenzufassen, welche zur Klärung dieser technischen Dinge beitragen kann. Ich hatte für einige Zeit das Vergnügen und das Vorrecht, in der Türkei zu leben und beim Aufbau der Hacetepe Universität von Ankara mitzuhelfen. Durch die Initiative eines türkischen Kinderarztes dort wurde in wenigen Jahren eine großartige Institution der höheren Bildung sozusagen aus dem Nichts geschaffen, in der nun schon ungefähr fünftausend Studenten ihren Studien nachgehen. Fast alle Hauptdisziplinen sind dort vertreten, und zu den Professoren zählen Deutsche, Russen, Franzosen, Engländer und Amerikaner. Für derartige Fortschritte in Bildung und Verwaltung ist die moderne Türkei einem Mann verpflichtet: Kemal Atatürk, auch liebevoll „Vater der Türkei" genannt. Von daher ist es verständlich, daß man überall in der Türkei Bilder und Reiterstatuen zur Erinnerung an diesen großen Mann findet. Man kann fast kein Gebäude oder Geschäft betreten, ohne mit dem Porträt des „Vaters der modernen Türkei" konfrontiert zu werden, der den Besucher mit seinen durchdringenden blauen Augen ansieht. Diese überall vorhandenen Bilder findet man nicht nur in den größeren Städten der Türkei wie Ankara, Istanbul, Izmir und Kayseri, sondern auch in den kleinsten Dörfern.

Sollte aber der rückständigste Türke (die Türkei unternimmt alles in ihren Kräften Stehende zur Ausrottung des Analphabetentums, aber der Prozentsatz der Analphabeten beträgt meines Wissens in einigen Gebieten noch immer 40 Prozent) noch daran glauben, daß die äußere Ähnlichkeit mit Kemal Atatürk, den er verehrt, die innere Morphologie der zirrhotischen Leber verbirgt, die seiner Karriere ein so frühes Ende bereitete? Oder, um einen Schritt weiter zu gehen, sollte auch der primitivste osttürkische Nomade glauben, daß das Roß, auf dem Atatürk in seinen Standbildern reitet, mit einem lebenden Vollblutaraber verwandt sei?

Wenn wir jedoch das Kind beim Namen nennen wollen, so kann man sagen, daß die Verfechter der biologischen Prädestination etwas Ähnliches von uns verlangen. Sie fühlen sich nämlich imstande, uns gegenüber den Beweis antreten zu können, daß die Morphogenezität ein Faktum darstellt, indem sie einige oberflächliche morphologische Ähnlichkeiten zwischen Mikrosphären und Coazervaten und lebenden Zellen herausstellen. Das Bild des Atatürk enthält jedoch nicht die tatsächliche zirrhotische Leber, und durch die Reiterstatue pulst nicht das Blut eines Araberhengstes. Man möchte sich fast schämen, solche Sätze zu schreiben. Sie sind zu naiv. Von uns verlangt man jedoch unter dem Deckmantel hochtönender wissenschaftlicher Terminologie, wir sollten glauben, daß Mikrosphären Protozellen *sind,* während sie in Wirklichkeit bloße Statuen oder Abbilder sind, die *nichts von dem inneren morphologischen Aufbau* der echten Zelle besitzen.

Die *alte Theorie,* die besagte, das Leben sei durch Zufall entstanden, wird dadurch widerlegt, daß auch lange Zeiträume den zweiten Hauptsatz der Wärmelehre nicht außer Kraft setzen, denn diese langen Zeiträume neigen dazu, ein Gleichgewicht hervorzurufen und nicht – außer bei Anwesenheit von Stoffwechselmotoren – die Entropie zu erniedrigen. Die *neue Theorie,* welche das Leben nicht als Zufallsprodukt, sondern als Ergebnis der der Materie anhaftenden und innewohnenden Eigenschaften betrachtet, so daß Leben unweigerlich entstehen muß, wenn man die Materie unter den geeigneten Umständen nur sich selbst überläßt: diese Theorie fällt aus den oben angeführten Gründen in sich zusammen. Denn das Gesetz der Morphogenezität ist kein Gesetz, soweit es die innere Morphologie des Lebendigen anbetrifft. Eine ungültige Behauptung oder „kein Gesetz" unterstützt sicherlich nicht die aufgestellte Theorie der biologischen Prädestination.

Dies alles bedeutet, daß die naturwissenschaftlichen Materialisten noch immer keine Erklärung zur Hand haben, die ihre Behauptung, daß das Leben auf rein materialistischer, nichtübernatürlicher Grundlage entstanden sei, wissenschaftlich erhärten könnte. Mit der Grundlage, auf der die Christen und andere, die an Gott als den Schöpfer des Lebens und der Materie glauben, ihren Glauben wissenschaftlich verteidigen können, werden wir uns später beschäftigen.

1 Dean H. Kenyon und Gary Steinman, *Biochemical Predestination,* p. 218.
2 A. I. Oparin, Aufsatz in S. W. Fox, Hrsg., *The Origins of Prebiological Systems,* p. 91.
3 Ibid., p. 341.
4 Ibid., pp. 331—34.
5 Richard S. Young, Abhandlung in *The Origins* . . ., pp. 347—57.
5a Dean H. Kenyon und Gary Steinman, *Biochemical Predestination,* p. 246.

6   Oparin, p. 345.
7   Kenyon und Steinmann, p. 245.
8   Ibid., p. 246.
9   Ibid., p. 248.
10 Ibid., p. 249.
11 Ibid., p. 251
12 K. A. Großenbacher und C. A. Knight, Veröffentlichung in *The Origins* . . ., pp. 173—86.
13 Kenyon und Steinman, p. 239.
14 A. L. Herrera, *Science* 96 (1942): 14.
15 Kenyon und Steinmann, p. 239.
16 Ibid. und A. E. Smith. J. J. Siver und Gary Steinmann, *Experientia* 24 (1969): 36.
17 Kenyon und Steinman, p. 236.
18 Ibid.
19 Ibid., p. 237.
20 Ibid., pp. 238, 254; und K. Bahadur, *Synthesis of Jeewanu, the Protocell.*
21 Kenyon und Steinman, p. 238.
22 Ibid., p. 239
23 Ibid.
24 Ibid., pp. 239—87.

5
Der genetische Code und seine Bedeutung

Wir haben uns jetzt einige Zeit mit dem Problem der Morphogenezität und seiner Beziehung zur biochemischen Prädestination beschäftigt und dabei zeigen wollen, daß der Versuch, die Morphogenezität als bedeutungsvoll für die Abiogenese hinzustellen, mehr auf oberflächlichen Ähnlichkeiten als auf fundamentalen Gemeinsamkeiten beruht. Eine den Mikrosphären und Coazervaten fehlende, fundamentale Struktur ist die Grundlage eines genetischen Codes, der für alles Leben in der heutigen Form eine unerläßliche Voraussetzung darstellt. Bei unserem Versuch, zu Aussagen über Ursprung und Sinn des Lebens zu gelangen, müssen wir uns deshalb auch dem genetischen Code und seiner Bedeutung zuwenden.

Die Rolle des Zufalls bei der Archebiopoese

Zur Schaffung irgendeines beliebigen Codes muß den Symbolen, die den Code darstellen sollen, eine bestimmte Ordnung auferlegt werden. Mit anderen Worten: Die zufällige Anordnung des „Alphabets", auf das sich der Code stützt, muß durch eine bestimmte und geordnete Abfolge von Buchstaben ersetzt werden. Wie man in diesem Zusammenhang aus Unordnung und Willkür Ordnung schaffen kann, wollen wir kurz untersuchen.

In den Überlegungen vieler Evolutionsforscher klafft an dieser grundlegenden Stelle eine Lücke. In den Veröffentlichungen Oparins und vieler anderer sucht man vergeblich nach einer Berücksichtigung jener thermodynamischen Prozesse, die für den zunehmenden Ordnungsgrad der Materie bis hin zu einer Komplexität notwendig sind, die nicht nur als Grundlage des Lebens dienen, sondern diese Komplexität auch auf dem Wege der Reproduktion an zukünftige Generationen weitergeben kann. Weil Mikrosphären kein solches Codesystem besitzen, kann man sie nicht als in echter Weise lebend oder reproduzierend bezeichnen, denn für beide Vorgänge bedarf es eines Codesystems. Von daher wird deutlich, daß man, um die Entstehung des Lebens richtig verstehen zu können, auch die Entstehung von Codes und Codesystemen kennen muß. Dies wiederum stellt einen grundlegenden Aspekt dessen dar, wie Ordnung und codierte Reihenfolgen aus einer chaotischen oder willkürlichen Anordnung der Materie entstehen. Gerade diesen Codeaspekt des Lebens, sein Wesen und seine Erhaltung nicht berücksichtigt zu haben, stellt den Fehler Kenyons und seiner Freunde dar, der sie zu der Vorstellung kommen läßt, daß Zufall und Spontaneität eine Mikrosphäre hervorbringen könnten, die dem Leben in echter Weise ähnlich ist oder sogar eine Vorform der Zelle darstellt. Die von der materiellen Seite aus gesehen grundlegend wichtigen Lebensstrukturen sind Codes, und gerade sie fehlen den Mikrosphären.

Für unsere Zwecke besteht der Grundzug eines Codes darin, daß er einer Anzahl von aufeinanderfolgenden Symbolen eine bestimmte Bedeutung zuweist. So stellen in einem Uhrwerk bestimmte Abstände auf einem Rädchen, die durch Kerben markiert sind, den Ablauf eines bestimmten Zeitabschnittes dar. Die räumlichen Abstände zwischen zwei Zähnchen eines Zahnrades sind gleichbedeutend mit Zeitabschnitten. Das Symbolsystem einer Uhr oder ihr Codealphabet besteht also aus einer Anzahl von Zähnchen auf einem Zahnrad, die einem bestimmten Zeitraum entsprechen. Natürlich stellt dies nur eine sehr rudimentäre Art von Code dar, denn er erlaubt keine Veränderung der geordneten Reihenfolge und damit auch keine Bedeutungsänderung. Nur die räumlichen Abstände zählen. Trotzdem hat es den Charakter eines primitiven Codes, weil bestimmte Millimeterabstände bestimmte Zeitabschnitte repräsentieren. Zur Konstruktion eines solchen Codes bedarf es nur der Metallurgie und der angewandten Mathematik. Diese Arbeitsvorgänge stellen einen grundlegenden Prozeß dar, in dessen Verlauf eine willkürliche Anordnung der Materie durch eine geordnete Abfolge ersetzt wird.

In einem speziellen Sinn besteht der gesamte Konstruktionsvorgang einer Uhr aus der Reduktion des Entropiestatus, und er erfordert den Aufwand menschlicher Arbeitskraft und Intelligenz. Die willkürliche Anordnung der Natur durch eine geordnete zu ersetzen, kostet immer, auch bei der Schaffung des primitivsten Codes, Energie. Sie kann aus meßbaren Kalorien und Ergs bestehen oder aus dem zwar unwägbaren, aber doch meßbaren Arbeitsaufwand in der Mathematik. Die physische Leistung, die für diesen Ordnungsvorgang zusammen mit der intellektuellen Arbeit erforderlich ist, kann man zur Energie in Beziehung setzen, so daß also Energie oder Arbeit und eine gezielte

Anordnung, die im Zuge von Ordnungsprozessen aus einer willkürlichen Anordnung der Natur entsteht, in einem bestimmten Zusammenhang miteinander stehen. Die Informationen, die zur Schaffung von gezielten Anordnungen und Codesystemen benötigt werden, kann man, wie ein späteres Kapitel zeigen wird, in direkten Zusammenhang mit Entropie und Arbeitsleistung bringen.

Man kann diesen logischen Gedankengang noch weiter verfolgen, indem man sagt, daß die Materie ganz allgemein eine Neigung zu Unordnung zeige, wenn sie sich selbst überlassen ist. Wenn ihr jedoch Energie in bestimmten Formen zugeführt wird, dann erfolgt eine fortschreitende Ordnung, die also sowohl mit dem Aufwand physischer Energie (meßbar in Kalorien und Ergs) als auch in unwägbarer, aber ebenso realer Weise mit intellektueller Arbeit verknüpft ist.

Wir schließen daraus, daß sich in unserem materiellen Universum Ordnung immer in der Gefahr der Auflösung befindet, so daß schließlich wieder völlige Willkür der Materie regiert. An örtlich begrenzten Stellen kann man den Ordnungsgrad der Materie jedoch erhöhen, vorausgesetzt, wir setzen einen bestimmten Arbeitsaufwand ein.

Die in den vorhergehenden Kapiteln diskutierten Experimente mit Coazervaten und Mikrosphären stellen einen Versuch materialistischer Naturwissenschaftler dar, zu beweisen, daß die Zufuhr von Strahlenenergie, wie sie z. B. von der Sonne kommt, in einer vom Zufall regierten Materie die ordnende Zusammenschließung der Biomonomere bis zur spontanen Formbildung von Coazervaten und Mikrosphären bewirkt, die angeblich Vorstufen der Zelle darstellen.

Um eines klaren Verständnisses willen müssen wir wiederholen, daß die zur Bildung von Biomonomeren erforderliche Art von Energie nicht entscheidend ist. Jeder beliebige „Energiestoß" wird die Elemente, aus denen sich die Biomonomere aufbauen, aufgrund der ihnen innewohnenden Ordnung mit großer Wahrscheinlichkeit in die niedrig gelegenen „Entropielöcher" befördern. Die Anordnung der Biomonomere zu den codierten Makromolekülen des lebenden Substrats ist jedoch eine völlig andere Angelegenheit.

Die Entropieerniedrigungen, die zur Bildung einer Aminosäure (Biomonomersynthese) und zur Bildung eines lebensfähigen Makromoleküls mit geordneter Sequenz der einzelnen Bestandteile nötig sind, unterscheiden sich insofern voneinander, als die Energieauswahl bei der Biomonomerbildung in stärkerer Weise als bei der Bildung spezifischer Makromoleküle begrenzt ist. Bei der letzteren können viele Tausende von Wegen zur Auswahl stehen, ohne daß signifikante Energie- oder Arbeitsdifferenzen zwischen den einzelnen Reaktionswegen sichtbar werden. Dieses unterschiedliche Verhalten im Hinblick auf die energetischen Erfordernisse kann man am besten anhand eines Bildes erläutern.

Die Energie, die zur Bildung einer einfachen, gewöhnlichen Welle auf ruhiger See benötigt wird, und jene, die zur Bildung und Erhaltung einer dünnen, schraubenförmigen Wassersäule mit einer Höhe von einem Kilometer und einem Durchmesser von 30 Zentimetern erforderlich wäre, unterscheiden sich grundlegend voneinander. Die gewöhnlichen Meereswellen werden leicht von der willkürlichen energetischen Tätigkeit des Windes und der Gezeiten gebildet, während die dünne Wassersäule von schraubenförmiger Gestalt und den oben beschriebenen Ausmaßen im Hinblick auf den erforderlichen Energieaufwand eine völlig andere Sache darstellt. In diesem Fall würden Wind, Gezeiten und Meerwasserviskosität zur Bildung und Erhaltung einer solch exakten schraubenförmigen Wassersäule völlig unzureichend sein. Wir wollen der Wassersäule noch eine weitere Eigenschaft zukommen lassen, um den Vergleich mit den im Leben angetroffenen Verhältnissen noch ähnlicher zu gestalten. In regelmäßigen Abständen von, sagen wir dreiviertel Metern soll eine ganz bestimmte Tangart genau sieben Zentimeter aus der Wassersäule hervorragen, um so einen bestimmten Code für die Seefahrer zu bilden. Welche Kräfte wären nötig, um ein solch spezifisches Struktur- und Codesystem zu erhalten? Man kann sie mit dem Energiebedarf vergleichen, der zur Bildung und Erhaltung des DNS-Systems erforderlich ist.

Die Entstehung von Aminosäuren und anderen Biomonomeren, kleineren Polypeptiden und einfacheren Proteinen kann man sich vom energetischen Standpunkt aus ebenso leicht vorstellen wie die Entstehung von Wellen auf einer mäßig bewegten See. Aber größere, codierte Makromoleküle stellen ein so völlig anderes Synthesevorhaben dar, wie es die hohen, dünnen, schraubig gewundenen Wassersäulen mit einem aus Algenmarken bestehenden Code für die Schiffahrt wären, wenn man sie mit den gewöhnlichen Brandungswellen vergleichen würde.

Das große Problem der Entstehung des Lebens läßt sich also auf die Klärung der Frage zurückführen, wie es ursprünglich zur Entstehung einer höchst komplexen Ordnung in der Materie kam, um so den Code und den spezifischen Aufbau des Lebens zu ermöglichen. Offensichtlich können völlig willkürliche Prozesse ohne bestimmte Mechanismen nicht zu geordneten Prozessen werden. Diese Mechanismen dürfen auch nicht zu den bekannten Gesetzen der Thermodynamik in Widerspruch stehen. Willkürlich angeordnete Materie, die sich selbst überlassen ist, bewegt sich weder gewohnheitsmäßig noch spontan in Richtung auf Ordnung hin, auch dann nicht, wenn man sie mit Sonnenlicht oder Röntgenstrahlen bestrahlt.

Wir müssen in der Lage sein, die Entstehung der als Lebensgrundlage dienenden großen, codierten Makromoleküle, die heute nur mit Hilfe lebender Strukturen aufgebaut werden können, zu erklären, und zwar ohne die Existenz bereits vorhandenen Lebens vorauszusetzen. Das lebende Substrat und die Enzyme nämlich können die zur Ordnung der Materie notwendige Energie in einer Weise liefern, wie andere Stoffe es nicht können. Das lebende Substrat und einige seiner Abkömmlinge sind in der Lage, die Gegenstücke von „ein Kilometer hohen, spiraligen Wassersäulen, die mit Tangen als Ausdruck eines Codes durchsetzt sind", ungestraft zu konstruieren; das gelingt der Materie ohne die Hilfe des Lebens nicht. Um diese Schwierigkeit zu umgehen, haben einige Wissenschaftler die Meinung vertreten, daß das Leben schon mit einfachen Molekülen begann.[1] Es ist aber schwer vorstellbar, wie es dabei die zum Leben erforderliche Stoffwechselenergie dennoch erhalten konnte. Andere, wie z. B. Richard S. Young, lassen die Entstehung des Lebens mit der Synthese eines Nucleinsäuremoleküls beginnen: „Ein Nucleinsäuremolekül oder Nucleoprotein kann man mit der ‚Entstehung des Lebens' gleichsetzen."[2] Wie es entstand, darf jeder selbst vermuten, denn das bringt energetische Anforderungen mit sich, denen in der Natur nicht so ohne weiteres dadurch entsprochen wird, daß es zur spontanen Entstehung von Nucleinsäuremolekülen käme.

Young weist Oparins Versuch zurück, die weite Kluft zwischen der spontanen Entstehung organischer Biomonomere und der lebender Makromoleküle mit spezifischer Sequenz und Stoffwechselaustausch durch die Annahme zu überbrücken, daß Coazervate und Mikrosphären als Zwischenformen dienten. Young geht dabei davon aus, daß die Coazervate von sehr unbeständiger Gestalt sind und auch ein viel zu geringes Molekulargewicht besitzen. Deshalb meint Young, wir müßten das gesamte Problem in einer Art Kurzschluß als unlösbar ansehen und einfach definieren, daß das Leben mit der Entstehung des ersten selbstreplizierenden Nucleinsäuremoleküls begann. Man ist fast versucht, die naturwissenschaftlichen Materialisten daran zu erinnern, daß sie sich in diesem Punkt an das Übernatürliche und Wunderbare wenden, denn die spontane Entstehung von solchen codierten Makromolekülen ist im Sinne willkürlicher, natürlicher Prozesse unbegreiflich und deshalb als wunderbar zu bezeichnen, wenn man eine spontane Entstehung annimmt.

Die Archebiopoese und die DNS

Carl Sagan ist mit vielen anderen Wissenschaftlern der Auffassung, daß die Chancen für die Entstehung den DNS-Polymerase und Polynucleotidphosphorylase (diese Enzyme sind in der lebenden Zelle für die DNS-Synthese verantwortlich) auf der primitiven Erde sehr gering waren. Er führt dazu aus:

„Wir brauchen Enzyme, um Polynucleotide aufzubauen, und Polynucleotide, um Enzyme zu synthetisieren. Als möglichen Ausweg aus diesem Dilemma möchte ich darauf hinweisen, daß wir geologische Zeit gegen DNS-Polymerase und Polynucleotidphosphorylase austauschen können. Dieses Problem wird gelöst, wenn sich die spontane Polymerisation von Nucleotidtriphosphatasen in den Urozeanen ereignen kann, und zwar in einer Zeit, die, mit dem Alter der Erde verglichen, als kurz, im Vergleich mit der Lebensdauer eines durchschnittlichen rezenten Lebewesens aber als lang zu bezeichnen ist. Tatsächlich aber haben wir keinerlei Beweise dafür, daß dies geschehen kann, so daß das Problem noch immer ungelöst ist."[3]

Die Frage nach dem präbiotischen Ursprung der DNS und der zu ihrem Aufbau benötigten Enzyme bringt uns zu dem allgemeinen Problem des genetischen Codes und seiner Entstehung.

Der genetische Code

Als eines der hervorragendsten Ergebnisse der modernen molekularbiologischen Forschung ist die Entwicklung eines Konzepts vom genetischen Code als Grundlage der Vererbung und des Stoffwechsels zu bezeichnen.

Nach den heutigen Vorstellungen besteht der Code aus drei aufeinanderfolgenden Buchstaben in einem Alphabet von vier Buchstaben. Jedem der möglichen vierundsechzig Tripletts entspricht eine bestimmte Aminosäure. Obwohl die Aufhellung des genetischen Codes einen gewaltigen wissenschaftlichen Fortschritt darstellt, bleibt dennoch viel zu erforschen, bevor unser Wissen über die Funktionsweise des Codes vollständig sein wird.

M. Eden weist darauf hin, daß das *Alphabet* des genetischen Codes zwar von der Molekularbiologie aufgeklärt worden sei, daß es bis zum Verständnis seiner *Sprache* jedoch noch ein weiter Weg sei.[4] Wenn jemand das griechische Alphabet beherrscht, so heißt das noch lange nicht, daß er die griechische Sprache erlernt hat. In den Kreisen von Neodarwinisten und anderen nimmt man allgemein an, daß sich bei der Archebiopoesis ein primitives genetisches Alphabet entwickelte, dem ein primitiver genetischer Code folgte. Als Erklärung dieser Synthese zieht man entweder die Wirkung von Zufallsreaktionen durch eine sehr lange Zeitspanne hindurch heran, oder – wie man in jüngster Zeit annimmt – man glaubt, daß der Code mit den Eigenschaften der die Moleküle aufbauenden Atome gegeben war. Nachdem der Code dann einmal geschaffen war, ereigneten sich ungerichtete Mutationen in ihm, die von der natürlichen Selektion als Mittel der Erhaltung und Verbesserung ausgelesen wurden.

Eden weist auf die mit einer solchen Auffassung verbundenen Schwierigkeiten hin:

„Keine der gegenwärtig existierenden Sprachen kann willkürliche Veränderungen der Symbolsequenzen dulden, die ihre Sätze darstellen. Dies führt unweigerlich zu einer Zerstörung der Bedeutung. Jegliche Veränderungen müssen solche sein, die von der Syntax her erlaubt sind."[5]

Eden meint hier, daß man schwerlich erwarten könne, einen Satz zu verbessern oder sogar einen Roman aus ihm aufzubauen, wenn man einen einfachen Satz nimmt, einige seiner Buchstaben verändert und dann willkürlich Buchstaben hinzufügt.

Diese fundamentalen Schwierigkeiten, die bei der Vorstellung der zufälligen und spontanen Entwicklung einer Sprache aus einem willkürlich gebildeten und ausgewählten Alphabet und willkürlichen Sätzen auftauchen, beschreibt Eden ausführlicher:

„Was ich hier behaupte, ist ganz einfach folgendes: Ohne irgendeine Beschränkung des Ganges der willkürlichen Veränderungen in den Eigenschaften der Organismen oder der DNS-Sequenz gibt es für uns keinen besonderen Grund zu erwarten, daß wir irgendeine Art lebensfähiger Strukturen erhalten haben könnten, sondern es wäre nur Unsinn entstanden. Die *Art der Beschränkung* selbst macht die Dinge möglich, nicht die Veränderung. Das möchte ich hier klar zum Ausdruck bringen."[6]

Eden zeigt dann, daß zufällige Ereignisse die in jedem Codesystem vorhandene syntaktische Ordnung zerstören und unvermeidlich eher zu Unsinn als zur Entwicklung einer Codeordnung führen. Zu diesem Zweck zieht er jüngere Erkenntnisse auf dem Gebiet der Kybernetik heran, die man durch Nachahmung der biologischen Evolutionstheorie mit leistungsstarken Computern gewonnen hat.

Jeder Versuch, dem Lernen von Computern durch willkürliche Veränderung einiger Aspekte des Programms und durch Auslese Rechnung zu tragen, ist in spektakulärer Weise fehlgeschlagen, obwohl die Anzahl der Varianten, die ein Computer durchprobieren kann, mit Leichtigkeit in die Billionen geht. Eine einfache Erklärung kann natürlich die sein, daß die Programmierer nicht klug genug waren, um das Problem richtig anzufassen. Mir scheint, eine adäquate Theorie der adaptiven Evolution würde den Programmierern die richtigen Grundregeln liefern, und vielleicht geschieht dies auch eines Tages.[7]

Es verhält sich natürlich so, daß nach dem heutigen Stand der Dinge die auf Zufall und Anpassung gegründeten Evolutionstheorien noch nicht die Grundregeln für das Programmieren geliefert haben, die aus willkürlichen Abläufen oder aus der Beschränkung solcher Abläufe spontan Ordnung entstehen lassen. Das kann sicherlich nur bedeuten, daß in der heutigen neodarwinistischen Theorie, die die Evolution als Ergebnis zufälliger Ereignisse, gefolgt von der Auslese durch den Konkurrenzkampf, erklären, noch einige fundamentale Lücken existieren.

Wenn der Ursprung der menschlichen Sprachen eine Parallele zu dem Ursprung der genetischen Sprache (oder Code) bietet, so scheinen die Prinzipien, mit denen die Neodarwinisten die

Herkunft des genetischen Codes erklären wollen, sicherlich nicht anwendbar zu sein. Offenbar existiert hinsichtlich der Sprachentstehung ein dem neodarwinistischen genau entgegengesetzter Standpunkt. Einige Sprachforscher glauben, daß, je vielseitiger verwendbar und kultivierter eine Sprache wird, desto einfacher ihr innerer grammatischer Aufbau wird. Sprachen wie die der Eskimos und Hebräer besaßen früher eine sehr komplizierte Struktur, aber sie verloren im Laufe der Zeit immer mehr von ihrer Komplexität, bis sie bei recht einfachen Formen anlangten. Dies läßt uns daran denken, daß das zweite Gesetz der Thermodynamik wahrscheinlich auch in der Linguistik gilt. Das gleiche trifft auch für andere Sprachen wie z. B. Englisch und Russisch ebenso wie für das Deutsche zu. Die alte Vorstellung, die Darwin selbst vertrat, besagte, daß sich die Sprachen in ihrem grammatischen Aufbau und ihrer Komplexität vom einfachen Schnauben oder Heulen eines ärgerlichen oder zufriedenen Tieres an aufwärts entwickelten, wird heute nur noch spärlich unterstützt. Wenn der Ursprung der Sprachen überhaupt den Ursprung der genetischen Sprache erhellt – was natürlich nicht der Fall zu sein braucht –, könnte er dann nicht zeigen, daß der genetische Code ebenso wie der sprachliche Code ursprünglich komplexer war als in späteren Zeiten? Beide stellen Formen von Informationscodes dar.

Wenn wir es tatsächlich eher mit einem im Abstieg als mit einem im Aufstieg befindlichen genetischen Code zu tun haben, der in früheren Zeiten noch komplexer als heute war, dann würden die mit seinem Ursprung verknüpften mathematischen Probleme noch schwieriger sein, als sie es heute schon sind. Wenn die Komplexität des genetischen Codes heute schon auf der Grundlage von Zufallsereignissen schwer zu erklären ist, wieviel schwieriger wäre dies Unterfangen, wenn die Codestruktur am Anfang noch viel komplizierter gewesen wäre?

Aus diesen und ähnlichen Gründen hat man eine große Abwendung von der Vorstellung vollzogen, die Archebiopoesis sei allein durch Zufall zu erklären. Viele fordern eine Beschränkung der Zufallsprozesse. In dem Augenblick aber, in dem wir eine Be-Beschränkung der willkürlichen Prozesse einführen, haben wir es nicht mehr mit Zufallsprozessen im eigentlichen Sinne zu tun. Viele dieser Wissenschaftler, unter ihnen Teilhard de Chardin, glauben, daß es der Materie innewohnende Beschränkungen gibt, die das Zustandekommen eines willkürlichen, zufälligen Ereignisses verhindern. Diese Ideen haben sich zu der Vorstellung einer biochemischen Prädestination kristallisiert, die wir in Augenschein genommen haben.

Was bei der Diskussion über dieses Gebiet leicht vergessen wird, ist folgendes: Bestimmte Aminosäuren und Schwefelverbindungen schließen sich unter geeigneten Voraussetzungen zu einem äußerst spezifischen, biologisch codierten Molekül zusammen, das als Insulin bekannt ist. Die Behauptung wäre jedoch unrichtig, daß der Insulinaufbau aus seinen Bestandteilen *allein* das Ergebnis der den Bausteinen anhaftenden chemischen Qualitäten plus Kilokalorien sei. In einem gewissen Sinn ist es natürlich wahr, daß es ohne die chemischen Eigenschaften der einzelnen Atome und Radikale nicht zur Synthese kommt. Es ist aber ebenso wahr, daß es trotz der chemischen Gegebenheiten nicht zum Aufbau kommt, wenn zwei Faktoren fehlen: eine entsprechende Zufuhr von Energie in Form von Kilokalorien und entweder ein brauchbarer spezifischer Katalysator oder ein Wissenschaftler, der die Versuchsbedingungen manipuliert und die Reaktion in die gewünschte Richtung bringt. Alle drei Faktoren zusammen führen zum richtigen Aufbau. Einer allein bringt keine oder nur eine unspezifische Synthese zustande.

Irgendeine Art von Beschränkung, entweder durch den Wissenschaftler oder durch einen spezifischen Katalysator, ist bei Reaktionen, in denen es viele Reaktionswege gibt, eine conditio sine qua non. Ohne eine solche Beschränkung gelangt man sicherlich zur Unspezifität, denn die Eigenschaften der einzelnen Atome und Radikale führen zwar zu Kombinationen, jedoch nicht zu spezifischen, durch eine bestimmte Reihenfolge ihrer Bausteine gekennzeichneten Verbindungen.

Arten der Beschränkung bei der Makromolekülsynthese

Bei der Synthese von Makromolekülen, die viele Wege erlaubt, müssen offensichtlich viele Entscheidungen getroffen werden, bis ein spezifisches Molekül aufgebaut ist. Wir haben dieses Problem schon einmal erwähnt. Viele versuchen, die theoretische Sackgasse zu umgehen, die aus dem darwinistischen Konzept des Zufalls als Kontrollfaktor solcher Reaktionen entsteht. So schlug Lerner vor, es gebe verschiedene „automatische", den einzelnen Elementen anhaftende Beschränkungen, die die Reaktionswege eingrenzen.[8] Diese Vorstellung ist der Kenyons sehr ähnlich, die wir schon kennengelernt haben. In einer Fortsetzung des gleichen

Gedankenganges wies Crosby darauf hin, daß das Erhitzen einer beliebig zusammengestellten Mischung von Aminosäuren unter bestimmten Umständen zu Polymeren mit einer bemerkenswert begrenzten Heterogenität führt. Er folgert daraus, daß die Polymerbildung unter Zufallsbedingungen tatsächlich zugunsten bestimmter spezifischer Polymere in sich eingeschränkt und begrenzt ist. Dies bedeutet, daß die den einzelnen Aminosäurebestandteilen anhaftenden Eigenschaften den Polymerisationsverlauf völlig leiten oder beschränken. Dies wiederum bedeutet aber, daß Zufall im Sinne der früheren Darwinisten nicht mehr eigentlich Zufall ist.

Die meisten Chemiker, die am Aufbau von Diastereoisomeren gearbeitet haben, kennen Erscheinungen dieser Art. Das eine Diastereoisomer wird gewöhnlich auf Kosten der anderen möglich, auf zufällig entstehenden Isomeren aufgebaut. Für diese Art der Zufallsbeschränkung gibt es gewöhnlich stichhaltige sterische Gründe. Aber mit ebenso gutem Recht kann man daran zweifeln, ob dies wohlbekannte Prinzip der Diastereoisomerie auch die grundlegenden Beschränkungen erklären kann, die bei der Biosynthese von lebenden Proteinen und Nucleinsäuren in der Frühzeit am Werk gewesen sein müssen.

Das Problem ist wiederum nicht allein das der Spezifität von Polymeren und Diastereoisomeren. Es ist das der Bildung eines durch bestimmte Sequenzen dargestellten Codes bei Genen und Proteinen, nicht nur das eines spezifischen chemischen Isomers. Bei Synthesen von der Art, die wir hier besprechen, ist ein ganzes Molekül ein Code, welcher Informationen vermittelt. Das besagt, daß der Ebene der makromolekularen Stereospezifität eine Ebene der Codespezifität aufgelagert ist. Einem Molekül eine bestimmte Codesequenz zu verleihen, ist nicht so einfach, wie ihm eine optische Isomerie zu geben. Die Erklärung, wie ein Code entstanden ist, ist jedoch sehr viel schwieriger.

Wenn einige Wissenschaftler behaupten, daß eine Reihe von natürlichen Proteinen den rein zufällig entstehenden sehr nahe komme, dann vermutet man ein gewisses Sichnichtfestlegenwollen, um der wahren Natur dieses Problems, das ein Problem der Spezifität oder des Nichtzufälligen ist, auszuweichen.[10] Es ist jedoch ganz sicher, daß die codierten Sequenzen der Nucleinsäuren und der von ihnen abhängigen Proteine in ihrem Wesen nicht zufällig sind. Die meisten natürlichen Proteine besitzen alles andere als eine zufällige Struktur, so daß man das Problem der Reaktionsbeschränkung nicht einfach dadurch vom Tisch wischen kann, daß man behauptet, einige natürliche Proteine kämen in ihrer Struktur den zufällig entstandenen sehr nahe. Wenn auch nur ein einziges natürliches Protein einen willkürlichen Aufbau besäße, so würde dieses Beispiel die anderen natürlichen, nicht-willkürlich aufgebauten Proteine nicht erklären. Man kann deswegen nur vermuten, daß während der Entstehung der spezifischen, lebensfähigen Moleküle beträchtliche und wirksame Beschränkungsmechanismen am Werke waren und daß sie während der Entwicklung der codierten Sequenzen solcher Moleküle noch sehr viel mehr in ihrer Wirksamkeit zunahmen.

Beschränkung und Wahrscheinlichkeit

In einigen Kreisen hat man sich angewöhnt, das Problem vom Ursprung der Beschränkung bei der Entstehung von Spezifität und codierten Sequenzen dadurch zu umgehen, daß man alles durch Zufall und lange Zeiträume erklärt. Wenn man genügend Zeit veranschlagt, so argumentiert man, dann kann alles mögliche geschehen, eingeschlossen Reaktionsbeschränkungen, die zu bestimmten Sequenzen und zu einem Code führen. Dies war ein Lieblingsargument der älteren Generation von Darwinisten, mit dem ich mich auch an anderer Stelle aufführlich beschäftigt habe.[11]

Peter T. Mora äußert sich zu dem Thema: „Der Unsinn der Wahrscheinlichkeit." Er nimmt dabei zu den Versuchen Stellung, die Mechanismen zu erklären, die wahrscheinlich die Evolution vom Unbelebten zum Belebten gelenkt haben. Ziemlich ausführlich diskutiert er die Neigung, alles, sogar das Problem der Synthesebeschränkung, zu vertuschen, und führt dabei aus:

„Eine weitere Praktik, mit der ich mich hier beschäftigen möchte, nenne ich die der unbegrenzten Befreiungsklauseln. Ich glaube, wir haben diese Praktik entwickelt, um nicht der Folgerung ins Auge sehen zu müssen, daß die *Wahrscheinlichkeit eines sich selbst reproduzierenden Zustandes gleich Null ist*. Das müssen wir aus den klassischen, quantenmechanischen Prinzipien folgern, wie Wigner 1961 demonstrierte.[12] Diese Befreiungsklauseln postulieren einen beinahe unendlichen Zeitraum und eine beinahe unendliche Menge an Material (Monomeren), so daß sogar die unwahrscheinlichsten Ereignisse geschehen konnten. Das bedeutet, die Wahrscheinlichkeitsrechnung durch statistische

Überlegungen zu Hilfe zu rufen, wenn solche Überlegungen sinnlos sind. Wenn man sich aus praktischen Gründen auf die Bedingungen unendlicher Zeit und unbegrenzter Materie berufen muß, dann wird das Konzept der Wahrscheinlichkeit außer Kraft gesetzt. Mit solcher Logik können wir alles beweisen, so auch, daß sich alles, ungeachtet seiner Komplexität, genau und in unbegrenzter Anzahl wiederholt."[13]

Das obige Zitat von Mora drückt in bewundernswerter Weise unsere Ansicht über die Grundlage der Hypothesen der unbegrenzten Zeiträume bei Zufallsprozessen aus. Die Praktik, einen unendlichen Zeitraum zur Erklärung geordneter Synthesen, welche eine Beschränkung zeigen, zu Hilfe zu rufen, paßt zu dieser Maxime: „Bist du im Zweifel über einen Mechanismus oder den Grad seiner Wahrscheinlichkeit, so addiere ein paar Millionen Jahre zu der zu lösenden Gleichung." Das Hinzufügen von ein paar Millionen Jahren, wenn man im Zweifel ist, hat seit Darwins Zeiten wie ein Zauber gewirkt, denn es scheint sogar chronische thermodynamische und mechanistische Übel zu kurieren.

In der weiteren Verfolgung dieses Gedankenganges fügt Mora hinzu:

„Ein weiteres sinnloses Argument besteht in der Behauptung, die Bedingungen (unter denen die Abiogenese stattfand) könnten sich drastisch verändert und sich viele andere Arten des Lebens entwickelt haben, die heute ausgestorben sind. Dieses Argument beseitigt Spekulationen aus dem Gebiet physiko-chemischen Wissens dadurch, daß es uns nicht erlaubt, rückwärts zu schließen. *Ich meine, wir haben keine Möglichkeit, solche Aussagen zu beweisen oder zu widerlegen, und das entfernt sie wirkungsvoll aus der Domäne der Wissenschaft.*"[14]

Das Wesen von Spezifität und biologischem Code

Wir wollen nun eine Bestandaufnahme der gegenwärtigen theoretischen Situation im Hinblick auf die Erklärung der hohen Spezifität plus komplexer Codierung des Lebenssubstrates machen.

Darwinisten und Neodarwinisten behaupten schon seit langem, daß Zufall plus lange zeitliche Zwischenräume plus natürliche

Auslese zusammen den Synthesetrick vollbringen und spezifische Codes und Moleküle liefern können. Die jüngsten Fortschritte in der Kybernetik haben jedoch anhand von Simulationsexperimenten gezeigt, daß durch bestimmte Sequenzen charakterisierte Ordnung, Spezifität und Codierung nicht von Zufall und Willkür abgeleitet werden können.

Deshalb haben in noch neuerer Zeit andere Wissenschaftler behauptet, es gebe in der Natur gar nicht so etwas wie echten Zufall. Nach ihrer Meinung ist die Ordnung in den Atomen und Radikalen, welche als Grundlage des Lebens dienen, verborgen. Diese innere Ordnung wird sich selbst zwangsläufig und unvermeidlich entfalten, wo immer und wann immer die Voraussetzungen dazu günstig sind. Darwin schrieb alles dem Zufall zu, wohingegen Kenyon jeden echten Zufall bei der Erklärung der Abiogenese verneint.

Auch Teilhard de Chardin vertrat diese letzte Ansicht und versuchte, seine Synthese von Christentum und Evolutionstheorie auf diese gleichen Prinzipien zu gründen. Wissenschaftler wie Kenyon und Steinman sind ebenfalls dieser Ansicht, aber sie verwenden sie, um ihre besondere Ausgabe des naturwissenschaftlichen Materialismus zu stützen, denn sie betonen, daß es keines übernatürlichen Eingreifens bedurfte, um das Erscheinen des irdischen Lebens zu erklären, wenn ihre Theorie stimme. Sie vergessen die Frage nach der *Herkunft der postulierten Inneren Ordnung* bei Atomen und Radikalen. Diese Ordnung ist angeblich für die spontane, geordnete Aufwärtsentwicklung verantwortlich. So ist es ihnen eigentlich nur gelungen, das Grundproblem, nämlich das der spontan aus dem Chaos entstehenden Ordnung, einen Schritt zurück zu verlagern.

Von woher auch immer wir die Frage nach dem Erscheinen von Ordnung aus Willkür und Zufall betrachten – ob wir uns der Chardinschen Theorie oder der biochemischen Prädestination bedienen –, wenn wir annehmen, daß Ordnung spontan aus Chaos entstand, so werden wir früher oder später mit den Gesetzen der Thermodynamik in Konflikt geraten. Es spielt keine Rolle, ob wir glauben, daß sich die *Atome und Radikale* spontan geordnet haben, oder ob die den Atomen innewohnende Ordnung oder Algorithmen spontan entstanden, denn in thermodynamischer Hinsicht ist das Ergebnis identisch. Wenn wir Energie von der Sonne oder von radioaktiven Zerfallsprozessen zur Schaffung von Ordnung verwenden, dann müssen wir irgendeinen Stoffwechselmotor als Zwischenglied haben. Doch wie können wir annehmen, daß sich die Ordnung eines Motors – ein höchst komplizierter Gegenstand – spontan gebildet hat? Die Vermutung, daß sogar die Proteinspezifität auf der Basis des Zufalls – echten Zufalls – entstand, bedeutet ein Fehlverständnis der thermodynamischen Gesetze. Noch weniger leuchtet jedoch die Annahme ein, daß ein Code, im Gegensatz zu bloßer Molekularspezifität, auf der gleichen Grundlage entstand. Codes sind offensichtlich irgendwo mit intelligenter Kommunikation verbunden. Wir nehmen deshalb an, daß die Entstehung sinnvoller Codes, selbst des genetischen Codes, von ihrem Ursprung her mit sinnvollem Denken verknüpft ist. In der Tat veranlaßt der Aufbau der toten Materie einige Physiker (Sir James Jeans ist ein Beispiel) dazu, ihren Ursprung in gedanklichen Prozessen anzunehmen; Codes und Aufbau der lebenden Materie führen aus dem gleichen Grund zu einem ähnlichen Postulat.

1   M. E. Jones, L. Spector und F. Lippmann, *J. Amer. Chem. Soc.* 62 (1955): 819.
2   Richard S. Young, Abhandlung in S. W. Fox, Hrsg., *The Origins of Prebiological Systems,* pp. 347—48.
3   Carl Sagan, Veröffentlichung in *The Origins* . . ., p. 215.
4   M. Eden, Abhandlung in P. S. Moorhead und M. M. Kaplan, Hrsg., *Mathematical Challenges to the Neo-Darwinian Interpretation of Evolution,* p. 11.
5   Ibid., p. 14.
6   Ibid.
7   Ibid.
8   Michael Lerner, Abhandlung in *Mathematical Challenges,* p. 16.
9   J. L. Crosby, Abhandlung in *Mathematical Challenges* . . ., p. 17.
10   George Gamov, Alexander Rich und Martynas Ycas, „The Problem of Information Transfer from Nucleic Acids to Proteins", in *Advances in Biological and Medical Physics,* 4 : 23, zitiert nach *Mathematical Challenges* . . ., p. 17 (vgl. p. 19).
11   A. E. Wilder Smith, *Man's Origin, Man's Destiny.*
12   E. P. Wigner, *The Logic of Personal Knowledge.*
13   Peter T. Mora in *The Origins* . . ., p. 45.
14   Ibid., p. 46.

6
Die biochemische Prädestination: Weitere Folgerungen

Wie wir bereits festgestellt haben, ist es in den letzten Jahren bei den naturwissenschaftlichen Materialisten zu einem gewissen Meinungswandel gekommen, soweit es die Frage nach der Entstehung des Lebens und den Mechanismen der chemischen Evolution betrifft.

Allgemein stimmte man darin überein — und in manchen Kreisen ist es auch heute noch so —, daß man die Neobiogenese am besten als ein höchst unwahrscheinliches Ereignis oder Geschehnis betrachtet, das sich in der Geschichte nur selten, wahrscheinlich nur einmal, zutrug. Dieses höchst unwahrscheinliche Ereignis war so unwahrscheinlich, daß es zu seinem Zustandekommen Billionen von Jahren bedurfte.

Die gleiche Denkweise hat nicht nur die Frage nach der Neobiogenese (die Entwicklung von Belebtem aus Unbelebtem) beherrscht, sondern sie hat auch die Haltung vieler naturwissenschaftlicher Materialisten zur Frage der biologischen Evolution *nach* der Neobiogenese bestimmt. Die biologische Entwicklung soll zu ihrem allmählichen Fortschreiten aufgrund der Versuch-und-Irrtum-Methode Millionen von Jahren gebraucht haben, denn auch sie hängt von unwahrscheinlichen Phänomenen oder Zufällen ab, welche viel Zeit erfordern.

Neuere Entwicklungen in den Theorien zur Abiogenese

In den letzten Jahren hat sich, wie schon erwähnt, ein bestimmter Trend zur Abkehr von dieser „Zufallsposition" herausgebildet. Einer der Gründe für diesen Wandel liegt vielleicht darin, daß sich diese Ansicht nicht experimentell nachprüfen läßt, außer durch Computersimulation. So liegt diese gesamte Vorstellung von zufälligen Geschehnissen, die sich über Jahrbillionen verteilen, im Grunde außerhalb des Bereichs herkömmlicher wissenschaftlicher Experimente.

Die Vertreter des naturwissenschaftlichen Materialismus beschäftigen sich schon seit langem mit Überlegungen, wie sie die Zufallstheorie in befriedigender Weise durch etwas Besseres, aber noch immer Materialistisches, ersetzen können. Dabei stellt Kenyons Theorie der biochemischen Prädestination einen Versuch zur Lösung dieses Problemes dar.

Wie schon gezeigt wurde, lehrt diese Theorie, daß die einzelnen Stufen in Richtung auf das Leben hin und die Entwicklung des Lebens danach in Wirklichkeit schon mit dem Erscheinen der Materie selbst entschieden waren. Die Materie soll bei ihrer Entstehung mit dem gesamten Code oder Algorithmus ausgestattet worden sein, der zwangsläufig und unvermeidlich zum Leben und zum Menschen führte. Dementsprechend lehrt Kenyon, daß es eines Tages möglich sein wird, „die Gesamtstruktur eines gegebenen Polypeptids allein auf der Basis seiner Primärsequenz vorherzusagen. In gewissem Sinne sollten wir schließlich in der Lage sein, den Gesamtverlauf der Evolution, sowohl der präbiogenetischen als auch der darwinistischen, vorherzusagen, und zwar auf der Grundlage einer bekannten Menge von Ausgangsverbindungen mit bestimmten speziellen Eigenschaften und einem gegebenen Muster von Umweltbedingungen, wie es die Theorie der biochemischen Prädestination vorschlägt".[1]

Bei der weiteren Verfolgung dieses Gedankenganges fährt Kenyon fort:

„Was die Lehre von der biochemischen Prädestination uns jedoch sagen möchte, ist, daß die Auswahlen, die getroffen werden, d. h. die Grenzen, über welche die evolutionären Prozesse hinaus nicht abschweifen können, größtenteils von Eigenschaften bestimmt werden, welche den entstehenden Körpern anhaften und durch das Material vorgegeben sind, aus denen die Stoffe hergestellt wurden."[2]

Aus diesen offenen Erklärungen ergeben sich vielfältige Konsequenzen. An erster Stelle steht dabei die Folgerung, daß jeder Elementarbaustein des Lebens bei seiner Entstehung einen kompletten Code oder Algorithmus über den *gesamten* Evolutionsverlauf mitbekam. Die Elementarteilchen sind, nach dieser Ansicht, ähnlich wie ein Spermium oder eine Eizelle gebaut. Sie enthalten die „Gene" oder das Programm für das gesamte weitere Leben, das sie mitaufbauen helfen. Ihre Komplexität muß deshalb nach dieser Ansicht enorm groß sein, denn die Komplexität eines Biomonomers ist von Dauer. Sie geht mit dem Tode nicht zugrunde, wie es bei einem Gen der Fall ist. Die Ordnung eines

Biomonomers ist für alle Generationen vollkommen perfekt und beständig, so daß sein Code ein Code für die Lebensmuster vom Anfang bis zum Ende des Lebens sein muß. In Übereinstimmung mit dieser Vorstellung glauben Kenyon und seine Kollegen, daß jeder Baustein des Hämoglobins z. B. in seinen ihm anhaftenden Eigenschaften all die Anweisungen besitzt, die zum Aufbau des gesamten Moleküls aus seinen Biomonomeren benötigt werden. Diese Auffassung macht „einfache" Materie oder „einfache" Bausteine zu echten Fundgruben an Informationen, die aus Ordnungen und Codes der komplexesten Art bestehen.

Kenyon glaubt, daß seine Schlußfolgerung dadurch gerechtfertigt sei, daß sich bestimmte Biomonomere bei ihrer Kombination zu Biodimeren oft in bevorzugter Weise zusammenschließen, die durch ihre inneren Eigenschaften bestimmt wird. Die „Wechselwirkung mit dem nächsten Nachbarn" ist eine Hauptkraft, die bei von Monomeren zu Dimeren führenden Reaktionen die Sequenzbildung bestimmt. Kenyon glaubt, daß diese Eigenschaft nicht nur die Sequenz des Dimers bestimmt, sondern auch alle jene Sequenzen des höher polymeren Moleküls, das im Laufe der Zeit entstehen kann. Folglich werden die Eigenschaften der höchst komplexen Biopolymere und der Syntheseweg zu ihrem Aufbau *ausschließlich* von den inneren Eigenschaften bestimmt, die die einfachen chemischen Bausteine besitzen, aus denen sich die höheren Biopolymere zusammensetzen. Von untergeordneter Bedeutung sind dabei die exogenen Faktoren, welche die reagierenden Monomere umgeben. Die inneren Faktoren sind entscheidend. Damit es zu keinen Mißverständnissen kommt, wiederholt Kenyon seinen Standpunkt immer wieder:

B. Sie erinnern sich, daß wir über Beweismaterial gesprochen haben, das folgendes zeigt: Wenn man die Bildung verschiedener Dimere bei einer Anzahl von bestimmten Aminosäuren gemäß dem Grad ihrer Wahrscheinlichkeit vom wahrscheinlichsten Dimer bis zum unwahrscheinlichsten in einer Rangfolge anordnet und dann eine ähnliche Rangfolge aufstellt, die sich auf Analysen der natürlichen, heute vorhandenen Aminosäuresequenzen stützt . . ., so findet man, daß die beiden Reihen der Wahrscheinlichkeitsdaten einen verblüffend ähnlichen Trend aufweisen.

A. Das stimmt: Wir können deshalb erstens summarisch feststellen, daß wir das Erscheinen von Biomonomeren unter eventuellen primitiven Bedingungen erklären können.

B. Jawohl.

A. Zusätzlich sehen wir, daß auch die Polymerisation dieser Einheiten unter primitiven Bedingungen leicht geschehen konnte.

B. Ja, auch damit stimme ich überein.

A. Und wir beobachten nicht nur die Bildung von Biopolymeren, sondern diese Polymere weisen offensichtlich bestimmte, spezifische Sequenzen auf, die durch Charakteristika bestimmt werden, welche durch das Zusammenkommen der Einheiten bedingt sind.

B. Das ist richtig. Aber stimmt es nicht, daß wir bis jetzt nur die Bildung von Dimeren untersucht haben, so daß wir in Wirklichkeit nicht wissen, wie weit diese Sequenzspezifität geht?

A. Schon, aber die chemische Art der Peptidbindung ist auf der Ebene des Dimers genau die gleiche wie auf der eines Polymers. Deshalb vermute ich, daß die auf der Dimer-Ebene beobachteten Erscheinungen auch auf der Polymer-Ebene eine größere Rolle spielen.

B. Damit sagen Sie also, daß eine bedeutende Kraft, welche die Sequenzbildung bestimmt, die *Wechselwirkung mit dem nächsten Nachbarn* ist.

Kenyon behauptet hier, daß die Natur der Peptidbindung über die Sequenzbildung entscheidet. Äußeren Einflüssen wird für die Bildung spezifischer Sequenzen keine so große Bedeutung beigemessen. Dagegen legt man den größten Wert auf die inneren, molekularen und atomaren Faktoren. Unter geeigneten Bedingungen sollen die Bausteine genügend innere, lenkende Kräfte besitzen, welche sie geradewegs zu den höchst komplexen Makromolekülen des Lebens führen, ohne daß sie auf Hilfe von außen angewiesen wären. Das heißt: Setzt man beliebige Bausteine plus beliebige verfügbare Energie als gegeben voraus, dann können die Biomonomere angeblich den Rest der chemischen Prozesse bis zum Leben aus eigener Kraft lenken. Sie enthalten genügend chemische und andere Informationen, um den Gesamtaufbau autonom vollziehen zu können.

Einige Konsequenzen der biochemischen Prädestination

Kenyons Theorie möchte uns in ihrem Grunde glauben machen, daß Leben keineswegs Zufall ist, sondern auf einem Geheimnis der unbelebten Materie beruht. Dementsprechend würde man die Entstehung von Leben überall dort erwarten, wo die Bedingungen günstig sind. Leben ist in der Tat das Gegenteil eines zufälligen Ereignisses (wie der Darwinismus es lehrt), denn es ist in jedem Biomonomer, welches als seine Grundlage dient, als Plan enthalten.

Man würde also erwarten, daß es überall im Universum, wo immer Materie zu finden ist, unvermeidlich zur Bildung von Leben kommt. Wenn die Materie auf anderen Planeten oder in anderen Welten ebenso wie unsere Materie beschaffen ist, so muß auch sie den Plan zum Leben in sich bergen. Aus dieser Ansicht folgt, daß auch im Falle der extraterrestrischen Lebensentstehung auf der Materie ferner Planeten die Form des Lebens überall mit der unsrigen, die wir hier auf der Erde kennen, vergleichbar sein wird. Sie ist dort ebenso wie hier auf die gleiche Weise in die Materie eingeplant.

Eine weitere Folgerung aus dieser Theorie ist die, daß die Materie noch unendlich viel komplexer ist, als wir angenommen haben. Sie muß eine Schatzkammer voller Informationen sein und ein Gen an Komplexität noch weit übertreffen, denn sie ist ein Algorithmus des Lebens, abgesehen von dem, was wir sonst noch von ihr wissen. Diese Folgerung grenzt an einen offenen Widerspruch zu dem zweiten Hauptsatz der Wärmelehre, denn dieser Satz charakterisiert Materie als etwas, das eher eine Tendenz zur Unordnung aufweist, es sei denn, daß besondere Vorkehrungen, wie Energiezufuhr in bestimmter Form, getroffen werden. Im Gegensatz dazu glaubt Kenyon, daß die unter den geeigneten Umständen sich selbst überlassene Materie mit einer Tendenz ausgestattet ist, sich selbst in die Ordnung zum Leben hin zu begeben, sobald beliebige Energie spontan zugeführt wird.

Wahrscheinlich bemerken Kenyon und seine Freunde die sich im Nebel ihrer Spekulationen abzeichnende thermodynamische Klippe und versuchen sie dadurch zu umschiffen, indem sie sich auf die Werke von Onsager, Prigogine und anderen berufen, die festgestellt haben, daß in geschlossenen Systemen maximale Entropie oder Unordnung erreicht wird, wohingegen sich in offenen thermodynamischen Systemen, in welchen ein Energieaustausch möglich ist, die Tendenz abzeichnet, einen Zustand zu erreichen, in dem es auf jeder einzelnen Ebene zu einer *minimalen Entropieänderung* kommt.[4]

Vielleicht stellt eine Frage die beste Antwort auf solche Vorstellungen dar. Warum ist es denn zu solch gewaltigen Entropiereduktionen in einem offenen System, wie diese Erde es darstellt, gekommen, insofern als hier wirklich Leben entstanden ist? Kenyon behauptet unter Berufung auf Onsagers Arbeiten genau das Gegenteil, nämlich daß es zu *minimalen Entropieveränderungen* komme. Das vermeintliche Phänomen der spontanen Neobiogenese kann keine *minimale Entropieänderung* darstellen. Wenn dies der Fall ist, dann ist Kenyon nicht berechtigt, sich bei seinem Versuch, das Entropieproblem und den zweiten Hauptsatz der Wärmelehre zu umgehen, auf Onsagers Arbeiten zu berufen, denn es muß zu sehr großen Entropiereduktionen oder -veränderungen gekommen sein, als das Leben entstand.

Eine weitere Konsequenz der Kenyonschen Theorie wird deutlich, wenn wir uns selbst die folgende Frage stellen: Wo war der Ursprung dieser gewaltigen Quelle von Informationen, die angeblich in den Elementarteilchen gespeichert sind und ihnen ermöglichen, sich in Richtung auf Leben hin zu entwickeln? Ob man nun die Atome oder die Biomonomere als Speicherstätten des Informationscodes des Lebens ansieht, ist für unsere gegenwärtigen Absichten unerheblich. Wenn diese Elementarbausteine des Lebens Algorithmen darstellen, wie Kenyon glaubt, *wann und wo wurden sie programmiert?* Keiner nämlich, der auch nur die geringste Ahnung von der Informationstheorie besitzt, kann annehmen, daß ein solch ungeheuer komplexes und *en miniature* verwirklichtes Programm als Ergebnis zufälliger, spontaner Einwirkungen entstanden ist.

Wir erkennen noch eine weitere Konsequenz der Kenyonschen Spekulationen, wenn wir die Frage stellen, warum die Wissenschaftler bei der Beobachtung dieses von ihnen angenommenen Programmes in den Lebensbausteinen auf so große Schwierigkeiten gestoßen sind? Wir wollen einmal klar feststellen: Im Gegensatz zu den Kenyonschen Beweisen, daß Aminosäuren und andere Biomonomere eine spontane Formbildungsfähigkeit besitzen, hat noch nie jemand irgendwann beobachtet, daß auch nur ein so einfaches lebensfähiges Molekül wie das Insulin unter Zufallsbedingungen in annehmbarer Menge in einer Mischung seiner Biomonomeren entsteht. Wenn Kenyon recht hat, müßte das ein alltägliches Ereignis sein.

Im Gegenteil, es bedurfte einer übermäßigen Menge an „Informationszufuhr" von außen her, und zwar in Form von sorgfältig durchdachten Arbeitsplänen und chemischer Sachkenntnis, um zur erfolgreichen Synthese auch nur einer so verhältnismäßig einfachen Verbindung wie Insulin zu gelangen. Die gleichen Überlegungen gelten auch für andere einfache Proteine und Hormone. Wir bemerken recht wenig von dem „eingebauten Programm" des Insulins oder der anderen Bausteine, die vor Ungeduld platzen, um sich in selbständiger Regie zur Stereospezifität und Aminosäuresequenz des vollständigen, physiologisch aktiven Insulins zu ordnen. Um ein solches Molekül entstehen zu lassen, müssen die Informationen, welche in Form von chemischen Bindungen in den Grundbausteinen enthalten sind, durch gewaltige Mengen zusätzlicher Informationen ergänzt werden, die von dem den Versuch durchführenden Wissenschaftler oder von einem bei dieser spezifischen Reaktion wirksamen Katalysator geliefert werden. Ebenso hat man niemals beobachtet, daß die den Grundbausteinen des Hämoglobins, der Plasmaproteine usw. eigenen Beschränkungen und chemischen Eigenschaften diese zielsicher in die Aminosäuresequenzen führen, die sie in dem lebenden Molekül annehmen. Es gibt keine akzeptablen Beweise dafür, daß die Grundbausteine dieser organischen Moleküle genug an angeblich „eingebauten Informationen" enthalten, um das gewünschte Ziel *ohne die Hilfe äußerer Informationsquellen* zu erreichen.

Um Mißverständnissen vorzubeugen, wollen wir noch einmal betonen, daß es sicherlich sterische Hindernisse und andere chemische, richtende Beschränkungen gibt, die die Bildung des einen Isomers dadurch begünstigen, daß sie die Bildung des anderen verhindern. Aber diese Erscheinung findet sich am wirkungsvollsten bei niederen Polymeren, wie z. B. Dimeren, bei denen die relativen Unterschiede zwischen Strukturen und Geometrie in Prozenten gemessen größer als bei den höheren Polymeren sind. Weiter aufwärts in der Stufenleiter und im Falle der optischen Isomere bedarf es mehr als nur dieser Art von Beschränkung, um zu entscheiden, welches Isomer oder optische Isomer gebildet werden soll. Jeder Wissenschaftler, der mit den Prozessen der Antipodentrennung im Labor vertraut ist, wird erkennen, was es mit der Beschränkung, die wir hier im Auge haben, auf sich hat.

Trotz aller technischen und theoretischen Schwierigkeiten, denen wir bei der Erklärung dieser Beschränkungen der Lebensprozesse begegnen, läßt der *lebende Stoffwechsel* sogar beim Aufbau optischer Isomere unter den ungünstigsten Bedingungen nicht die geringsten Schwierigkeiten oder das geringste Zögern erkennen. *Woher erhielt er diese präzisen, richtenden Informationen, um derartige Wunderwerke chemischer Präzision ohne viel Aufhebens zu erreichen?* Das Auftauchen von spontanen

Aminosäuresequenzen bei bestimmten Dimeren, auf das Kenyon so großes Gewicht legt, kann man sehr leicht mit Erscheinungen wie sterischer Hinderung erklären, denn die relativen Unterschiede zwischen den Eigenschaften zweier Dimere sind – wie schon ausgeführt wurde – verhältnismäßig groß. Bei den hochpolymeren Verbindungen jedoch sind die prozentualen Unterschiede in den Eigenschaften wahrscheinlich viel geringer; das hat zur Folge, daß die Beschränkungen, die zu ihrer Unterscheidung im Laufe der Synthese nötig sind, viel schwerer zu erreichen sind.

Das Labyrinth und die Mäuse

Die Synthese eines Plasmaproteins aus seinen Bausteinen kann man damit vergleichen, daß man Mäuse als Versuchstiere ein Labyrinth durchlaufen läßt. Der Eingang zum Labyrinth kann mit dem Start der Proteinsytnhese verglichen werden. Der Ausgang aus dem Labyrinth – für unsere Zwecke gibt es nur einen von ihnen – stellt das Erreichen des Endproduktes der Synthese, das Plasmaprotein, dar. Jede Wendung des Labyrinths soll eine chemische Reaktion bedeuten, die entweder zu dem gewünschten Plasmaprotein oder in die Sackgasse irgendeines unerwünschten Produktes führt. Um das Labyrinth erfolgreich zu durchlaufen, muß die Maus an jeder Gabelungsstelle, d. h. bei jeder Synthesereaktion, die richtige Links- oder Rechtsdrehung vollziehen. Am Eingang dieses Syntheselabyrinthes muß der erste Baustein sich entweder nach „rechts" oder nach „links" bewegen. Das bedeutet, daß er vor der Wahl steht, die richtige, zum gewünschten Ausgang oder Endprodukt führende Reaktion entweder zu vollziehen oder nicht. Wenn in diesem Stadium die verkehrte Richtung eingeschlagen wird, werden auch die folgenden Entscheidungen niemals zu dem richtigen Endprodukt oder Ausgang führen. Wenn die erste Entscheidung jedoch, ob nach rechts oder links, richtig getroffen wurde, dann besteht die Chance, den gewünschten Ausgang zu erreichen, obwohl eine Fehlentscheidung an irgendeinem Punkt des Weges die Ankunft am gewünschten Ziel noch immer verhindern wird.

Die Entscheidungen bei dieser Art, ein Labyrinth zu durchlaufen, können auf einfachen chemischen Gesetzen basieren, so z. B. auf sterischer Hinderung, Wechselwirkung mit dem nächsten Nachbarn oder anderen. Aber das würde ein bemerkenswertes

Labyrinth und auch in der Tat eine bemerkenswerte Synthese sein, bei denen alle Entscheidungen erfolgreich auf der Grundlage einer einzigen inneren Eigenschaft getroffen würden. Kenyons Behauptung scheint in diese Kategorie zu gehören. Falls man damit ein Labyrinth durchlaufen könnte (immer nur nach „links" oder immer nur nach „rechts"), dann könnte man das Ganze wohl nur noch schwerlich ein Labyrinth nennen, denn alle Rechtswendungen – oder alle Linkswendungen – würden schließlich zu dem erwünschten Ausgang führen. Wenn die erste Wendung beim Eintritt in das Labyrinth auf der Grundlage der Eigenschaften der peptidischen Bindung nach links gemacht wurde, dann würden alle darauffolgenden Wendungen ebenfalls Linkswendungen und das Labyrinth kein Labyrinth mehr sein. Es verhielte sich so, als ob alle Mäuse, die in das Labyrinth gesetzt würden, einen angeborenen Defekt aufwiesen, der sie in einer zweifelhaften Situation immer nur nach links drehen würde.

Die schlichte Wahrheit aber ist, daß die Syntheselabyrinthe der Natur echte Labyrinthe sind und Mäuse mit angeborenem Linksdreh – oder Biomonomere, die immer nur auf eine Art auf Kosten einer anderen reagieren – der Phantasie entsprungen sind. Die Biomonomere durchlaufen das Syntheselabyrinth nicht automatisch, bis lebensfähige Proteine entstanden sind, und zwar aus dem einfachen Grunde, weil sie den Weg durch das Labyrinth eben nicht aufgrund innerer Faktoren „kennen". Der Weg ist viel komplizierter, als daß man sich im Zweifelsfall einfach nach links wenden könnte. So sieht das Verfahren nicht aus, mit dem die Naturwissenschaftler lebensfähige Verbindungen herstellen konnten.

Wie hilft denn nun ein Wissenschaftler den Biomonomeren des Insulins z. B., das Insulinlabyrinth zu durchlaufen? Er „füttert" sie mit Informationen und gibt ihnen „leichte Stöße" in die richtige Richtung. Wenn die „Mäuse" nicht mit Informationen von außen her gefüttert werden, verirren sie sich sicherlich im Labyrinth. Wie füttert nun der Wissenschaftler das Syntheselabyrinth mit Informationen? Er isoliert die verschiedenen Reaktionsstufen und belädt dann die Ecken und Kurven, indem er den einen Weg halb blockiert und den anderen erweitert, um so seine „Mäuse", die Biopolymere, mit viel Geduld auf den richtigen Weg zu bugsieren. Oder er verwendet einen Katalysator, der die eine Wendung auf Kosten der anderen wegen seiner stereochemischen Oberflächenstruktur begünstigt. Einige

Katalysatoren scheinen in ihrem Gefüge einen kompletten Informationscode zu enthalten, dessen sich die Biomonomere bedienen, um die spezielle Kurve zu nehmen, an der sie in das Syntheselabyrinth eingefügt sind. Wir müssen noch einmal betonen, daß kein echtes Labyrinth jemals unter der Voraussetzung durchlaufen werden kann (wie Kenyon zu behaupten scheint), daß die Maus, falls sie von Anfang bis Ende immer die gleiche Drehung macht, den richtigen Ausgang erreicht. Wenn nämlich ein „Syntheselabyrinth" unter der Voraussetzung, fortwährendes „Sichnachlinksdrehen" führe zum gewünschten Ziel, durchlaufen werden könnte, dann sollte jede Mischung der richtigen Biomonomere, die die erste Reaktion oder Wendung richtig ausführt, den Rest des Labyrinths unter der gleichen Voraussetzung erfolgreich automatisch durchlaufen. Die große Schwierigkeit bei echten chemischen Synthesereaktionen oder Labyrinthen liegt aber darin, daß sich bei jeder Weggabelung eine Vielzahl von möglichen Wendungen ergeben. Das Problem ist darin zu sehen, wie man an der richtigen Stelle und zur richtigen Zeit die *richtigen Informationen* an die Biopolymere heranbringt.

Wenn unser Syntheseprozeß das ganze Labyrinth, das zum Insulin oder Plasmaprotein führt, durchlaufen hat, dann sind vielleicht Tausende von richtigen Entscheidungen getroffen worden, deren jede zur Erreichung des richtigen Ziels von entscheidender Bedeutung war.

Wenn jedoch die Rolle des Baumeisters beim Durchlaufen des Syntheselabyrinths vom Zufall übernommen wurde, dann wird die Wahrscheinlichkeit, ein mehrstufiges Labyrinth erfolgreich zu durchlaufen, mit jeder vorhandenen Stufe immer kleiner. Bei der Synthese großer Moleküle trifft man nämlich auf die peinliche Tatsache, daß es, chemisch gesprochen, oft genauso leicht ist, sich nach „rechts" wie nach „links" zu wenden. So gibt es Fälle, in denen ein auf Zufall beruhendes Durchlaufen des Labyrinthes mit einer Rate von 50 Prozent Fehlentscheidungen an jeder Kurve vor sich gehen würde. Das Ergebnis wäre, daß die Chancen zum Erreichen des Ausganges schon zu einem Zeitpunkt, an dem erst sehr wenige Entscheidungen getroffen wären, verschwindend gering sein würden.

Wir können nun Kenyons Vorstellungen vom Standpunkt des Labyrinthdurchlaufens aus zusammenfassen. Er und seine Kollegen sagen im wesentlichen, daß das biologische Syntheselabyrinth, das durch die chemische Evolution zur Abiogenese führte, dazu vorherbestimmt war, zwangsläufig richtig durchlaufen zu werden, und zwar aus dem einfachen Grunde, weil die „Mäuse" für das Durchlaufen genetisch „prädisponiert" waren. Es bedarf keiner wissenschaftlichen Kenntnisse und keiner Informationen von außen her, die über die den Mäusen angeborenen Fähigkeiten hinausgehen, um ihnen durch das Labyrinth hindurchzuhelfen. Wenn wir diesen Gedanken ein wenig weiterdenken, dann sehen wir, daß dies eine *Absage an die Notwendigkeit aller technischen Verfahrensweisen und Kenntnisse bei der Erzeugung von Leben im Reagenzglas darstellt.* Wenn die biochemische Prädestination stimmt, dann verschwenden die Wissenschaftler ihre Zeit, wenn sie bei ihren Bemühungen, aus ihren Reaktionssystemen die Ordnung des Lebendigen abzuleiten, chemische Reaktionsmöglichkeiten ersinnen. Der richtige Weg durch das Labyrinth ist angeblich in den Biomonomeren in codierter Form enthalten. Statt dessen sollten sich unsere Bemühungen darauf konzentrieren, diesen angeblichen endogenen Code aus ihnen herauszulocken, denn der Code ist zwangsläufig richtig, falls Kenyon recht hat, und muß uns auf dem sichersten Wege zu unserem erwünschten Ausgang oder lebensfähigen Endprodukt führen.

Die Unumgänglichkeit innerer Eigenschaften

Ungeachtet all dessen ist es noch immer augenscheinlich, daß es kein auf materieller Grundlage beruhendes Leben geben könnte, wenn seine Bausteine nicht die grundlegenden inneren Eigenschaften der spezifischen chemischen Kombination besäßen. Auch könnten sie sich nicht zusammenschließen, wenn nicht freie Energie zur Ermöglichung dieses Zusammenschlusses zugeführt würde. Um im Bilde unserer Labyrinthmäuse zu bleiben: Keine Maus könnte das Labyrinth durchlaufen, wenn sie nicht die Fähigkeit zur Fortbewegung hätte und die zur Bewegung nötige Energie aus der Umwandlung ihrer Nahrung im Zuge des Stoffwechsels erhielte. Bei den Biomonomeren ist sowohl die innere Fähigkeit zum Zusammenkoppeln (Fortbewegung) als auch die aus dem Stoffwechsel stammende Energie zur Ausführung des Zusammenkoppelns (Energievorrat) unerläßlich. Aber diese beiden Faktoren sind nicht ausreichend. Ein dritter, über den wir schon gesprochen haben, den der Lenkung und Auswahlfähigkeit nämlich, ist ebenso wichtig, wenn wir den Ausgang erreichen sollen. Kenyon behauptet, diese lenkende Fähigkeit sei in die Biomonomere eingebaut. Wir behaupten, daß sie den Biomonomeren meist von außen her durch Fütterung mit chemischen Daten oder durch die Anwendung spezifischer Katalysatoren geliefert wird.

Die ältere Auffassung, im Sinne der Labyrinth-Analogie, besagte, daß das zur Entstehung des Lebens und darüber hinaus führende Syntheselabyrinth „systematisch" aufgrund des Zufalls durchlaufen wurde. Heute ist dies augenscheinlich unmöglich und unverständlich. Deshalb hat man diese Ansicht geändert und behauptet nun, der Zufall sei so unglaubwürdig, daß die Fähigkeiten in der genetischen Ausstattung der Mäuse (d. h. der Biomonomere) liegen muß. Die alte Vorstellung versagt wegen ihrer krassen Unwahrscheinlichkeit und steht im Widerspruch zur Informationstheorie. Die neue Auffassung scheitert aufgrund der Tatsache, daß sie sich in Konflikt mit den Grundeigenschaften der Materie befindet, die nicht in Richtung auf spontane Ordnung, sondern zur Unordnung hin tendiert.

Die ältere Vorstellung (daß das Leben ein unwahrscheinlicher Zufall sei) hat sich nicht nur als unglaubwürdig erwiesen, sondern – bei Simulationsexperimenten mit großen Computern – auch als experimentell anfechtbar. Darüber haben wir bereits berichtet. Da die Wissenschaftler die Grundschwäche der Kenyonschen Theorie im allgemeinen zu erkennen scheinen, zeigt man sehr wenig Bereitschaft, die alte Ansicht gegen die neue auszutauschen, und das ist durchaus verständlich. Was aber hat die Wissenschaft auf rein materieller Grundlage an Besserem zu bieten?

Anerkennung der Beweise

Die mangelnde Bereitschaft, das sinkende Schiff der Darwinistischen Zufallshypothese zu verlassen, kam in dem im ersten Kapitel erwähnten Symposium ganz überraschend zum Ausdruck. Das folgende Zitat spiegelt die grundsätzliche Abneigung dagegen, sich den einzig stichhaltigen, experimentellen Beweisen auf diesem Gebiet zu beugen:

Dr. Schützenberger: „Ich möchte wissen, wie ich Computerprogramme aufstellen kann, die . . ."

Der Vorsitzende, Dr. Waddington: „Wir sind an Ihren Computern nicht interessiert."[5]

Wie sehr Schützenberger sich auch bemühte, die Bedeutung von

Simulationsbeweisen auf einem Gebiet zu zeigen, auf dem faktische, experimentelle Beweise nicht zur Verfügung stehen und nicht zur Verfügung stehen können (mit ihnen sind Millionen von Jahren verknüpft, die ungefähr ebenso simuliert werden müssen, wie wir Auto- und Flugzeugunfälle oder das Fliegen von Flugzeugen nachahmen). — Dr. Schützenberger bekam nicht die faire Chance, seine Thesen ohne — wie man es nennen könnte — Belästigung durch ständige Zwischenrufe vorzutragen. Es stimmt heute nicht mehr, daß es keine Beweise zur Widerlegung des naturwissenschaftlichen Materialismus, der entweder von der Zufalls- oder der Prädestinationshypothese der Lebensentstehung ausgeht, gibt. Das Beweismaterial ist vorhanden, um ihn gründlich in die Flucht zu schlagen. Wer das jedoch versucht, wird wissenschaftlich, und zwar wirkungsvoll, für seine Mühe „gelyncht". Nicht so sehr, weil die Beweise fehlen, sondern die Bereitschaft, sich den klaren Beweisen zu beugen, und das macht vieles zu Unsinn, was in der Welt des materialistischen Neodarwinismus als Wissenschaft ausgegeben wird.

Der Ursprung von Beschränkung

Eine Angelegenheit von fundamentaler theoretischer Bedeutung, die — soweit ich weiß — Kenyon und seine Kollegen jedoch nie erwähnen, ist die des genauen Ursprungs der codierten Beschränkung, welche ihrer Ansicht nach den Biomonomeren anhaftet.

Im Prinzip ist es natürlich unwichtig, ob die zur Lenkung des Labyrinthdurchlaufens verwendete codierte Beschränkung endogener Herkunft, also den Biomonomeren innewohnend, oder ob sie exogenen Ursprungs ist. Solange die Labyrinthmäuse oder die Biomonomere ihre codierten Informationen erhalten, spielt es keine Rolle, ob ihre Quelle endogener oder exogener Natur ist.

Eins jedoch ist bei dieser Angelegenheit von immenser Wichtigkeit: Woher kam der exo- oder endogene Code in erster Linie? Die meisten naturwissenschaftlichen Materialisten scheinen anzunehmen — falls sie sich überhaupt darum kümmern —, daß auch die Quelle der codierten Informationen ebenso wie jeder andere Aspekt ihrer Theorien ein Produkt des Zufalls darstellt. Der Zufall soll allmählich Ordnung hervorgebracht haben. Wie wir aber bereits sahen, ist eine solche Erklärung keine Erklärung, weil Zufall (oder „Rauschen" in der Informationstheorie) der Erzfeind von allen Codesystemen ist.

Deshalb bedeutet die Kenyonsche Haltung zu all diesen Problemen nur, sie vom Tisch zu wischen. Er sagt tatsächlich, daß der „darwinistische" *Zufall* der Natur aus theoretischen Gründen nicht für die Ordnung des Lebens verantwortlich gemacht werden kann. Er verlegt das Problem deshalb eine Stufe weiter zurück und meint, daß die *Ordnung* des Lebens von einer Ordnung stammt, welche den Biomonomeren anhaftet („biochemische Prädestination"). Aus welchen Quellen aber bezogen die Biomonomere ihre Ordnung, wenn sie nur den Zufall der Natur zur Verfügung hatten? *Wenn die Ordnung des Lebens nicht aus Zufall entstehen konnte, so konnte auch die Codeordnung eines Biomonomers nicht spontan durch Zufall entstehen. Wenn die Makromoleküle des Lebens ihre Ordnung nicht spontan aus dem Chaos erlangen konnten, wie war es dann möglich, daß die Biomonomere – oder die Atome – ihre Ordnung zum Codieren der Lebenssynthesen spontan aus der gleichen Quelle, nämlich dem Chaos, bezogen?* Das erinnert an Admiral Nelsons Haltung zu seinem Befehlshaber. Dieser hatte ihm einen unmißverständlichen Rückzugsbefehl geschickt. Hierauf setzte der werte Nelson sein Teleskop an sein blindes Auge und sagte hinterher wahrheitsgetreu, er habe die Botschaft nie gesehen.

Kenyon und andere mit ihm geraten aus einem sehr einfachen Grunde in all diese theoretischen Schwierigkeiten. Sie wollen die Notwendigkeit irgendeines äußeren gestaltenden Einflusses auf die Materie, soweit es das Erscheinen des Lebenscodes und seiner Erhaltung betrifft, nicht zugestehen. Sie wissen, daß der Zufall diesen Zweck nicht erfüllt, obwohl sich viele Neodarwinisten noch immer an dieses sinkende Schiff klammern. *Um also die Notwendigkeit einer Beeinflussung der Materie von außen her zu umgehen, die eine sofortige Verweisung an das Übernatürliche bedeuten würde, schlagen sie eine Berufung auf interne, eingepflanzte, materielle Quellen jener lenkenden Kraft vor, welche sie benötigen.* Welche anderen Möglichkeiten stehen dem naturwissenschaftlichen Materialisten noch offen? Wenn man keine Lenkung von außen her zuläßt (dies könnte mit dem Göttlichen zu tun haben und muß deshalb sofort zurückgewiesen werden), dann muß man *nach innen* sehen. Die äußere Lenkung war solange in Ordnung, wie sie als „Zufall" bekannt war. Da der Zufall aber nun gründlich abgeschossen ist, müssen sie sich woanders umsehen. Der einzige Ort, der dafür noch übrigbleibt, ist das Innere der Materie. Die Tatsache wird jetzt jedoch immer offenkundiger, daß es genauso hoffnungslos ist, die inneren Eigenschaften der Materie in Betracht zu ziehen, wie sich auf den äußeren „Zufall" zur Erklärung der Lebensordnung zu berufen. Was war denn die Quelle der angeblichen „inneren" Ordnung?

Bei all diesen Überlegungen ist es wichtig, sich ständig zu vergegenwärtigen, daß die Materie auf irgendeine Art und Weise ausgerichtet worden ist, um so Leben hervorzubringen. Wenn die *Natur so, wie wir sie kennen,* in unserem Syntheselabyrinth das Problem der Lenkung hätte übernehmen dürfen, dann würde sie sicherlich die Richtung nach „unten", auf Zufall und Willkür hin, bewirkt haben. Bei unserem Beispiel vom Syntheselabyrinth beinhaltet die Lenkung nach „oben" die Richtung auf die Bildung des Lebens am Ausgang des Labyrinths, aber geringere Gestaltung und vermehrte Entropie liegen am Eingang des Systems. *Dies bedeutet, daß die Richtung, in die die Natur unser Synthesesystem spontan bringen wird, sich nach „unten", in Richtung auf Willkür und Unordnung hin bewegt.*

Der Ausgang ist nämlich der Bereich höherer Lebenskomplexität gegenüber dem Eingang, durch den die einfachen Bausteine des Lebens eintreten, um dann zu der Komplexität des Lebens zusammengefügt zu werden.

Kurz zusammengefaßt: Wenn man die Natur sich selbst überläßt, dann tendiert sie dahin, nur die Ausgangsmaterialien, die Biomonomere des Lebens, die einfachsten Bausteine, zu erzeugen. Wenn man die Natur sich selbst überläßt, wird sie Tod, nicht Leben, erzeugen und eher die grundsätzliche Auflösung der zusammengesetzten Lebensmoleküle als den Aufbau des Lebens. Daß die gesamte Natur sich schließlich in diese Richtung bewegt — mehr auf den Tod hin als zum Leben —, wird sicherlich keiner bestreiten.

Weitere Aspekte der Kenyonschen Biomonomerbeschränkung

Kenyon glaubt, daß einige innere Fähigkeiten der Biomonomere ausreichen, um sie zu vollblütigem Leben zu führen. In seinen Augen sind die Eigenschaften, die eine einfache Peptidbindung besitzt, die gleichen Eigenschaften, welche die gleichen Peptidbindungen in den größten Proteinmakromolekülen besitzen.

D. h., wenn ein Biomonomer X eine Sequenz, einen Code oder sonstige Eigenschaften besitzt, die wir mit a, b und c bezeichnen wollen, dann bleiben dieselben Eigenschaften a, b und c mit derselben Bindung durch die Polymerisationsvorgänge zum Leben hin bestehen. Tatsächlich liefern a, b und c die zur Gesamtsynthese notwendige Lenkung.

Vielleicht können wir diese Vorstellung am besten mit Hilfe eines weiteren Bildes verstehen. Nehmen wir einmal an, wir hätten ein Alphabet von ungefähr sechsundzwanzig Buchstaben zum Experimentieren zur Verfügung. Unser Alphabet ist – chemisch gesehen – von ziemlich spezieller Art: Jeder Buchstabe kann sich mit einem oder zwei weiteren Buchstaben verbinden, vorausgesetzt, daß Energie zur Aktivierung der „Wertigkeits"-bindungen der Buchstaben zugeführt wird. Die Reihenfolgen, in denen sich die Buchstabenkombinationen ereignen, werden im großen und ganzen von der Zufallsverteilung der Buchstaben bestimmt. Wenn ein Buchstabe mit einem anderen zusammenstößt, kann es zu einer Verbindung kommen. Daher wird die Konzentration der Buchstaben eine Rolle bei der Entscheidung darüber spielen, welche Buchstabensequenzen bei der Kombination auftreten. Schließlich sollen jene Buchstabensequenzen, denen Codebedeutungen entsprechen (d. h. Wörter wie „nun", „nur" oder „nie"), in ihrer Entstehung geringfügig bevorteilt sein und deshalb häufiger auftauchen.

Die Zufallskombination solcher Alphabetbuchstaben wird viele bedeutungsvolle Codesequenzen hervorbringen, wie z. B. „u-n-d", „T-a-t", „R-a-t", „n-a-ß" und „F-a-ß". Bei Kombination von vier Buchstaben kann man sogar noch komplexere Buchstabensequenzen bekommen, wie „L-o-h-n", „L-a-u-b", „w-e-i-l" und „h-e-i-l". Alle diese Sequenzarten werden unter unsinnigen wie „m-r-t-h" und „u-i-t-h" vorkommen, jedoch werden die sinnvollen, wie oben dargelegt, bevorzugt. Es können natürlich auch Kombinationen mit mehr oder weniger Buchstaben erfolgen.

Diese Analogie macht klar, daß sinnvolle Codes einfacher Art auf der Basis des Zufalls entstehen *können*. Es müßte aber schon ein sehr mutiger Mann sein, der es wagen würde, in diese Beobachtung die Erzeugung eines Codes einzubeziehen, der aus Sequenzen des gleichen Alphabets von sechsundzwanzig Buchstaben besteht und als Greys *Elegy* oder Shakespeares *Hamlet* bekannt ist. Die „u-n-d" und „a-b-e-r" sind mit den einfachen Peptiden zu vergleichen, die – wie Kenyon beschreibt – aus Zufallskombinationen aufgrund des Beziehungen-mit-dem-nächsten-Nachbarn-Prinzips entstehen. Greys *Elegy* und Shakespeares *Hamlet* sind mit ihren Sequenzen den Proteinen, Enzymen, DNS- und RNS-Molekülen analog — und der naturwissenschaftliche Materialist ist der mutige Mann!

Die Buchstaben des Alphabets besitzen wie die Biomonomere innere Eigenschaften, die zu bestimmten bevorzugten Sequenzen führen, welche einfache Codes darstellen können. Aber Biomonomere können nicht komplexe Makromoleküle entstehen lassen, ebenso wie Buchstaben aus sich selbst nicht ein sinnvolles Gedicht oder ein Drama hervorbringen können. Sie besitzen nicht das notwendige Gesamtziel oder die notwendige Gesamtrichtung.

Was aber liefert denn nun die Zielrichtung zum Leben und seine mit einer spezifischen Aminosäuresequenz versehenen Makromoleküle? Wir glauben, daß man die Antwort auf diese Frage schon viele Jahre lang gekannt, sie bis zum heutigen Tage jedoch nicht bewußt auf dieses Problem angewendet hat.

Ein Lösungsvorschlag zum Problem der Synthesebeschränkung und -lenkung.

Nach unserer Überzeugung hat man die Lösung auf die Frage nach dem Ursprung von Beschränkung und Lenkung beim Durchlaufen des Syntheselabyrinths des Lebens schon lange gekannt, sie aber zurückgewiesen, um mit dem Dogma des naturwissenschaftlichen Materialismus konform zu gehen. Wir wollen das Beweismaterial für unsere Auffassung kurz betrachten.

Wir gehen dabei von irgendeinem vernünftigen Arbeitsplan für eine komplexe, vielstufige, organische oder biochemische Synthesereaktion aus. (Ein Arbeitsplan [englisch = flowsheet] ist ein Schema, das die verschiedenen Reaktionsstufen und Versuchsbedingungen, unter denen die Synthese erfolgreich durchgeführt werden kann, symbolisch darlegt.) Jedes vom Start bis zum Ziel nötige Detail ist dabei angegeben, so daß der Plan von jedem, der im Umgang mit Synthesereaktionen erfahren ist, verwirklicht werden kann. Als Beispiel wollen wir einen hypothetischen Plan zur Synthese von Ascorbinsäure (Vitamin C) aus ihren Grundbausteinen betrachten.

Wie nimmt ein wissenschaftliches Arbeitsverfahren heute das Problem in Angriff, dieses wohlbekannte Syntheselabyrinth zu durchlaufen? Die Prinzipien sind ganz einfach – zumindest, wenn man die Methode aus der Erfahrung kennt. Auf jeder Stufe der einzelnen Reaktionen der Kette, die zum gewünschten Zielpunkt führt, reguliert der Chemiker die physikalischen und chemischen Versuchsbedingungen so, daß er „Straßensperren" errichtet, welche den Weg zu unerwünschten Reaktionsprodukten versperren, und Reaktionswege „verbreitert", die in die von ihm gewünschte Richtung führen. Mit dieser sorgfältig aufgebauten Technik, die das Ergebnis eines vollständig im voraus entworfenen Planes ist, bringt er die an der Reaktion beteiligten Partner dazu, sich im Syntheselabyrinth nach „links" zu drehen und „rechte" Wendungen zu unterlassen. Während wir dies im Auge behalten, ist es wichtig, die Tatsache zu betonen, daß die eigentlichen Eigenschaften, welche die Reaktionspartner zur Reaktion bringen — oder sie daran hindern —, in ihnen selbst zu finden sind. In der gleichen Weise besaßen die Buchstaben unseres Alphabets die innere Eigenschaft, sich einzeln, zu zweit oder zu dritt zusammenzuschließen. Wichtig aber ist folgendes: Die inneren Eigenschaften der chemischen Stoffe, die miteinander reagieren, um das Vitamin C aufzubauen, bedürfen des *Anstoßes in die richtige Richtung durch Herstellen von „Straßensperren" und „Straßenverbreiterungen"*, die durch Manipulationen der Reaktionsbedingungen gemäß den Erfordernissen des Chemikers zustande kommen. *Auf analoge Weise besitzen die Buchstaben unseres Alphabets die innere Fähigkeit, sich einzeln oder zu zweit miteinander zu verbinden, und sie können diese Fähigkeit selbständig und autonom dazu verwenden, die „und" und „aber" aufzubauen. Sie brauchen jedoch einen kontrollierenden Schreiber, um sie in die komplexeren Sequenzen bedeutungsvoller Literatur hineinzubringen.*

Auch auf das Risiko einer Wiederholung hin sollte man sich noch einmal vergegenwärtigen, daß es wenig Sinn hätte, alle die zur Vitamin-C-Synthese notwendigen Reagenzien in das Reaktionsgefäß zu werfen und sie zu erhitzen oder wahllos abzukühlen, um den energetischen Erfordernissen Rechnung zu tragen. Die „Suppeneimer"-Methode liefert bei Synthesevorgängen nur minimale Mengen an chemischen Produkten. *Jede Stufe muß individuell überwacht werden, so daß die den Synthesebausteinen innewohnenden Eigenschaften am besten zur Erreichung des gewünschten Zieles ausgenützt werden.* Die inneren Eigenschaften der Bausteine müssen ausgenützt werden, und sie sind bei jeder Synthese von entscheidender Bedeutung. Ihre Fähigkeit jedoch, sich autonom hin zu den komplexen Makromolekülen, die als Grundlage des Lebens dienen, zu entwickeln, ist eindeutig begrenzt. Damit sie dieses Ziel erreichen, bedürfen die Bausteine einer „Informationsinjektion" über das besondere Labyrinth, das zu durchlaufen ist. Zu diesem Zweck kann man entweder einen die Reaktion überwachenden Chemiker oder einen geeigneten Katalysator heranziehen. Der Katalysator stellt nur eine Art „Informationskonserve" dar und erfüllt damit den gleichen Zweck wie die „live"-Informationen, welche der kontrollierende Wissenschaftler liefert.

Es gibt natürlich Fälle, in denen die inneren Fähigkeiten der Bausteine ausreichen, um sie zu einem simplen spezifischen Endprodukt zu führen. Einen dieser offenkundigen Fälle haben wir schon erwähnt. Wenn Methan, Wasserdampf und Ammoniak in Anwesenheit bestimmter Formen freier Energie (elektrische Entladungen, Elektronenstrahlen etc.) miteinander zur Reaktion gebracht werden, dann ist in ihre Strukturen genügend Lenkung eingebaut, um sie zum Ausgang der Aminosäure gelangen zu lassen. Viele andere einfache – oder weniger einfache – Zielpunkte sind aufgrund der gleichen Methode in anderen Syntheselabyrinthen zu erreichen. Das ändert jedoch nichts an folgender Tatsache: *Da die Entropie bis zum Labyrinthausgang, der als Leben bekannt ist, immer mehr reduziert wird, wird es immer klarer, daß die Proteine selbst das zum Erreichen des Ausgangs erforderliche Programm und die notwendige Richtung nicht enthalten.* Eine von außen eingreifende Lenkung dieser inneren Fähigkeiten ist nötig, um den Ausgang zu erreichen.

Wir müssen deshalb einige Augenblicke bei Methoden verweilen, mit denen Informationen in solche Syntheseprozesse hineininjiziert werden können.

„Konservierte" Informationen

Wir haben uns bereits kurz mit den Verfahrensweisen beschäftigt, mit deren Hilfe der die Reaktion leitende Wissenschaftler seine Reaktionspartner jene Labyrinthwege entlangführen kann, die er ausgewählt hat. Er verändert die Konzentration, die Temperatur, den pH-Wert, bestrahlt mit Licht oder anderen Energiequellen oder setzt dem Reaktionssystem einen spezifischen Katalysator zu. In den Forschungslabors wird dies auf mannigfaltiger und natürlich völlig individueller Grundlage gehandhabt.

Der Wissenschaftler sitzt – und in vielen Fällen brütet er – über seiner Synthese!

Aber bei den heute im großen Stil von den chemischen Werken ausgeführten Synthesen finden wir keine Wissenschaftler, die über Tausenden von Tonnen von Reagenzien brüten. Die Synthesepläne sind alle in kleinem Maßstabe ausgearbeitet worden; dann wird die in kleinem Maßstab notwendige Information für großangelegte Operationen umgerechnet und in Computern oder anderen Maschinen gespeichert, so daß sie immer wieder mit geringstem menschlichen Zutun angewendet werden kann. Die Maschinen und Computer werden so programmiert, daß sie auf jeder Reaktionsstufe die Bedingungen automatisch abändern. In diesen Fällen werden Lenkung und Informationen von außen her in „konservierter" Form geliefert. Als man die Reaktion die ersten Male noch als Forschungsaufgabe ausführte, bedurfte es der direkten Einwirkung durch die menschliche Intelligenz. Später wird dieses direkte Eingreifen überflüssig, denn die „Intelligenz" kann „konserviert" und erfolgreich dazu verwendet werden, die Reaktionspartner durch das Syntheselabyrinth zu geleiten. Ob nun die Reaktion direkt durch die Intelligenz des Wissenschaftlers programmiert wird oder ob die vorgeplante Intelligenz die Führung übernimmt, so ist doch in beiden Fällen der Mechanismus der Führung ganz genau der gleiche: Reaktionsbedingungen werden verändert, „Straßensperren" errichtet und Reaktionswege „verbreitert".

Sogar sehr viel einfachere Syntheselabyrinthe als die Synthese der Ascorbinsäure benötigen zum erfolgreichen Durchlaufen Informationen („live" oder „konserviert"). *Die inneren Fähigkeiten der Reaktionspartner allein reichen nicht aus, um den gewünschten Ausgangspunkt zu erreichen. Wie sollten wir uns dann vorstellen, daß das unendlich viel komplexere Syntheselabyrinth des Lebens mit weniger Informationen erfolgreich durchlaufen werden könnte, als sie zur einfachen Ascorbinsäuresynthese nötig sind?*

Im allgemeinen ermahnen die naturwissenschaftlichen Materialisten die Supranaturalisten, die physikalischen und chemischen Gesetze zu respektieren, welche das Verhalten der Materie bestimmen. Sie haben damit vollkommen recht. Aber nun ist das Gegenteil wahr: Die Supramaterialisten müssen ihre wissenschaftlichen, materialistischen Kollegen ermahnen, bei der Formulierung ihrer Hypothesen und beim Ausbau ihrer Theorien die

die Natur beherrschenden Gesetze nicht aus den Augen zu verlieren. Die Wissenschaftler wissen heute sehr wohl, daß sie äußere Beschränkungen anwenden und Informationen zuführen müssen, um die Eigenschaften der Materie zu lenken, wenn ein bestimmtes Syntheseziel erreicht werden soll. Die Wissenschaft hat in der Tat Intelligenz und verstandesmäßige Anstrengungen in einem enormen Umfang in Reaktionssysteme hineininjiziert und dabei gehofft, am Zielpunkt des Labyrinths einen lebenden Organismus herausziehen zu können. *In seiner Theorie über den Ursprung des Lebens leugnet der naturwissenschaftliche Materialist dieses Prinzip jedoch. D. h., der naturwissenschaftliche Materialist praktiziert das eine – das Prinzip der Lenkung und Informationszufuhr von außen – und predigt etwas anderes, wenn es um übernatürliche und religiöse Belange geht. Er praktiziert die äußere Einmischung in materielle Dinge, um im Laboratorium Leben zu erzeugen, leugnet aber die äußere Einmischung bei der Abiogenese. Mit anderen Worten: Das ganze Problem kann man auf eine mangelnde Bereitschaft zurückführen, bei der Abiogenese ein äußeres Eingreifen anzuerkennen, sogar dann, wenn alle wissenschaftlichen Beweise diese Anerkennung fordern.*

Bevor wir diesen Abschnitt beenden, ist vielleicht eine weitere Illustration von Interesse. Sie hat mit unserem Aufenthalt in der Türkei zu tun und mag deshalb sowohl auf kulturellem als auch wissenschaftlichem Gebiet anwendbar sein.

Ein Beispiel aus dem Nahen Osten

Kürzlich wurden meine Frau und ich zu einem Konzert eingeladen, das eine Gruppe von jungen, an der Entwicklung klassischer Musik interessierten Türken in Ankara in der Türkei gab. Jeder, der mit türkischer Volksmusik und überhaupt mit orientalischer Musik vertraut ist, kann sich vorstellen, wie verschiedenartig die klassischen Vorstellungen von Musik in Ost und West sind.

Unsere Gruppe von Türken gab eine meisterhafte und herrliche Interpretation von Werken von Händel und J. S. Bach. Ihre Darbietung war auf den Streichinstrumenten ebenso gut wie auf dem Cembalo. Es wurde sehr schnell offenkundig, daß jeder dieser jungen Türken allein zu einer Solodarbietung seines besonderen Teiles der Orchesterpartitur vollkommen in der Lage gewesen wäre. Man könnte in der Tat sagen, daß jeder einzelne unserer jungen Musiker mit seinem Instrument alle die „inneren Fähigkeiten" besaß, um „autonom" und kunstgerecht all die erforderlichen musikalischen Reaktionen auszuführen.

Musiker plus Instrumente plus Partitur liefern jedoch nicht notwendigerweise ein vollendetes Orchester! Ein anderer Faktor ist entscheidend. Die musikalische „Reaktion", die in den Köpfen und Händen jedes Musikers ihren Ursprung hat, muß von einem kompetenten Dirigenten überwacht werden, welcher die ganze Partitur versteht und alle Teile in ein einheitliches Stück Orchestermusik integrieren kann. Ebenso sind viele einzelne chemische Reaktionen des lebenden Stoffwechsels wohlbekannt, und sie folgen gewöhnlichen chemischen Gesetzen. Aber es kommt darauf an, die vielen einzelnen chemischen Reaktionen der Zelle in diese eine, integrierte Gesamtheit des Stoffwechsels von Zelle und Organismus einzugliedern, und das erfordert sehr viel größere Kenntnisse. Die Lenkung der diesen jungen Türken innewohnenden Fähigkeiten war in kundigen Händen. Ohne den Dirigenten würde man bei dieser Art der integrierten Interpretation dessen, was der Komponist beabsichtigte, weniger geleistet haben. Es ist für jeden Musiker schwer, sich auf das Spielen seines eigenen Instrumentes zu konzentrieren, während er sich zur gleichen Zeit auch auf die Partituren all der anderen Musiker konzentriert und sie aufeinander abstimmt.

Wie Kenyon selbst einmal zugab, wissen wir nicht und können es uns nicht vorstellen (d. h. auf der Grundlage des naturwissenschaftlichen Materialismus allein), was auch immer die einzelnen Moleküle und Gruppen der Reaktionssysteme zusammenkommen ließ, um so als eine einzige, Stoffwechselprozesse durchführende Gruppe oder als ein einheitlicher, derartiger Organismus zu funktionieren („Orchester"). Wenn wir uns ein Supersyntheselabyrinth vorstellen, das nicht nur einen, sondern Tausende von getrennten Labyrinthgängen enthält, die alle ineinander verflochten sind und miteinander zusammenhängen und alle zu einem Ganzen führen, das man einen vollständigen, Stoffwechselprozesse durchführenden Organismus nennt, dann haben wir eine schwache Vorstellung von dem Grad der „Instrumentation", welcher zur Schaffung und Erhaltung des Lebens nötig ist. Die Komplexität der „Instrumentation" des menschlichen Stoffwechsels ist so unvorstellbar hoch entwickelt, daß sie dem menschlichen Verstand beinahe unendlich komplex erscheint. Die genetischen Codesysteme, die man bis heute entschlüsselt hat, können das bezeugen.

Was auch immer die zur Instrumentation notwendigen Informationen liefert, zum Funktionieren braucht der biologische Stoffwechsel eine allgemeine Übersicht über die gesamte metabolisierende Einheit. Es ist einfach unrealistisch, dieses Problem mit dem bloßen Zufall abtun zu wollen. Die Behauptung, ein solches System könnte sich entwickeln, wenn ein paar Jahrbillionen zu der zu lösenden Gleichung hinzugezählt werden, ist genauso unrealistisch, denn in einem System mit solch reduziertem Entropiestatus würden die Zerfallsreaktionen die Synthesereaktionen schon lange eingeholt und ein Gleichgewicht herbeigeführt haben, wie Blum so klar darlegt. Wenn man glaubt, daß der für eine solch wunderbare Stoffwechselmaschinerie notwendige Code einem einfachen Aminosäuremolekül anhaftet, so ist das beinahe ebenso gut (oder schlecht?), als ob man an Wunder glaubt! Bei den Genen nämlich können wir zumindest die Codes erforschen und die komplexen Sequenzen auflösen.

Das heißt: Der Grundmechanismus für ein adäquates Codierungssystem ist bei den Genen materiell vorhanden und kann erforscht werden. Es scheint jedoch nicht die geringste Chance dafür zu bestehen, daß ein solcher adäquater Codierungsmechanismus bei einfachen Aminosäuren gegeben ist, um die phantastische Ordnung und Instrumentation des lebenden Stoffwechsels zu bewältigen.

Wir wollen realistisch sein. Um den lebenden Stoffwechsel zu koordinieren („orchestrieren"), bedarf es einer ungeheuren Codierungsordnung, und wir müssen nach dem stofflichen Sitz dieses Codes Ausschau halten, wenn wir den stofflichen Metabolismus verstehen wollen. Bei dem gegenwärtigen Stande unseres Wissens, besonders auf dem Gebiete der Informationstheorie, wagen wir es nicht, die Frage nach dem Sitz von Code und Informationen mit einem Achselzucken abzutun, indem wir etwas von der den Biomonomeren innewohnenden Ordnung, von Zufall und Jahrbillionen murmeln. Wo es um Ordnung und Code geht, da muß es auch einen Platz dafür geben. Die Gene bieten einen solchen an, nicht so jedoch die Biomonomere.

Damit kommen wir zu dem letzten Problem, das wir in der ersten Hälfte dieses Buches betrachten müssen. *Wo können wir einen umfassenden Lieferanten der codierten Informationen finden, um die vielfältigen Aspekte der Abiogenese und des biologischen Metabolismus zu orchestrieren? Die Entwicklung eines höchst komplexen Codierungssystems ist im lebenden Stoffwech-*

sel klar zu erkennen. Wo aber ist der Ursprung des Kontrollcodes zu suchen?

Das eigentliche Problem

Obwohl viele Naturwissenschaftler die Notwendigkeit von Informationsquellen, Codierung und Reaktionsbeschränkung in den Theorien zur Entstehung und Aufrechterhaltung des Lebens anerkennen, ist es doch natürlich so, *daß nur wenige den Bankrott des naturwissenschaftlichen Materialismus bei der Behandlung dieser Probleme zugeben. Im Gegenteil: Man predigt ununterbrochen, daß der naturwissenschaftliche Materialismus die meisten Lebensprobleme gelöst habe, ohne sich auf die Existenz eines Gottes berufen zu müssen. Deswegen, so lautet die Propagandalinie in den meisten Universitätshörsälen, bedeutet der Glaube an die Notwendigkeit göttlicher Willensäußerung bei der Lösung der Probleme in lächerlicher Weise rückständig oder faktisch ungeeignet zu sein, auf Universitätsniveau zu lehren.*

Obwohl wir die Existenz Gottes nicht bewiesen haben, haben wir doch gezeigt, daß die materialistische Sicht keinen besseren Weg zur Erklärung der Lebenscodierung kennt. Wer an das Göttliche glaubt, bietet in der Tat eine Lösung an, wenn es auch eine Lösung ist, die der Materialist verabscheut. Wie wir im zweiten Teil sehen werden, entspricht diese Lösung genau den experimentellen Ergebnissen, die man auf diesem Gebiet in den letzten Jahren im Laboratorium gewonnen hat.

Um noch einen Schritt weiter zu gehen: Die naturwissenschaftlichen Materialisten riskieren den Zusammenstoß mit den bekannten Gesetzen der Thermodynamik, wenn sie hartnäckig bei ihrer Abneigung gegen die Lösung bleiben, welche der Supranaturalist ihnen anbietet. Die Ironie der Situation besteht darin, daß die intensive Beschäftigung mit der Materie uns heute zu einer Position gebracht hat, in der wir irgendeine Art von Realität und Lenkung außerhalb der Materie (oder sie durchdringend und erfüllend) annehmen müssen. Warum diese Lage der Dinge nicht anerkennen? Die Antwort lautet natürlich, daß dies bedeuten würde, die Uhr rückwärts zu stellen, denn der Glaube an göttliche Lenkung ist angeblich nicht mehr zeitgemäß. Die Fakten in der Natur zwingen uns, an Lenkung außerhalb der Materie zu glauben, und wir sind deshalb zu der Schlußfolgerung genötigt, daß sich der naturwissenschaftliche Materialismus seit über 'hundert Jahren auf dem verkehrten Wege befindet. Nun müssen wir auf die richtige Spur zurückfinden. In diesem Sinne ist das Zurückstellen der Uhr das einzig Vernünftige, was wir tun können, denn es bedeutet das gleiche, wie auf die richtige (wenn auch alte) Fährte zurückzugelangen.

Warum die Wissenschaftler nicht bereit sein sollten, eine exogene Intelligenz als verantwortlich für die beobachteten Fakten in der Natur zu postulieren, ist heute weniger verständlich, als es noch vor zwanzig Jahren war, wenn man die Fortschritte auf dem Gebiete der Informationstheorie und der Codierungsmechanismen berücksichtigt. Wir müssen uns also fragen, warum es in naturwissenschaftlichen Kreisen diese grundsätzliche Ablehnung des Postulats exogener Lenkung und Codierung gibt, wenn es um die Erklärung der Lenkung und Codierung des Lebendigen geht, während andererseits fast jede andere Form der Spekulation erlaubt ist? Vielleicht ist es die Annahme einer *Intelligenz, welche unabhängig von unserer und vielleicht unendlich viel höher als sie ist,* die so unangenehm zu sein scheint.

Unsere Großväter werden wegen ihres naiven Glaubens an einen „alten Mann im Himmel" ausgelacht, der alles, einschließlich der Menschheit, aufgebaut haben sollte. Das war die Form exogener, extraterrestrischer Intelligenz, an die sie angeblich glaubten. In jenen Tagen war Intelligenz jedoch unlösbar mit dem menschlichen – oder übermenschlichen – Wesen verbunden und deshalb mit menschlichem Gehirn, Blut, Proteinen und in jüngerer Zeit auch mit den Genen und der DNS. Als man Funktion und Bedeutung der menschlichen Physiologie und Anatomie aufklärte, wurde es ziemlich lächerlich, an eine Intelligenz zu glauben, die hoch im Weltraum, wo es keine Luft für den Stoffwechsel, keine Nahrung zu essen und keine Abfallbeseitigungssysteme gibt, mit dieser Art von Physiologie verknüpft ist. Es war ganz offensichtlich „unwissenschaftlich", an eine Intelligenz zu glauben, die mit der menschlichen Physiologie unlösbar verbunden ist, und jeder, der naiv genug war, den Aufbau des materiellen Universums und des Lebens der gütigen und väterlichen Gottheit mit dem weißen Bart zuzuschreiben, war die Zielscheibe wissenschaftlichen Spottes. Wenn man jedoch an eine exogene Intelligenz dachte, dann war es schwierig, diese gedankliche Sackgasse zu vermeiden, *denn vor fünfzig Jahren mußte Intelligenz immer mit menschlicher oder biologischer Physiologie verknüpft sein.*

Vielleicht war es diese Art von Überlegungen, die den modernen

Naturwissenschaftler zu der Entscheidung brachte, unter allen Umständen ohne das Postulat irgendeiner Intelligenz außerhalb unserer eigenen auszukommen. Während die Wissenschaftler jedoch den Begriff des Göttlichen aus den Forschungslabors verbannten, übersahen sie den trügerischen wissenschaftlichen Grund, auf dem sie sich jetzt bewegten. *Die Frage nämlich nach dem letzten Ursprung der Ordnung und der Codes, die hinter dem Leben und hinter der Materie stehen, das Problem der verschlüsselten Ordnung der Lebensbausteine, die sie durch das Syntheselabyrinth des Lebens geleitet, wie auch die Frage nach der „Orchestrierung" der Vielzahl an Stoffwechselprozessen können nicht gelöst werden, wenn man die Vorstellung von einer Quelle der Ordnung, der Codesequenzen, das heißt der Intelligenz, verbannt. Es bleibt die unumstößliche Tatsache, daß jedes „Programmieren" seinen Ursprung irgendwo in Intelligenz haben muß.*

Deswegen werden wir unsere Vorurteile der letzten hundert Jahre beiseite schieben müssen und die Frage nach einer exogenen Intelligenz, die für den Ursprungscode des Lebens und die Operationen zum Durchlaufen des Syntheselabyrinths verantwortlich ist, erneut durchdenken müssen. Wie es sich heute in der Tat verhält, würde man erwarten, daß wir imstande sind, diese Intelligenz ungefähr zu charakterisieren. Sie muß in ihrer Wirkungsweise mathematisch sein. (Zumindest können wir dies annehmen, denn ihre Produkte lassen eine mathematische Behandlung zu.) Das gleiche gilt für die Begriffe ‚chemisch', ‚physikalisch' und ‚psychologisch', denn alle diese Eigenschaften sind in der Ordnung enthalten, die wir in der Natur beobachten, und müssen deshalb auch in ihrer Quelle verborgen gewesen sein.

Heute forscht man intensiv auf dem Gebiet des künstlichen Bewußtseins, und man sieht all diese Probleme in einem neuen Licht. Heute ist es möglich, Forschungsvorhaben über künstliche Intelligenz und künstliches Bewußtsein mit viel mehr Leichtigkeit und besseren Kontrollmöglichkeiten als noch vor zwanzig Jahren durchzuführen. Heute wissen wir, daß künstliche Intelligenz auf Transistoren und thermionischen Röhren beruhen kann. Intelligenz ist nicht länger an Hämoglobin und Gehirnzellen gebunden. Das bedeutet, daß die Vorstellung einer exogenen Intelligenz, die für die Ordnung in uns und um uns herum verantwortlich ist, nicht länger mit der Vorstellung einer physiologischen Gottheit im Himmel verbunden ist, die in naturwissenschaftlichen Kreisen ein so großes Hindernis für die Beschäftigung mit dem Göttlichen darstellte. Heute ist klar, daß Intelligenz auf rein elektrischen Systemen beruhen kann und zu ihrem Funktionieren nicht der Hilfe der Biologie bedarf. Wir werden die verschiedenen Arten von synthetischer Intelligenz, die es heute gibt, zusammen mit der Bedeutung der Experimente betrachten, bei denen sie verwendet wurden. Ebenso müssen wir die Natur des Bewußtseins selbst untersuchen, ein Unterfangen, das etwas schwieriger durchzuführen ist als die Behandlung des Problemes der Intelligenz allein.

Teil II beschäftigt sich mit einigen elementaren Fakten auf dem Gebiet der künstlichen Intelligenz und des künstlichen Bewußtseins. Die dabei gesammelten Daten werden dann für eine zusammenfassende Darstellung von Ursprung, Erhaltung und Bedeutung des Lebens verwendet werden.

1 Dean H. Kenyon und Gary Steinman, *Biochemical Predestination*, p. 269.
2 Ibid., p. 268.
3 Ibid., p. 263.
4 Ibid., p. 265.
5 In P. S. Moorhead und M. M. Kaplan, Hrsg., *Mathematical Challenges to the Neo-Darwinian Interpretation of Evolution*, p. 77.

Beziehungen zwischen Artbildung und Stoffwechselenergie

Das Programmieren der Zelle: Energetische Erwägungen

Die Gesetze der Thermodynamik stellen heute keine Schwierigkeiten bei der Erklärung der ontogenetischen Evolution dar. Es gibt von der Thermodynamik her keine Einwände bei der Erklärung der gewaltigen Entropieabnahme, die während der Entwicklung einer Zygote (befruchtetes Ei) zum ausgewachsenen, adulten Organismus auftritt. Thermodynamisch gesehen, kann man diese Ordnungszunahme auf der Basis einer vorhergehenden Programmierung des in der Zygote enthaltenen DNS/RNS/Ribosomen-Systems erklären und mit einer entsprechenden Zufuhr gekoppelter Energie, die aus dem Nahrungsstoffwechsel stammt, um so den als befruchtetes Ei bekannten komplexen Roboter bis hin zum Zustand des Adulten zu bringen.

Mit Hilfe dieser beiden Systeme kann man so den gesamten Prozeß der ontogenetischen Höherentwicklung relativ leicht erklären, auch wenn die Mechanismen, die dabei wirksam sind, äußerst komplexer Art sind. Jede ontogenetische Entwicklung läßt sich nämlich auf ein vorhergehendes Programmieren zurückführen, ebenso wie Natrium- und Chlorionen dazu vorprogrammiert sind, unter geeigneten Bedingungen Kochsalzkristalle zu bilden. Dementsprechend ist die ungeheure Komplexität des menschlichen Gehirns (und anderer Organe) nicht auf der Grundlage einer Zufallsentwicklung zu erklären, soweit es die Ontogenese anbetrifft. Vielmehr muß man sie auf vollendet geordnete Codesysteme zurückführen, welche die gesamte Organentwicklung steuern.

Andererseits sind die Dinge nicht mehr so einfach, wenn es um die Erklärung der phylogenetischen Evolution geht. Die verbreitete neodarwinistische Auffassung besagt, daß diese Entwicklung nicht codiert oder programmiert war, sondern daß Zufall und lange Zeiträume, verbunden mit der natürlichen Selektion, die Quellen dieser Ordnung waren. Die thermodynamische Seite dieser Auffassung ist jedoch viel unklarer, als es bei der ontogenetischen Entwicklung der Fall war, denn die energetischen Beziehungen und die Codierungs- oder Programmierungs-verhältnisse sind in diesem Schema nicht unmittelbar zu erkennen. Die für die ontogenetische Entwicklung gelieferte Energie war genau definiert. Sie kam aus klar umrissenen, gekoppelten Reaktionssystemen, die den Stoffwechselprozeß zusammensetzen. Der Code war derjenige, welchen man in den Genen und Chromosomen beobachten kann. Im Gegensatz zu dieser klaren Position finden wir viel Nebulöses in der Theorie, die den Versuch unternimmt, die Phylogenese zu erklären. Die einzige Codierung, die die Neodarwinisten als Erklärung für die Entwicklung der Arten im Laufe der Stammesgeschichte anbieten, ist die, welche auf Zufallsreaktionen beruht. Die einzige Energie ist Zufallsenergie, die letzten Endes auf die Sonne zurückgeht. Wenn die Sonne nämlich die zur aufwärtsgerichteten Artbildung erforderliche Energie nicht direkt lieferte, dann muß sie auf indirektem Wege aus der Zellenergie im Zuge des Stoffwechsels hergeleitet sein.

Viele Wissenschaftler sehen nur geringe Anzeichen dafür, daß die Zelle ihre eigene Stoffwechselenergie zur phylogenetischen Entwicklung verwenden konnte. Wie wir schon gesehen haben, muß jede wie auch immer geartete Entwicklung, die einen grundsätzlichen Anstieg von Ordnung (oder eine Abnahme der Entropie) erfordert, sowohl energetisch finanziert als auch gründlich programmiert und codiert sein. Das bedeutet, daß die theoretischen Schwierigkeiten erst dann beginnen, wenn man in der Phylogenese eine neue Zellentwicklung ohne die notwendige vorhergehende Codierung zu erklären hat. Wenn einmal ein zelleigenes Programm und Energiezufuhr gegeben sind, dann stellt seine Vervielfältigung zusammen mit dem Stoffwechsel kein Problem mehr dar. Was jedoch in der darwinistischen Evolutionstheorie der Phylogenese oder Bildung der Arten fehlt, ist ein Mittel zur Lieferung *neuer Codierungen* für die zur aufwärtsgerichteten Artbildung erforderliche Entropiereduktion, verbunden mit einer Zufuhr von Energie.

Wir haben das Erscheinen von Codierungen schon einmal behandelt und werden uns später erneut mit diesem Problem beschäftigen. An dieser Stelle haben wir es hauptsächlich mit dem zweiten Teil des Problems zu tun, nämlich mit dem zur Entropiereduktion notwendigen *Energiezulieferung,* denn wir müssen jede Neuerung hinsichtlich der Zellstruktur mit Hilfe von Energie ermöglichen. Sogar das Programmieren selbst, das eine Art der Entropieverminderung darstellt, muß von der energetischen

Seite aus ermöglicht werden, ganz zu schweigen von der Realisierung des Programms beim Wachstum neuer Zellstrukturen und -funktionen. So erfordert das Auftauchen neuer Codierungs- und Programmierungssysteme und die Realisierung dieser Programme eine Finanzierung von der energetischen Seite her, der in der heute allgemein vorherrschenden Form der neodarwinistischen Theorie nur unzulänglich Rechnung getragen wird.

Man kann das Problem verdeutlichen, wenn man sich der Konstruktion von Robotern zuwendet. Heutzutage ist es möglich, einen Roboter zu bauen, der sich in bestimmter, klar umrissener Weise verhält. Bei Zufuhr von Energie steht der Roboter auf, setzt sich, geht vorwärts (etwas unbeholfen zwar), begrüßt einen Neuhinzukommenden und beantwortet vielleicht sogar einfache Fragen. Vielleicht könnte es möglich sein, einen Roboter zu entwickeln, der kleinere Reparaturen an sich selbst ausführen kann. Roboter, die ihre Energiequellen selbst aufsuchen – in bestimmten Abständen angeordnete Steckdosen in der Laboratoriumswand –, sind schon entworfen und konstruiert worden. Solche Maschinen verwandeln ihre „Stoffwechselenergie" in vorprogrammierte Handlungen. Man kann sie mit einer biologischen Zelle vergleichen, die unter geeigneten energetischen Bedingungen ihren Stoffwechsel betreibt.

Die Schwierigkeiten beginnen jedoch dann aufzutauchen, wenn wir einen Schritt weitergehen und uns fragen, ob es möglich sein würde, einen Roboter so zu konstruieren, daß er nicht nur seine vorprogrammierten Tätigkeiten ausführt, sondern auch einen Teil seiner „Stoffwechselenergie" (die er aus den Wandsteckdosen bezieht) dazu verwendet, sich selbst zu einem größeren und besseren Roboter fortzuentwickeln. Könnte man Roboter entwickeln, die sich selbst allmählich vervollständigen, indem sie wenigstens einen Teil der ihnen zur Verfügung stehenden Energie für ihre eigene Höherprogrammierung, Höhercodierung und Höherentwicklung abzweigen würden? Das ist ein unendlich viel komplexeres Problem als das, einen Roboter so zu programmieren, daß er „Guten Morgen" sagt, wenn jemand das Labor betritt. Aber auch dies Problem wird bei Lernmaschinen gelöst.

Prinzipiell gesehen gibt es keine Schwierigkeiten hinsichtlich der Tatsache, daß eine Zelle *programmiert* ist, bis zum Adultstadium heranzuwachsen, indem sie *ihre eigene Stoffwechselenergie zur Entropiereduzierung verwendet.* Zweifel bestehen allerdings an der Annahme, eine Zelle könne etwas von ihrer eigenen Stoffwechselenergie abzweigen, um damit ihre eigene Entropiereduktion zur *Aufwärtsentwicklung oder Artbildung* zu ermöglichen. Eine Zelle kann offensichtlich ihre Stoffwechesenergie zur Realisierung des ihr innewohnenden Programms verwenden. Aber kann sie auch ihre eigene Stoffwechselenergie zur „Verbesserung" ihres eigenen Programms verwenden, mit anderen Worten, sich aufwärtsentwickeln, so, wie eine Spezies es kann, im evolutionären Sinne des Wortes?

Um es noch einmal zu betonen: Die Replikation einer schon völlig programmierten Zelle oder eines Roboters *stellt kein Problem dar*, solange geeignete Energie zur Verfügung steht, um das Programm zu verwirklichen. Die Schwierigkeiten beginnen erst, wenn es um das Problem des *Höhercodierens* geht, das heißt, um Aufwärtsentwicklung oder Artbildung. Falls wir Zellen oder Roboter haben möchten, die sich kontinuierlich zu größeren, besseren und intelligenteren Zellen oder Robotern entwickeln, dann bedeutet das, daß wir nach einem System Ausschau halten müssen, welches den Roboter (oder die Zelle) mit einem Mittel zur Selbstevolution und deshalb zur Höhercodierung ausrüsten würde und von seiner (oder ihrer) eigenen Stoffwechselenergie gebührend finanziert wird. Dementsprechend müssen wir uns nun mit der Programmierung von Zellen und Robotern zur Selbstverbesserung beschäftigen, denn das ist das Grundproblem aller aufwärtsgerichteten Evolution und Artbildung.

Stoffwechselenergie, Programmierung und Intelligenz

Um dieses wichtige Problem zu erhellen, müssen wir uns die folgende Frage stellen: Gibt es, soweit wir heute wissen, irgendeine *theoretische* Möglichkeit, unsere eigene, menschliche, zelluläre Stoffwechselenergie so einzusetzen, daß irgendeine Art von Aufwärtsentwicklung oder Höherprogrammierung ermöglicht wird? Wir wissen, daß Lernmaschinen diese große Leistung vollbringen können. Die Antwort auf unsere Frage muß – in diesem Falle zumindest – positiv sein, denn unser eigenes Nervensystem ist in der Lage, unsere Stoffwechselenergie dazu zu verwenden, eine Vielzahl von Programmen sowohl innerhalb als auch außerhalb des biologischen Bereichs zu verbessern. Unser Gehirn ist z. B. aktiv bemüht, die Entropie von Eisenerz und Bauxit zu reduzieren, nicht nur, um Eisen und Aluminium, sondern auch, um Lokomotiven und Flugzeuge herzustellen. Diese Fähigkeiten umfassen Entropiereduktion (Programmproduktion) auf Kosten von Energie.

Die in solchen Aktivitäten enthaltene Programmierung ist in der Tat sehr beträchtlich. *So ist das Gehirn also darin bemerkenswert, daß es fähig ist, auf der Grundlage der von dem eigenen Stoffwechsel bezogenen Energie die neuen, codierten Programme zu entwickeln.*

Zusammenfassend können wir deshalb sagen, daß das Gehirn ein Umformer von Stoffwechselkalorien in Codes, nervöse Energie oder Intelligenz darstellt. Die genauen Mechanismen, durch die diese Umwandlung von Kalorien in Programme und Codes geschieht, werden zur Zeit intensiv erforscht. Wenn auch die Umwandlungsprozesse, in deren Verlauf Kalorien in Programme umgeformt werden, noch nicht bis ins Detail bekannt sind, so ist doch die Fähigkeit des Zentralnervensystems, diese Leistung auszuführen, schon seit Tausenden von Jahren im Laufe der menschlichen Geschichte und Vorgeschichte praktisch ausgenutzt worden. *In der Tat waren unsere Zivilisationen und Kulturen zu allen Zeiten von diesem Prozeß abhängig – der Umwandlung von Kartoffeln, Proteinen und Pudding in Ideen und Intelligenz, die in neuen Programmen für Technik, Architektur, Fabrikation, schöpferische Künste, Literatur und Musik ihren Ausdruck finden.*

Dieser Prozeß der Umwandlung von Kalorien in Programme erstreckt sich natürlich auch über das menschliche Zentralnervensystem hinaus in die höheren Bereiche des Tierreichs und vielleicht auch, zu einem geringen Ausmaß zumindest, in einige kuriose Ecken des Pflanzenreiches, obwohl es bei den spezialisierten Pflanzenformen kein Nervengewebe gibt. Die Vögel bauen ihre Nester (zugegebenermaßen wahrscheinlich vorprogrammiert), Affen und Primaten verfertigen primitive Werkzeuge und entwickeln dabei neue Verfahrensweisen, Kaninchen graben ihre Bauten und Spinnen weben ihre Netze. Man kann einen Großteil dieser Aktivitäten innerhalb des Tierreichs der Realisierung von Programmen zuschreiben, die bereits im genetischen Material enthalten sind. Es gibt jedoch Beweise dafür, daß vielleicht auch im Tierreich in einigen Fällen neue Ideen oder Programme ausgearbeitet werden können, und zwar als Ergebnis der Umformung von Kalorien in Ideen und Programme.

Im biologischen Bereich hängt also die Entwicklung neuer Programme offensichtlich im allgemeinen von der Fähigkeit des Zentralnervensystems ab, die aus dem Nahrungsstoffwechsel resultierende Entropiezunahme in eine Reduktion von Entropie zu verwandeln, die in der Konzipierung neuer Ideen, Programme und Codes ihren Ausdruck findet. *Diese Fähigkeit bestimmter spezialisierter Organe im Bereich der Biologie, Kalorien in Ideen und Programme umzuwandeln, diese Verbindung zwischen Kalorien und Codes, ist ein wichtiges Thema, das unserer Meinung nach in einigen abiogenetischen Theorien nicht berücksichtigt worden ist. Es bildet offensichtlich eine wesentliche Brücke bei der Entwicklung irgendwelcher Theorien über biologische Programme, denn es liefert eine theoretische Basis für Erscheinung und Entwicklung codierter Programme im allgemeinen.* Wie wir schon so oft betont haben, bietet der Zufall keine zufriedenstellende theoretische Lösung für Codierung und Programmierung an. Wir wären jedoch in der Lage, eine Höherprogrammierung zu erklären, falls wir auf irgendeine Weise Energiezufuhr und Programmierung verbinden könnten. *Das einzige biologische Organ, von dem wir wissen, daß es diese Verbindung herstellen kann, ist das Zentralnervensystem.*

Wenn wir uns dieser Verbindung bedienen und die Idee, die hinter ihr steht, weiterentwickeln, dann hoffen wir in der Lage zu sein, die Evolutionstheorie im allgemeinen und die Bildung der Arten im besonderen auf eine solide thermodynamische Grundlage zu stellen, eine Leistung, die keine Berufung auf Zufall, lange Zeiträume und natürliche Auslese oder sogar auf biologische Prädestination bisher vollbringen konnte.

Das Hirn als Umwandler von Kalorien in Codes

Bis zum heutigen Tage war es möglich, die menschliche Intelligenz (als Gegensatz zur tierischen Intelligenz) hauptsächlich bei Dingen außerhalb des Menschen selbst zur Höherprogrammierung zu verwenden. Der Mensch hat in höchst eindrucksvoller Weise das genetische Programm von Tieren und Pflanzen verbessert. Er zeigte sich in der Lage, seine Stoffwechselkalorien durch das Medium seines Zentralnervensystems bei der kritischen Auslese von Zuchtrassen und Sorten einzusetzen, um Produkte zu erzielen, welche Verbesserungen der früheren darstellen. Dieser Prozeß der Aufwärtscodierung bei Pflanzen und Tieren ist ein direktes Resultat neuer Ideen, die von den dem Menschen zur

Verfügung stehenden Kalorien ermöglicht werden. Die dabei erzielten Entropiereduktionen sind, theoretisch gesehen, sehr wohl möglich und bieten keinerlei theoretische Schwierigkeiten.

Auf genau die gleiche Weise hat der Mensch sein Kalorien verzehrendes Gehirn dazu verwandt, die Programme von Fabriken, Wohnhäusern, ballistischen Geschossen, Computern und Informationserschließungssystemen zu entwickeln. Bei all dem spielen Zufall und Willkür keine Rolle. Alles basiert auf gesunden thermodynamischen Prinzipien. Die neuen Ideen, Codes und Programme sind – energetisch gesehen – alle erklärbar. Die Errungenschaften der modernen Zivilisation mit all ihren Annehmlichkeiten basieren ganz klar auf dem menschlichen Gehirn und seiner Fähigkeit, zumindest einen Teil der aus Kartoffeln und Proteinen gewonnenen kalorischen Energie in nervöse Energie, Intelligenz und Codierung, Programme und Ideen zu verwandeln. Das sind die Haupttriebkräfte der menschlichen Handlungen. Sie sind es, welche ihn von den Tieren im allgemeinen unterscheiden. Man kann diese Tatsache nicht genug betonen — daß das *Gehirn*, der Umwandler von Kalorien in Codes – *immer das entscheidende Bindeglied bei allen Projekten ist, welche eine Aufwärtsprogrammierung oder Evolution beinhalten.*

Nachdem wir diesen Punkt dargelegt haben, müssen wir nun einen weiteren Schritt bei der Entwicklung der Kalorie-zu-Code-Vorstellung unternehmen.

Ein neuer und bislang noch nicht vollzogener Schritt

In den letzten Jahren hat der Mensch damit begonnen, bei der Verwendung seiner durch Kalorien ermöglichten nervösen Energie einen neuen und bislang beispiellosen Schritt zu tun. Er plant, seine ersten Schritte auf dem Gebiet der genetischen Chirurgie bei Pflanzen und Tieren durchzuführen, und zwar mit der Absicht, einmal neue Programme und neue Codes in deren eigene genetische Sequenzen und Codes einzubauen. Wenn der Mensch die chemischen Sequenzen und die Bedeutung versteht, die in den DNS-Codes verborgen ist, und weiß, wofür jeder Code genau verantwortlich ist, möchte er diese Codes abändern, um so die betreffenden pflanzlichen und tierischen Organismen zu verbessern. Dadurch, daß der Mensch seine eigenen Codes und Ideen verwendet, will er bestimmte Pflanzen und Tiere für seine eigenen Zwecke höherprogrammieren und höhercodieren. Diese neue Methode unterscheidet sich von der alten, welche einzig und allein daraus bestand, die schon zur Verfügung stehenden genetischen Codierungen neu zu mischen und anzuwenden. *Sie umfaßt die Schaffung neuer Codes, nicht nur die Rekombination der alten.* Diese genetische Chirurgie stellt tatsächlich eine nach oben gerichtete Evolution *par excellence* dar.

Wenn diese Methode bei Pflanzen und Tieren zu Erfolg geführt hat, dann steht die Möglichkeit offen, die gleichen Codierungsänderungen und Höhercodierungen auch beim Menschen selbst anzuwenden. Der Mensch hofft, seine eigenen Stoffwechselkalorien so einsetzen zu können, daß sie die Intelligenzkraft oder Codierung liefern, welche benötigt wird, um sich selbst wie andere Organismen neu zu programmieren. *Der Mensch ist also auf dem Wege, so etwas Ähnliches wie ein Roboter zu werden, der in der Lage ist, seine eigene Stoffwechselenergie dazu zu verwenden, sich selbst neu und höher zu programmieren.*

Was bedeutet all das? Es bedeutet sicherlich, daß der Mensch einen besseren Weg gefunden hat, eine Höherprogrammierung zu erzielen als den, welcher auf Zufall, langen Zeiträumen und natürlicher Auslese beruhte, und ferner, daß er mit seinem Verfahren genau auf das Kernproblem zielt, wenn er die Träger des Lebenscodes selbst, die Gene nämlich, angreift. Theoretisch gesehen ist dies Verfahren sehr viel schneller und unendlich viel genauer. Davon abgesehen ist die Auslese und Neumischung bereits vorhandener Gene bei weitem nicht so erfolgversprechend wie die *Schaffung neuer Gene, neuer Codes und neuer Programme.* Das nun folgende Beispiel wird diesen Aspekt unterstreichen.

Experimente zur Höherentwicklung der Zuckerrübe

In der ersten Hälfte des neunzehnten Jahrhunderts erhöhte man den Zuckergehalt der Zuckerrübe durch selektive Zuchtverfahren (Genauswahl und Neumischung) auf über 50 Prozent seines Ausgangswertes, d. h. auf rund 17 Prozent Zucker am Gesamtgewicht. Obwohl die intensiven Bemühungen um Züchtung und Auslese auch noch in den folgenden Jahren bis heute angedauert haben, hat man den Zuckergehalt nur noch geringfügig erhöhen können. Die durch die genetische Ausrüstung und die züchterische Auslese gesetzten Grenzen sind erreicht worden, und kein Maß an noch so scharfsinniger Zuchtwahl und Neukombination hat zur Höherentwicklung beigetragen. Offensichtlich liegt eine weitere Verbesserung des Zuckergehaltes nicht im Bereich des genetischen Programms der Zuckerrübe. Falls eine Verbesserung der Gene selbst nicht vorgesehen ist, kann sie natürlich auch durch weiteres Kreuzen nicht erzielt werden.

Wenn man auf der anderen Seite die Struktur der Gene, ihren inneren chemischen Aufbau und ihre Sequenzen so gut kennen und verstehen würde, daß man um die verborgenen chemischen Faktoren wüßte, welche die Zuckerkonzentration kontrollieren, dann könnte man in der Lage sein, die Sequenzen und die Codierung der über den Zuckergehalt bestimmenden Gene so abzuändern, daß sie noch zu weiterer Verbesserung fähig wären. Die genetische Chirurgie könnte neue genetische Faktoren *schaffen*, welche die gegenwärtige Barriere von 17 Prozent Zuckerkonzentration durchbrechen und überwinden würden.

Das alles bedeutet, daß die alten, durch Genmischung gesetzten Grenzen, zumindest in der Theorie, ungültig geworden sind. Heute kann man eine Höherprogrammierung in einem bisher ungeahnten Maßstab ins Auge fassen, denn mit den Mitteln der genetischen Chirurgie könnte man völlig neue Strukturen, Arten und Typen in das Keimplasma hineincodieren. Eine auf Höherprogrammierung beruhende Evolution ist nun in Sicht, auch wenn sie noch nicht realisiert worden ist.

Die alte Methode hingegen, die daraus bestand, durch Selektion und Rekombination neue Rassen zu schaffen, war in ihrer Konzeption relativ elementar und ihre Technik deshalb recht einfach. Man sortierte aus den Nachkommen ausgewählter Zuchtpaare jene Individuen aus, welche die gewünschten Merkmale aufwiesen, und züchtete mit ihnen weitere. Der erforderliche intellektuelle Aufwand und das erforderliche Wissen war von einer Art, wie sie leicht bei einer großen Anzahl von Individuen mit normalem Zentralnervensystem zu finden waren. Man wird jedoch ein ganz anderes Ausmaß von intellektuellem Einsatz ins Auge fassen müssen, um die großartigen Leistungen auf dem Gebiet chemischer Forschung und Kunstfertigkeit zu realisieren, welche die chemisch-genetische Chirurgie zur Einfügung neuer Codierungen in das Keimplasma führen wird.

Was wir hier zum Ausdruck bringen möchten, ist die Tatsache, daß die intellektuelle „Programmierungsenergie", die von der chemisch-genetischen Chirurgie zur Verbesserung des Codes benötigt wird, unendlich viel größer als jene ist, welche die alten, allein auf Rekombination und Neumischung beruhenden Methoden erforderten. Wir sollten die älteren Methoden nicht verachten – sie haben bei der Analyse und Synthese genetischer Probleme Wunder gewirkt und erstaunliche Ergebnisse gezeitigt. Nichtsdestoweniger müssen die zur chemisch-genetischen Chirurgie erforderlichen Kenntnisse und Handhabungsfähigkeiten allein schon von einer ganz anderen Art sein. Sogar bei der Forschung gibt es eine stark nach oben gerichtete Evolution der Verfahrensweisen und Manipulationen. Könnten wir es vielleicht so formulieren, daß man in der Vergangenheit „Schwachleistungs"-Intelligenzkraft verwandte, während man heute „Hochleistungs"-Nervenenergie benötigt, um die neugeschaffenen Codes nach ihrer Entdeckung einzubauen?

Die von uns aufgestellte Kernaussage lautet: *Echte Höherentwicklung hängt von echter Höhercodierung ab, und diese echte Höhercodierung kann nicht vom Zufall herrühren, sondern zum gegenwärtigen Zeitpunkt nur aus der Umformung von Kalorien in Codes, und zwar durch die Vermittlungstätigkeit jenes einzigartigen Organs, welches wir das Zentralnervensystem nennen.*

Lernmaschinen halten mit dieser Fähigkeit des Gehirns Schritt. Das bringt uns zu der Frage nach der Einzigartigkeit des Gehirns und seiner Funktionen. Es liegt nämlich auf der Hand, daß wir *keine Möglichkeit zur Erklärung von Codes und gedanklichen Prozessen vor Auftauchen des Gehirns haben würden, wenn es das einzige Organ wäre, das in der Lage ist, Codes und Gedanken zu produzieren.* Die Frage lautet also, ob das Gehirn in seiner Funktion einzigartig ist.

Die Einzigartigkeit des Gehirns als Codierungsorgan

Bis in die jüngste Zeit hinein bildeten die Nervensysteme des Menschen und der höheren Tiere die einzigen Mechanismen, von denen man wußte, daß sie ihre Fähigkeiten zur Produktion von Hinweisen auf gedankliche Vorgänge, wie Lernfähigkeit und Codierung es sind, experimentell unter Beweis gestellt haben. Daran gibt es nichts Geheimnisvolles, denn – wie wir gesehen haben – werden diese biologischen Vorgänge von Kalorien gespeist. Wir deuteten auch schon an, die Beobachtung, daß Kalorien und Energie zur Schaffung von Codes und Programmen herangezogen werden können, bilde eine wichtige Brücke, um die von Schützenberger und anderen beobachtete Lücke im heutigen Neodarwinismus zu schließen. Diese Wissenschaftler haben klar gezeigt, daß auf Zufall beruhende Konzeptionen, die mit langen Zeiträumen gekoppelt sind, niemals die Codes erklären können, aus denen das materielle Leben besteht. Wir erinnern uns, daß Eden zu diesem Punkt wie folgt Stellung nahm:

„Wenn man ,Zufälligkeit' ernsthaft und kritisch vom Standpunkt der Wahrscheinlichkeitsrechnung aus interpretiert, dann wird, wie wir meinen, das Zufallspostulat in hohem Maße unglaubwürdig. Eine adäquate wissenschaftliche Evolutionstheorie muß deshalb auf die Entdeckung und Erhellung neuer Naturgesetze warten."[1]

Wenn nun das Zentralnervensystem Stoffwechselenergie in intellektuelle und codierende Kräfte umsetzen kann, welche imstande sind, dort Programme zu schaffen, wo es vorher keine Programme gab, wenn es Entropie reduzieren und diese Reduktion dadurch bewerkstelligen kann, daß es die Entropie der Nahrungsmoleküle erhöht, *dann ist die „Entdeckung und Erhellung neuer Naturgesetze", die Eden zur Erklärung für Evolution und Höhercodierung fordert, nicht länger nötig.* Hier haben wir nämlich ein Organ, welches prinzipiell für die Codierungsordnung und ihre Entwicklung, die wir im Leben und in der Natur um uns herum beobachten, verantwortlich gemacht werden kann. *Alles, was wir zur Erklärung für die Ordnung der gesamten Natur brauchen, ist ein größeres und besseres Organ, das nach den gleichen Prinzipien wie das Gehirn funktioniert, nur auf viel umfassendere Weise.* Neue Naturgesetze sind sicherlich nicht erforderlich, wir brauchen nur eine Extrapolation der Gesetze, die das Gehirn regieren, welches ein Organ ist, das wir kennen, mit dem wir experimentieren können und es tatsächlich auch tun.

Die Befunde der Physik und des zweiten thermodynamischen Hauptsatzes verlangen beide, daß Codes und Programme auf Kosten von Energie entworfen und realisiert werden. Es scheint kein anderes Prinzip zu geben, auf das man irgendeine andere Theorie zur Erklärung von Code und Ordnung gründen kann. Einfache Bestrahlung der Materie mit Sonnenenergie (oder irgendeiner anderen Energieart, was das anlangt) wird keinen Code erzeugen. Wie wir schon so oft bei anderen Problemen gesehen haben, bedarf es auch hier eines Stoffwechselmotors, um aus Willkür Ordnung zu schaffen. Das Zentralnervensystem ist das eine Motororgan, welches Codes, Pläne, Programme und intellektuelle Kräfte schaffen kann und dies tatsächlich auch ausführt, und zwar mit Hilfe des Stoffwechsels, aus Proteinen und Kartoffeln. *Anhand dieses Organes können wir das Entstehen von Ordnung aus Nicht-Ordnung erklären, ohne uns auf irgendeines von Edens „neuen Naturgesetzen" zu berufen. Hier haben wir das fehlende Naturgesetz, aber es ist nicht neu!*

Die Schwierigkeiten beim Überdenken dieser Sachlage tauchen immer dann auf, wenn die nächste Frage gestellt wird. Es ist in der Tat wahrscheinlich, daß diese Frage viele, die sich über dies Problem Gedanken machen, davon abschreckt, der Logik dieser Argumentation weiter zu folgen. Die Frage liegt auf der Hand: Woher kam die Intelligenzkraft, die zur Erklärung der Ordnung der Materie und des Lebenscodes erforderlich ist? Die meisten der natürlichen Codes sind nämlich vor Auftauchen des Menschen und des menschlichen Gehirns entstanden. Wir haben das Prinzip aufgestellt, daß Codes und Programme Energie kosten und daß das biologische Zentralnervensystem als einzigartiges Organ die Fähigkeit besitzt, Energie in solche Programme und Codes umzuwandeln. Können wir aus irgendeinem Grund annehmen, daß ein solches Gedankenorgan existierte und die im Leben und Universum sichtbaren Ordnungen und Programme hervorbrachte, bevor das menschliche Denkorgan oder andere biologische Denkorgane entstanden?

Die Beweise sprechen in der Tat sehr dafür, daß ein solches Gedankenorgan vorhanden und präexistent gewesen sein muß, um die in Materie und Leben sichtbaren Codes zu ersinnen. Mathematiker und Physiker wie z. B. Sir James Jeans behaupten schon seit langem, daß das Universum ein Universum der Gedanken oder intellektuellen Programmierungskraft darstellt, welche ihre Tätigkeit und Gegenwart durch die in Leben und Materie enthaltenen Codes anzeigt. Schließlich ist es wahr, daß alle Naturwissenschaftler ungeachtet ihrer *Weltanschauung* der gleichen Auffassung sind, auch wenn einige dies nicht zugeben wollen. *Sie alle nämlich glauben, daß die Natur auf Gesetzen beruht, das heißt auf Codes und Ordnung. Ihr Lebenswerk ist der Aufdeckung und Erhellung dieser grundlegenden Gesetze, Ordnungen und Codes der Natur gewidmet.* Ein Naturwissenschaftler würde niemals erklären können, er glaube nicht an Code, Gesetz und Ordnung in der Natur. Wir müssen deshalb wiederholen, daß die einzige Quelle für Gesetz, Ordnung, Codes und Programme, über die wir experimentell Bescheid wissen, ein Gedankenorgan (wie das Gehirn) ist, das Kalorien in Codes und Ordnung umwandelt.

Ist es möglich, sich ein solches Organ vor Entstehung der Menschheit, der Materie oder der biologischen Welt vorzustellen? Die Antwort, die wir von Tag zu Tag klarer von seiten der Kybernetik erhalten, lautet, *daß wir uns sehr wohl eine solche Intelligenzkraft vorstellen können, die vollkommen unabhängig von den Regeln der uns bekannten Biologie handelt.*

Denken außerhalb des biologischen Bereiches – einige intellektuelle Schwierigkeiten

Von einigen bemerkenswerten Ausnahmen abgesehen, ist der moderne Mensch nicht mehr dazu bereit, eine Intelligenz außerhalb seiner eigenen als verantwortlich für sich selbst oder die ihn umgebende Ordnung hinzunehmen. Die Prinzipien, auf welche sich die Vorstellung exogener Intelligenz gründet, mögen von den meisten Naturwissenschaftlern bejaht, die praktische Anwendung eines solchen Konzepts jedoch hat zu große Ähnlichkeit mit der alten Gottesvorstellung, als daß sie für die meisten Leute akzeptabel ist. Wenn man aber die Gründe für die inneren Widerstände gegen die Vorstellung einer exogenen Intelligenz, die hinter den Codes der Natur steht, aufdecken und beseitigen könnte, dann würde es vielleicht weniger Schwierigkeiten bei der Annahme der Grundprinzipien geben, die wir als Erklärung der Programmierung der Natur vorgeschlagen haben.

Zweifellos ist einer der Hauptgründe für die wissenschaftliche Ablehnung der Vorstellung, es gebe Intelligenz außerhalb unserer eigenen Intelligenz, das schockierende Register von Verderbtheiten und Grausamkeiten, das der Glaube an Gott oder Religionen irgendwelcher Prägung im Laufe der Weltgeschichte seit frühester Zeit zusammengestellt hat. Die Wissenschaftler wollen nichts mit einem Glauben zu tun haben, der einen so schlechten Ruf besitzt.

Wie wir jedoch schon dargelegt haben, ist der Ruf des Menschen überhaupt in der Geschichte nicht besonders gut gewesen, ungeachtet dessen, ob er gläubig oder ungläubig, atheistisch oder deistisch eingestellt war, so daß der die Religion begleitende schlechte Ruf vielleicht nicht so sehr auf die Religion selbst, als vielmehr auf ihre Kombination mit den Extravaganzen der menschlichen Natur zurückzuführen ist.

Vielleicht kann man eine zweite Ursache für diesen grundsätzlichen Widerstand gegen den Glauben an irgendeinen Gott in der Tatsache finden, daß es gerade die *primitiven* Völker sind, die Gott in allem, sei es gut oder böse, gesehen haben. Als diese Völker nun Fortschritte machten, „wuchsen" sie aus diesem Glauben „heraus" und lernten, wie man Dürre, Hungerzeiten, Krankheiten, Donner und Blitz, Hagel und Schnee (die Manifestationen des „Göttlichen") vorhersagen kann. Wenn dieser „Fortschritt" andauert, scheint er zu der totalen Eliminierung jeglichen Gottesglaubens zu führen. Wissenschaftler sind von Natur aus primitiven, wenig differenzierten Überzeugungen gegenüber kritisch eingestellt.

Ein dritter Grund für die mangelnde Bereitschaft, die oben genannte These zu akzeptieren, liegt vielleicht darin, daß der Mensch gewöhnt ist, als der einzige vernünftige und sicherlich als das intelligenteste aller Lebewesen betrachtet zu werden. Er nimmt die Vorstellung, seinen hohen Thron auf intellektuellem Gebiet zu verlieren, nicht gerade gnädig auf. Wenn es eine der menschlichen Intelligenz unendlich überlegene Intelligenz gibt, dann wird es die relativ unbedeutende Intelligenz des Menschen wahrscheinlich nicht mit jenen unendlichen Intelligenzquellen aufnehmen oder sie auf die Probe stellen können. In unserer demokratischen Zeit liebt der Mensch die Vorstellung nicht, irgend jemandem als einem intellektuell Höherstehenden zu Füßen fallen zu müssen. Wir klammern uns an die idealistische Überzeugung, daß wir alle gleich geboren sind, und dehnen sie auch auf Bereiche, die über den Menschen hinausgehen, aus.

Schließlich hat der Mensch in den letzten Jahrhunderten nur wenig von den „wunderbaren" Erscheinungen gesehen, die man eindeutig auf das Göttliche in der Natur zurückführen könnte. Wunder sind seltene Ereignisse, die nur von wenigen gesehen werden und oft nicht verifizierbar sind, so daß alte Wunder, die – wie verlautet – auf göttlichem Eingreifen beruhen, heute nur bei wenigen Glauben finden. Wissenschaftler und Intellektuelle möchten nicht zu den Leichtgläubigen gehören.

Es gilt deshalb als „progressiv", nicht an irgend etwas zu glauben, das nach göttlicher Intelligenz als Antwort auf die Codierungs- und Programmierungsprobleme des Lebens schmeckt. Weil jedoch keiner der Gründe, die weiter oben als Einwände gegen exogene Intelligenz aufgezählt wurden, so beschaffen ist, daß man eine wissenschaftliche Theorie auf ihm aufbauen könnte, werden wir wieder auf die Grundthese zurückgeführt: Mathematiker und Physiker zeigen, daß man unser wissenschaftliches Kernproblem nicht allein dadurch lösen wird, daß man den Glauben an eine exogene Intelligenz in Mißkredit bringt. Die unumstößliche Tatsache nämlich bleibt bestehen: *Man muß die Beziehungen zur Energie und Entropie klären,* wenn es um Programme und Codes geht.

Das Postulat eines Programmierungsorgans aber, welches auf eine Weise arbeitet, die parallel zu unserem eigenen Zentralnervensystem, jedoch unendlich viel größer ist, läßt uns auf eine Lösung hoffen. Wenn wir diese Vorstellung nur vom Odium der „Religion" befreien könnten, würden viele Experimentalwissenschaftler sie sofort akzeptieren, weil sie aus ihrer Erfahrung schließen können, daß Ordnung und Programme auf diese Art tatsächlich entstehen.

Für viele würden die Dinge sehr viel einfacher werden. Viele der Intelligenteren und Intellektuellen können die manchmal primitive Vorstellung von dem „alten Mann im Himmel" einfach nicht übernehmen, die gewöhnlich mit dem Postulat einer höchsten Intelligenz verbunden ist. Unsere These lautet, daß diese echten Hindernisse, das Postulat einer exogenen Intelligenz zur Erklärung für die Codierung der Natur zu akzeptieren, von den jüngsten Fortschritten in der Kybernetik endgültig und vollständig überwunden worden sind. Die Gefahren des Anthropomorphismus, der ein so großes Hindernis für alle Vorstellungen einer exogenen Intelligenz war, sind gebannt worden. Wir wollen diese Punkte demonstrieren, indem wir die Fortschritte ausführlich darstellen, die unser Wissen über künstliche Intelligenz und künstliches Bewußtsein gemacht hat.

Dazu wird nötig sein, das Postulat eines exogenen Programmierers im Lichte neueren Wissens über künstliche Intelligenz und künstliches Bewußtsein zu entwickeln. *Man weiß heute nämlich, daß beides, Intelligenz und wahrscheinlich auch Bewußtsein, theoretisch unabhängig vom biologischen Bereich und vom Menschen existieren können.* Derartige künstlich induzierte Intelligenz beruht auf elektronischer Grundlage, und zu ihrer Erklärung bedarf es keiner Anthropomorphologie. Kurz gesagt: Die künstliche Intelligenz stellt Energie, Codierung, Programmierung und Pläne, wie wir sie bei Leben, Materie, Artbildung und Evolution beobachten, auf eine solide thermodynamische Basis, ohne von der Biologie oder „neuen Naturgesetzen" abhängig zu sein, auf die Murray Eden bei seinem Versuch, den Neodarwinismus auf eine rationale Grundlage zu bringen, zurückgreifen wollte.

Dementsprechend befassen sich die folgenden Kapitel mit Problemen des künstlichen Bewußtseins und der künstlichen Intelligenz.

1 M. Eden, Abhandlung in P. S. Moorhead und M. M. Kaplan, Hrsg., *Mathematical Challenges to the Neo-Darwinian Interpretation of Evolution*, p. 109.

8
Künstliches Bewußtsein

Culbertsons Arbeiten

Im Jahre 1963 veröffentlichte James T. Culbertson ein Buch, dessen Hauptaufgabe es ist, ausführlich darzustellen, wie Bewußtsein künstlich hervorgerufen werden kann, d. h., wie Bewußtseinszustände bei künstlichen Vorrichtungen oder bei Robotern entstehen können.[1] Er geht davon aus, daß solche Bewußtseinszustände aus Schmerzgefühlen, Farbwahrnehmungen, Klang-, Geruchs- und Geschmacksempfindungen bestehen und daß in dem Augenblick, in dem irgendein Mensch, Tier oder Roboter diese inneren Wahrnehmungen oder Erlebnisse oder Gedächtnisvorstellungen hat, Bewußtsein existiert.[2]

Man muß sehr sorgfältig zwischen Bewußtsein und Verhalten unterscheiden. Wenn man z. B. einem Hund auf den Schwanz tritt, dann springt er auf und jault, weil er sich seiner Schmerzen sehr wohl bewußt ist und so seinen Gefühlen Ausdruck verleiht. Aufspringen und Bellen sind die Verhaltensweisen, die in diesem Fall mit dem Schmerzbewußtsein des Hundes gekoppelt sind.

Auf der anderen Seite könnte man einen Roboterhund so entwerfen, konstruieren und programmieren, daß er ebenfalls aufspringt und bellt, wenn man auf seinen Schwanz tritt. D. h., der Roboter würde den biologischen Hund in seinem Verhaltensmuster genau simulieren. Das bedeutet jedoch nicht, daß sich der Roboterhund tatsächlich der Schmerzen in seinem Schwanz bewußt würde. Der Roboterhund kann in der Tat so geplant sein, daß er überhaupt kein Bewußtsein besitzt, wenn auch sein Verhalten, äußerlich gesehen, ganz hundeartig ist. Beim Roboterhund sind Verhalten und Bewußtsein nicht gekoppelt, weil es kein Bewußtsein gibt, mit dem das Verhalten gekoppelt werden könnte.

Es gibt noch eine dritte Möglichkeit. Ein Hund könnte völlig bei Bewußtsein und zur gleichen Zeit so vollständig gelähmt sein, daß er überhaupt kein äußerlich erkennbares Verhalten zeigen würde. Er würde sich noch nicht einmal bewegen können. In diesem Falle besitzt der Hund Bewußtsein, das aber wegen der totalen Lähmung nicht mit Verhalten gekoppelt ist. Aber sogar ohne erkennbares Verhalten kann das Tier tatsächlich völlig bei Bewußtsein sein.

In diesem Zusammenhang fällt mir die Geschichte eines Soldaten ein, von der ich einmal hörte. Während des Ersten Weltkrieges war der bedauernswerte Mann bei einer Explosion so schrecklich zerfetzt worden, daß nicht nur sein Hör-, Seh- und Geruchsvermögen fast vollständig zerstört wurden, sondern auch alle seine Glieder waren bis auf die Stümpfe abgetrennt. Zusätzlich hatte er die Fähigkeit beinahe vollständig verloren, seinen Kopf oder Körper zu bewegen. Kurz gesagt, er war nicht imstande, viel Verhalten zu zeigen. Die motorischen Einrichtungen des Körpers als Ventil für das Bewußtsein fehlten fast völlig. Dadurch, daß dieser verkrüppelte Soldat jedoch beharrlich einen taktilen Code erlernte, welchen einige Freunde für ihn ausgearbeitet hatten, war er imstande, deutlich zu machen, daß er innerlich, in seinem Bewußtsein, noch ein völlig normaler Mensch geblieben war, mit vielen der Wünsche, Freuden, Schmerzen und Sorgen eines normalen Individuums, welches die üblichen Verhaltensweisen als Ausdruck seines Bewußtseins besitzt. Obwohl sein Bewußtsein nur noch dürftig mit Verhalten gekoppelt war, konnte man von keiner Beeinträchtigung sprechen.

Bewußtseinszustände sind also subjektive Erfahrungen von Wahrnehmungen, Eindrücken oder Vorstellungen, die jedoch nicht notwendigerweise mit äußerlichem Verhalten verbunden sind. Man kann dies verdeutlichen, wenn man auf die Wirkung von Substanzen wie Succinylcholin oder Curare auf den Körper hinweist. Derartige Drogen können das Muskelgewebe vollständig lähmen, so daß ein Patient unter ihrem Einfluß nicht in der Lage ist, ein Augenlid zu bewegen. Das Bewußtsein selbst ist jedoch in keiner Weise getrübt. Es ist vorgekommen, daß ein Patient aufgrund einer fehlerhaften Behandlung bei klarem Bewußtsein operiert wurde, jedoch völlig unfähig war, dem Chirurgen seine Lage mitzuteilen. Einer dieser Patienten, die von einer solchen Erfahrung berichten, war selbst ein Mediziner, der hernach die Narkoseärzte auf die Schrecken dieser Situation warnend hinwies. Curare und Succinylcholin sind also hervorragende Entkoppler von Bewußtsein und Verhalten. Es ist deshalb offensichtlich, daß Verhalten nicht notwendigerweise ein Anzeichen für Bewußtsein ist, so daß diese beiden Zustände bei unseren Theorien über diese Probleme sorgfältig auseinander gehalten werden müssen. „Intelligentes" Verhalten braucht nicht unbedingt auf „intelligentes" Bewußtsein hinzudeuten.

Culbertson glaubt, daß das Bewußtsein aus zwei Komponenten besteht: 1. Sinnesdaten, die durch die Aufnahme via Sinnesorgane entstehen, und 2. „Gedächtnisbilder", von denen er glaubt, sie würden von Neuronen in „Gedächtniskasten"-Kreisläufen vermittelt.[3] Er versucht dann zu beweisen, daß „Sinnesdaten und Gedächtnisbilder bei Automaten hervorgerufen werden können, die aus künstlichen, auf bestimmte Weise verbundenen Neuronen bestehen".[4] Wenn dies wirklich der Fall ist, dann könnte man in bestimmten elektronischen Schaltungskreisläufen künstliches Bewußtsein erzeugen. Culbertson drückt das so aus: „Künstliches Bewußtsein, d. h. die Erfahrung subjektiver Phänomene, die dadurch hervorgerufen werden, daß man Impulse durch künstliche Nervennetze schickt, kann auf Mitteln beruhen, die sehr verschieden von den bei Mensch und Tier benötigten sind ... Man kann Bewußtsein (subjektive Phänomene, Sinnesdaten, Gedächtnisbilder etc.) in nicht-biologischem Material erzeugen."[4] Danach entwickelt Culbertson diese Theorie. Da seine Schlüsse für unsere Untersuchung von künstlichem Bewußtsein und künstlicher Intelligenz von Relevanz sind, müssen wir uns, wenn auch nur kurz, mit ihnen beschäftigen.

Die Nervennetz-Theorie von Sinnesdaten und Bewußtsein

In Übereinstimmung mit der obigen Hypothese widmet Culbertson den zweiten Teil seines Buches dem Versuch, die Nervennetztheorie von Sinnesdaten und Bewußtsein zu entwickeln. Dies Konzept hat wenig mit der Vorstellung von Bewußtsein hinter dem Verhalten irgendwelcher heutiger Roboter, Maschinen oder Computer zu tun, denn – wie wir bereits gesehen haben – ihr Verhalten kann von Bewußtseinsprozessen begleitet sein oder nicht. Die heutigen Roboter sind so gebaut, daß sie Verhalten zeigen, nicht aber so, daß sie Bewußtseinsvorgänge erleben.

Für Culbertson wird jede maschinelle (oder neurale biologische) Aktivität von Bewußtsein begleitet, bei der die Impulse beim Durchlaufen des maschinellen oder neuralen Netzwerkes miteinander verknüpft sind. Das auf diese Weise bei den heutigen elektronischen Maschinen wie Computern erzeugte Bewußtsein ist nach Culbertsons Ansicht so trivial und unbedeutend, daß man es völlig außer acht lassen kann. Unser Autor glaubt jedoch, daß in geeigneter Weise konstruierte Automaten komplexe Assoziationen von Sinnesdaten und Gedächtnisvorstellungen, beides Kennzeichen menschlichen Bewußtseins, erleben könnten. Eine solche Erfahrung würde nach Culbertsons Meinung einzig und allein eine Frage dessen sein, wie man die richtigen Schaltungen zur Erzielung dieses Effektes durchführen kann.[5]

Diese und andere Gründe führten Culbertson zu folgender Überzeugung: „Weil Gehirnaktivität von Bewußtsein begleitet wird, sollte jeder, der das Gehirn für eine Maschine oder einen natürlichen, auf Ursache und Wirkung beruhenden Mechanismus hält, keine Schwierigkeiten haben, die vorläufige Arbeitshypothese zu akzeptieren, daß auch die Aktivität einer künstlichen Maschinerie, die genügend strukturelle Ähnlichkeiten mit dem Gehirn aufweist, von Bewußtseinsprozessen begleitet sein würde."[6]

In Übereinstimmung damit geht Culbertson überall in seiner Arbeit davon aus, daß das Gehirn nur eine Maschinerie und sonst nichts darstellt. Er erklärt, daß er an nichts Übernatürliches oder Überphysikalisches hinsichtlich dieses Organes glaube. In diese seine Annahme schließt er auch ein, daß die Gedanken selbst dadurch, daß sie allein ein Produkt der Materie darstellen, in gewissem Sinne ein Derivat dieser Materie sind.

Culbertsons Gedankengang paßt also in die allgemeine wissenschaftliche, materialistische Sicht der Dinge. Wir müssen diese Auffassung von den Gehirnfunktionen genauso analysieren, wie wir die anderen Aspekte des naturwissenschaftlichen Materialismus untersucht haben. Wir sind der Meinung, daß die naturwissenschaftlich-materialistische Deutung der Gehirnfunktionen – wie auch die entsprechende Deutung der Evolution – bis zu einem gewissen Grade brauchbar ist. In beiden Fällen ist sie jedoch deshalb unzulänglich, weil sie Beweismaterial unberücksichtigt läßt, welches von entscheidender Bedeutung ist, wenn es darum geht, ein Gesamtbild der Probleme zu schaffen, die zu lösen sie sich vorgenommen hat. Unser nächster Abschnitt beschäftigt sich mit diesen Fragen.

C. D. Broads Arbeiten über Gehirnfunktionen und Bewußtsein

Bei seiner Argumentation übergeht Culbertson die Beweise, die gegen die Auffassung sprechen, daß das Gehirn nur eine nach dem Prinzip von Ursache und Wirkung arbeitende Maschine sei. C. D. Broad von der Cambridge University in England, der bekannte Professor und Forscher auf dem Gebiet psychiatrischer und übernatürlicher Erscheinungen, hat ein Leben damit zugebracht, Hinweise zu sammeln und zu belegen, die mit der materialistischen Interpretation nicht übereinstimmen, besonders soweit es die Gehirnfunktionen anbetrifft. Daß Culbertson diese Beweise nicht kannte, erscheint unwahrscheinlich, denn er zitiert Broad bei mehreren Anlässen.[7]

Broad hat ein Leben mit dem Zusammentragen und Veröffentlichen von Beweisen für genau die Position zugebracht, welche Culbertson bei seinen Erörterungen über das Wesen des Gehirns und Bewußtseins ignoriert. Er hebt hervor, daß das Gehirn – zweifellos ein physiologisches Organ, welches nach den Gesetzen der Biochemie und Physiologie arbeitet – tatsächlich psychische Phänomene zeigt, die gut definiert und belegt sind, jedoch nicht auf der Basis irgendwelcher der bekannten mechanistischen, chemischen oder physikalischen Gesetze erklärt werden können.[8] Wir haben viele dieser Beweise in *The Drug Users* zitiert und noch einige unserer eigenen hinzugefügt, so daß es sich erübrigt, sie noch einmal an dieser Stelle anzuführen. Dadurch, daß Culbertson sich bei seinen Untersuchungen über das Bewußtsein auf eine derartige Grundlage stellt, geht er in der Tat von falschen Voraussetzungen aus. Zunächst nimmt er an, daß es möglich sei, das Gehirn als eine nach dem Prinzip von Ursache und Wirkung arbeitende, bloße Maschinerie zu betrachten, die nichts über das rein Physiologische Hinausgehende an sich hat. Diese Annahme wird dann zur Grundlage seines Dogmas, daß eine Maschine, ausgerüstet mit physikalischen Schaltkreisen ähnlich denen des Gehirns, genau wie dieses funktionieren wird, sogar bis zu dem Ausmaß des Bewußtseins. Diese Logik stellt ein klassisches Beispiel für ein Denken dar, welches sich im Kreise dreht: Zuerst wird *angenommen,* daß das Gehirn eine bloße Maschine sei und keine Eigenschaften besitze, die über das Physikalische hinausgehen, jedoch Bewußtseinsprozesse aufweise. Auf dieser Grundlage geschieht nun die zweite Annahme, daß, wenn man eine solche Maschine baut, sie auch Bewußtseinsvorgänge zeigen müsse. Man könnte ebensogut behaupten, daß Kuchenformen mit Kuchen verknüpft seien; wenn man deshalb eine künstliche Kuchenform konstruiere, dann würde sie automatisch durch und durch aus Kuchen bestehen.

Wenn das Gehirn andererseits ein Organ ist, welches in einem Sende- und Empfangskontakt mit einem supraphysikalischen Bereich steht, wenn es eine psychische, auf der Basis der bekannten physikalischen Gesetze nicht erklärbare Aktivität besitzt, dann mögen seine psychischen Eigenschaften nicht in ihm selbst entstehen, sondern nur von ihm vermittelt werden. In diesem Sinne, falls also Bewußtsein ein rein psychisches Phänomen ist – wir behaupten nicht, daß dem so sei, denn dieser Punkt ist sehr umstritten –, dann könnte eine dem Gehirn genau nachgebildete Maschine die gleichen psychischen Eigenschaften und sogar Bewußtsein aufweisen oder auch nicht. Ein Beispiel möge diese Möglichkeit verdeutlichen.

Innere Programmierung: Gehirn versus Fernsehapparat

Wir wollen annehmen, ich besäße einen Fernsehapparat, der in diesem Augenblick eine Inszenierung von Shakespeares *Hamlet* überträgt. Wir können mit Rücksicht auf Culbertson sagen, daß der Apparat *Hamlet* „erlebt". Dürfen wir jedoch behaupten, daß die Mattscheibe sich tatsächlich Shakespeares *Hamlet* „bewußt" ist? Culbertson scheint nämlich, wie wir später sehen werden, so etwas Ähnliches anzunehmen.

Während der Apparat die Hamletinszenierung wiedergibt, stelle ich eine exakte mechanische Kopie der Schaltkreise des Apparates her. Nach einigen Stunden Arbeit ist mein kopierter Fernsehapparat fertig, und ich schalte ihn nun mit der Erwartung ein, daß ich nicht nur ein genaues Ebenbild des ersten Fernsehers besitze, sondern auch eine genaue Kopie des Programmes, das zur Zeit der Herstellung gerade lief. Ich werde enttäuscht, denn wenn ich meinen neuen Apparat wie auch den alten einschalte, sehe ich, daß beide Fernseher ein Programm bringen, welches keine Ähnlichkeit mit *Hamlet* besitzt. Die beiden Apparate können sogar auf verschiedene Sender eingestellt werden, so daß jeder ein verschiedenes Programm zeigt. Die Tatsache, daß in keinem von ihnen das ursprüngliche *Hamletprogramm* zu sehen ist, beweist, daß keiner von ihnen ein innerliches, codiertes Programm besitzt. Wenn beide Apparate zu jedem Zeitpunkt ihres Einschaltens genau das gleiche Programm zeigen würden (aber eines, das von Stunde zu Stunde wechselt), dann würden wir sagen, daß sie es von außen empfangen, und wir hätten recht damit. Wenn sie jedoch zu jeder Zeit das gleiche alte Programm zeigen würden, etwa in der Art eines Musikautomaten, dann würde der Schluß naheliegen, daß sie in ihrem Inneren ein aufgezeichnetes Programm besitzen. Im ersten Falle waren die Fernseher nicht für die von ihnen gezeigten Programme innerlich programmiert. Im zweiten Falle waren sie es.

Das menschliche Gehirn nimmt erfolgreich einen Platz zwischen diesen beiden Extremen ein. In gewisser Hinsicht sind alle Gehirne gleich programmiert, und in anderer Hinsicht sind sie es sicherlich nicht. Wenn man z. B. die Patentliteratur überall in der Welt betrachtet, dann scheint es da gewisse allgemeine, jedoch bemerkenswerte gedankliche Trends zu geben, welche zeigen, daß die Gehirne in der ganzen Welt zu gleichen Zeiten an ähnlichen Programmen interessiert sind. Jeder, der in der Forschung tätig ist und wissenschaftliche Abhandlungen veröffentlicht, kennt die Ängste, die ein Wissenschaftler aussteht. Irgend jemand könnte seine bedeutsame Entdeckung vor ihm veröffentlichen!

Der „Programmtrend" des menschlichen Gehirns ist nicht von der Art einer Musikbox. Das heutige Programm unterscheidet sich vom gestrigen. Es gibt einen Programmtrend, der von Tag zu Tag wechselt, als ob ein allgemeiner Wissenstrend von einer Menge von Gehirnen empfangen würde, die alle auf die gleiche Wellenlänge eingestellt sind. Wir haben uns mit dieser schlecht umrissenen Frage an anderer Stelle unter dem Namen „Geist-in-der-Gesamtheit" (engl. = mind-at-large) auseinandergesetzt. Auch andere Wissenschaftler haben davon Notiz genommen.[9]

Wenn die obigen, verallgemeinerten, vorsichtigen Ansätze Substanz in sich bergen, dann würden sie zur Erklärung anderer Phänomene wie der Außersinnlichen Wahrnehmung (ASW) und der Telepathie beitragen. Es ist natürlich vollkommen klar, daß allein schon die Erwähnung dieser beiden Begriffe auf die Stiere einiger Lager wie das sprichwörtliche rote Tuch wirken wird. Meine eigene Reaktion pflegte ähnlich zu sein, bis ich zufällig und ohne es zu wollen oder danach zu suchen auf einiges Beweismaterial stieß. Es besteht also kein Zweifel daran, daß man einen Großteil der Hirnphysiologie und -pharmakologie vollkommen zufriedenstellend auf der Grundlage von Gesetzen erklären kann, die innerhalb des Bereichs von innerer Programmierung und von naturwissenschaftlichem Materialismus liegen. Man müßte allerdings kühn sein, wenn man all die Beweise leugnen würde, die C. D. Broad mit der Absicht zitiert, daß nicht *alles* im Verhalten des Gehirns innerhalb dieses materiellen Spektrums erklärt werden kann. Wie wir an anderer Stelle zu zeigen versuchten, liegt die Frage nach dem Bewußtsein innerhalb des Gebietes der extramateriellen Eigenschaften des Gehirns.

Weitere Gesichtspunkte der Culbertsonschen Auffassung von Bewußtsein

Aus zwei Gründen müssen wir Culbertsons Vorstellungen vom Bewußtsein noch näher untersuchen. Erstens stellen sie einen repräsentativen Querschnitt durch die Ansichten dar, welche heute in naturwissenschaftlich-materialistischen Kreisen vertreten werden. Zweitens beweisen sie die Unzulänglichkeit des materialistischen Standpunktes auf diesem Gebiet.

Bei seinen Bemühungen, Bewußtsein auf rein mechanischer und deshalb materialistischer Grundlage zu erklären, versucht Culbertson folgendes zu zeigen: Wenn man auf mechanische Weise in Nervenbäume (d. h. Nervennetze, welche so miteinander verbunden sind, daß Nervenimpulse sowohl räumlich als auch zeitlich gesehen hindurchgeleitet werden) Impulse hineingäbe, dann würde das Bild einer dreidimensional/zeitlichen Darstellung entstehen. Dies würde nicht nur dann der Fall sein, wenn die Nervenbäume biologischen Ursprunges wären. Die gleiche dreidimensional/zeitliche graphische Darstellung würde in der gleichen Form auch in künstlichen Nervennetzen entstanden sein, durch die die gleichen elektrischen Impulse geschickt worden wären.

Culbertson sagt folgendes dazu: Wenn in unserer räumlich-zeitlichen Umwelt ein Ereignis passiert, wie z. B., daß ein Hund eine Katze jagt, und wenn man ein Abbild dieses äußeren Ereignisses reproduzieren kann, und zwar nicht anhand von konkreten Materialien, sondern in Form eines Elektronencodes von Impulsen im Nervennetz oder einem künstlichen Schaltkreis, dann kann man behaupten, jener Schaltkreis oder jenes Nervennetz sei sich der Tatsache *bewußt*, daß der Hund die Katze jagt. Wenn also äußere Ereignisse in den physikalischen Gegebenheiten von Raum und Zeit um uns herum passieren und im Psychoraum – das heißt in dem räumlich-zeitlichen Bereich innerhalb der Nervennetze des Gehirns – reproduziert werden können, dann, so sagt Culbertson, wird sich das Zentralnervensystem automatisch des äußeren Ereignisses bewußt, und zwar in dem Maße, in dem es innerlich im Psychoraum reproduziert wird.

Das mechanisch wiedergegebene, dreidimensional/zeitliche Bild, das in den neuralen Verzweigungen des Gehirns oder in den künstlichen Schaltkreisen einer Maschine in Codeform elektronisch dupliziert wird, verleiht nach Culbertson das erfahrungsmäßige Sichbewußtwerden des Bildes. Wenn wir innerhalb des Psychoraumes des Gehirns oder der Maschine ein sich bewegendes Bild in Form eines elektronischen Codes reproduzieren können, dann kann man sagen, der Psychoraum sei sich dieses Bildes bewußt.

Das ist, kurz zusammengefaßt, die Grundlage von Bewußtsein, wie sie sich nach Culbertson und anderen darstellt. Man wird bemerkt haben, daß es sich hier um eine von Grund auf *mechanische Vorstellung* handelt, die nicht nur die Interpretation von Bewußtsein hinsichtlich äußerer Ereignisse einschließt, sondern auch hinsichtlich Gedächtnisvorstellungen, Phantasie oder des Denkens selbst. Da diese Ansichten ein solch breites Spektrum bei der Erklärung der Gehirnfunktionen und des Bewußtseins selbst besitzen, werden wir ihre Zulänglichkeit überprüfen müssen. Die Tatsache, daß die vorgetragenen Thesen eine rein mechanische Erklärung von Gedanken und Bewußtsein darstellen, läßt sie für einige Materialisten attraktiv, in den Augen vieler mathematischer Physiker jedoch suspekt erscheinen.

Die Unzulänglichkeit rein mechanischer Bewußtseins-konzeptionen

Wenn es gelingt, das innere Bild eines äußeren Ereignisses auf eine „Projektionswand" zu projizieren, die ein dreidimensional/zeitliches Bild empfangen kann, dann wird sich die Projektionswand des auf sie projizierten Bildes bewußt sein. Das heißt, wenn eine innere Psychoraumprojektionswand dazu veranlaßt werden kann, ein externes Ereignis in passend codierter Form zu empfangen, dann wird jener Psychoraum sich des äußeren Ereignisses bewußt werden.

Eine kleine Überlegung zeigt die Unzulänglichkeit dieser Hypothese. Ein zweidimensional/zeitliches Bild kann leicht von Photonen als Bewegungsbild auf eine Projektionswand geworfen werden. Simulationen von stereoskopischen, dreidimensional/zeitlichen Ereignissen hat man auf Schirme projiziert, die dreidimensional/zeitliche Bilder empfangen können. Zu diesem Zweck hat man sich solcher Vorkehrungen wie Dampfwände bedient. Verschiedene Arten von Schirmen können verschiedene Arten von Bildern empfangen. Die Annahme würde jedoch wohl ebensowenig berechtigt sein, daß diese zwei- oder dreidimensional/zeitlichen Bilder ein *Bewußtsein* jener Bilder in dem sie

empfangenden Schirm erwecken, wie die Behauptung Culbertsons, daß bei der Projektion eines dreidimensional/zeitlichen
Bildes mit elektronischen Impulsen auf einen Psychoraum Bewußtsein entsteht. Keiner wird sich leicht davon überzeugen
lassen, daß sich eine Fernsehmattscheibe oder irgendeine andere
Projektionswand des auf sie mit Hilfe von Photonen oder Elektronen projizierten Bildes bewußt ist.

Es macht keinen großen Unterschied, ob der Schirm zwei- oder
dreidimensional/zeitliche Bilder empfangen kann. Auch spielt
es keine Rolle, ob das Bild in einen Psychoraum hineinprojiziert
wird oder nicht. Die Vorstellung, daß das bloße Projizieren
eines Bildes auch das Sichbewußtwerden dieses Bildes hervorruft, stellt eine riesige Simplifizierung dar. Wenn ein Psychoraum
sich eines Ereignisses bewußt werden soll, dann muß dieses Ereignis *zunächst* einmal in so klar umrissener Form wie nur möglich
hineinprojiziert werden. Das Bild im Psychoraum zu haben, ist
jedoch nur das eine Problem. Das andere Problem lautet: Wie
wird sich der Psychoraum oder irgendeine andere Mattscheibe
der Daten des Bildes bewußt, das sie empfängt? Obwohl die
technischen Probleme, die bei der Projektion des Bildes auf die
Psychoraumprojektionswand entstehen, recht groß sind, bietet
Culbertson scharfsinnige Lösungen an. Warum sollten wir uns
jedoch mit den technischen Einzelheiten beschäftigen, die zur
Projektion eines Bildes mit Elektronenimpulsen auf einen dreidi-
mensional/zeitlichen Psychoraum nötig sind, wenn wir das eigentliche Problem noch immer nicht gelöst haben: *Wie deutet
der Psychoraum diese Impulse und wohin erstattet er Bericht
über den Gehalt des projizierten Bildes?* An dieser Stelle gehen
die Culbertsonschen Theorien über das Wesen des Bewußtseins
von falschen Voraussetzungen aus.

Die Technik beherrscht heute die Kunst, Bilder auf Papier, fluo-
reszierende Schirme, Fernsehmattscheiben, Radarschirme etc. zu
projizieren. Wie man jedoch den Bildschirm selbst sich des auf
ihm erscheinenden Bildes bewußt werden läßt, ist ein völlig
verschiedenes – und sehr viel schwierigeres – Problem, und
zwar eines, das man nicht deswegen vernachlässigen sollte, weil
man sich auf die technischen Einzelheiten des ersten Problemes
konzentriert.

Es wird deutlich geworden sein, daß Culbertsons Auffassung vom Bewußtsein ein weiteres Beispiel für eine rein mechanistische, materialistische Deutung des Lebens darstellt. Viele hochqualifizierte Naturwissenschaftler haben wiederholt vor dieser Art von Oberflächlichkeit und Kurzsichtigkeit gewarnt, welche eine solche überaus vereinfachte Weltanschauung begleiten.

Sir James Jeans ist ein Wissenschaftler, der oft auf die Trugschlüsse rein mechanistischer Deutungen hingewiesen hat. Es folgt an dieser Stelle eine seiner bekannteren Aussagen über das Problem der allzu großen, im Interesse des naturwissenschaftlichen Materialismus vorgenommenen Vereinfachung:

„Die Bemühungen unserer nahen Vorfahren, die Natur mit technischen (d. h. mechanistischen) Prinzipien zu erklären, erwies sich in gleicher Weise als unzulänglich. Die Natur lehnte es ab, sich an eine dieser von Menschen gemachten Formen anzupassen. Auf der anderen Seite haben sich unsere Bemühungen, die Natur mit den Begriffen der reinen Mathematik zu erklären, als ungemein erfolgreich erwiesen. Es scheint heute außer Zweifel zu sein, daß die Natur in mancher Hinsicht mehr mit den Begriffen der reinen Mathematik als mit denen der Biologie oder Technik gemein hat, und selbst wenn die mathematische Deutung nur eine dritte, von Menschen gemachte Form ist, entspricht sie der Natur zumindest unvergleichlich viel besser als die beiden, welche vorher ausprobiert wurden . . . Mich erinnern die Gesetze, denen die Natur gehorcht, weniger an die, denen eine Maschine in ihrer Bewegungsweise gehorcht, als an die, welche einen Musiker beim Komponieren einer Fuge oder einen Dichter beim Niederschreiben eines Sonetts leiten. Die Bewegungen der Elektronen und Atome ähneln nicht so sehr der Bewegung der einzelnen Teile einer Lokomotive, sondern vielmehr jenen Bewegungen, welche die Tänzer in einem Kotillon ausführen."[10]

Wir wollen folgendes festhalten: Etwas, das so schwer verständlich ist wie Denkprozesse, Intelligenz oder Bewußtsein, in einem rein mechanistischen Bezugssystem zu interpretieren, bedeutet einen Rückschritt in der Formulierung wissenschaftlicher Theorien. *Die Geschichte des wissenschaftlichen Fortschrittes der letzten dreißig Jahre hat bewiesen, daß rein mechanistische Erklärungen der Wirklichkeit gewöhnlich deshalb unbefriedigend bleiben, weil sie nur einen Teil oder einen Aspekt der Wahrheit repräsentieren.*

Wir dürfen deshalb folgern, daß die Antwort auf das Problem des Bewußtseins nicht in der Annahme liegt, daß die Materie das Phänomen „Denken" oder „Bewußtsein" mechanisch produzieren oder auch nur als dessen Grundlage dienen kann. *In der Tat sprechen die Beweise genau für das Gegenteil, denn die Materie selbst wurde von Denkprozessen geschaffen und erhalten. Man kann diese Vorstellung besser durch die Behauptung ausdrücken, daß Denken nicht das Resultat der Materie ist, sondern daß sie (die Materie) wahrscheinlicher das Resultat von Denken ist.*

Auch bei diesem Problem kann uns Sir James Jeans weiterhelfen: „Wenn dem so ist, dann kann man das Universum am besten, wenn auch nur sehr unvollkommen und unzulänglich, so darstellen, als ob es aus reinem Denken bestehe, das Denken von etwas, das wir aus Ermangelung eines umfassenderen Wortes als ein mathematisches Denken beschreiben müssen."[11]

Diese Vorstellung, daß Denken, Bewußtsein und intellektuelle Energie und nicht so sehr die bloße Mechanik die grundlegende Schöpfungskraft des Universums ist, wurde von Jeans noch weiterentwickelt, wie die beiden folgenden Zitate beweisen:

„Wir können also sehen, warum die *Energie, das fundamentale Wesen des Universums* wieder als eine mathematische Abstraktion behandelt werden mußte – die Integrationskonstante einer Differentialgleichung. Das gleiche Konzept beinhaltet natürlich auch, daß die letzte Wahrheit über eine Erscheinung in ihrer mathematischen Beschreibung liegt ... Wenn man Modelle oder Bilder zur Erklärung mathematischer Formeln und der Phänomene, die sie beschreiben, anfertigt, so ist das nicht ein Schritt zur Realität hin, sondern von ihr weg; es ist das gleiche, als ob man von einem Geist eingemeißelte Abbilder herstellt."[12]

Hier bringt Jeans zum Ausdruck, daß vor über sechzig Jahren die Naturwissenschaftler dachten, wir würden auf die Entdeckung lossteuern, daß die letzte Realität irgend etwas Mechanisches sei. Man war der Auffassung, das Leben sei blind in die chemischen und mechanischen Kräfte eines Wirrwarrs von Atomen hineingestolpert und habe sich dann durch die mechanistischen Aktionen von natürlicher Auslese und richtungslosen Mutationen höher entwickelt. Rein mechanische Erwägungen führten zu der Ansicht, daß die gleichen mechanischen Kräfte, die die Entstehung des Lebens bewirkten, auch zu seiner Zerstörung führen würden.

Die wissenschaftliche Atmosphäre in vielen mathematischen Kreisen begünstigt heute eine ziemlich unterschiedliche Haltung. Zumindest in einigen dieser Kreise stimmt man darin überein, daß wir uns rasch auf eine nicht-mechanische Deutung der Wirklichkeit hinbewegen. Jeans drückt diese Ansicht wie folgt aus:

„Das Universum beginnt, mehr wie ein großer Gedanke als wie eine große Maschine auszusehen. Der Geist erscheint nicht länger als Zufallseindringling in das Reich der Materie. Wir beginnen zu vermuten, daß wir ihn (d. h., den Geist) eher als Schöpfer und Regierer des Materiellen begrüßen sollten – natürlich nicht unseren individuellen Geist, sondern den Geist, in dem die Atome, aus denen unser individueller Geist gewachsen ist, als Gedanke existieren."[13]

Derartige Vorstellungen passen zu vielen Erfahrungen, die wir Menschen mit unserem eigenen Denken machen. Unsere eigenen Schöpfungen drücken zu einem gewissen Teil den Geist aus, der sie schuf. Wenn wir diesen Gedankengang fortsetzen, dann können wir viel dazu tun, den alten Stein des Anstoßes zu entfernen, der als Dualismus zwischen Geist und Materie bekannt ist, wobei die Materie Leben und Geist in unserem All feindlich gegenüberstehen sollte. Die mathematische Konzeption der Materie als Verkörperung des hinter ihr stehenden Geistes stimmt nämlich nicht nur mit klassischen Vorstellungen zu diesem Thema überein, sondern sie leistet noch mehr.[14] *Die mathematische Auffassung vom Wesen der Materie würde nicht zu dem Schluß führen, daß der Geist nur eine Funktion und ein Anhängsel der Materie ist, denn das ist es, kurzgefaßt, was die meisten materialistisch eingestellten Naturwissenschaftler glauben. Sie meinen nämlich, daß eine in bestimmter Weise angeordnete Materie Geist und Bewußtsein produzieren wird. Wir meinen, daß die Materie eher ein Endprodukt, eine Manifestation und Funktion des Geistes ist.*[15]

So führen fortschreitende wissenschaftliche Überlegungen dazu, die Materie als in einer Art von Denkmatrize gebildet aufzufassen, die die Materie erhält, nachdem sie sie als Ausdruck von Geist und Bewußtsein geschaffen hat. Wie schon erwähnt, bildet die Funktion unseres eigenen Geistes und Bewußtseins eine schwache Parallele. Der menschliche Geist drückt sich selbst in Schöpfungen aus, in denen der Ordnungsgrad erhöht und die Entropie reduziert wird. Aber gerade so, wie die Ausdrücke und Schöpfungen unseres eigenen individuellen Geistes vergänglich und unvollkommen sind, spiegeln sie auch uns selbst als die Vergänglichen und Unvollkommenen wider. Physikalisch gesprochen, nimmt unsere Entropie bis zur Auflösung beim Tode ständig zu, so daß die Früchte unserer Gedanken in echter Weise durch die vergängliche, flüchtige Art dessen, was wir schaffen, ausgedrückt werden. In ähnlicher Weise kommt die beständige und substantielle Art des ewigen Geistes, der hinter der Natur steht, durch den dauerhaften Charakter von Materie und Energie zum Ausdruck, die unzerstörbar sind.

Wir wollen damit nicht sagen, daß Geist gleich Natur oder Natur gleich Geist ist, so daß die beiden Begriffe nicht mehr unterschieden werden könnten. Wir glauben im Gegenteil, daß der Geist außerhalb der Natur ist, obwohl er sie sicherlich durchdringt und übersteigt. Wir können also den Geist so betrachten, daß er die Natur in „sich selbst" geplant und sie außerhalb „seiner selbst" realisiert hat, während er sie noch immer von der multidimensionalen Sphäre der Allgegenwart aus durchdringt.

Jeans drückt diese Vorstellung in bewundernswerter Weise aus: „Die modernen naturwissenschaftlichen Theorien zwingen uns zu dem Gedanken, daß der Schöpfer außerhalb von Raum und Zeit wirkt, gerade, wie sich der Künstler außerhalb seiner Leinwand befindet. ‚Non in tempore, sed cum tempore, finxit Deus mundum.'" [16]

Es gibt noch einige weitere Fragen zum Wesen von Realität, Denken und Bewußtsein, denen wir etwas Aufmerksamkeit schenken müssen, bevor wir zu unserem Hauptthema zurückkehren.

Das Universum – ein Gedanke im Bewußtsein

Im tiefsten Grunde, so meint Jeans, ist das gesamte Universum ein einziger Supergedanke in einem Schöpfergeist und Schöpferbewußtsein. Die verschiedenen Aspekte der Materie, einschließlich jener Aggregate, welche ein Primatengehirn aufbauen, sind seiner Meinung nach untergeordnete Ausdrücke desselben Geistes und Bewußtseins. All die Eigenschaften, welche die Materie in ihren verschiedenen Formen und Zuständen besitzt, sind ebenfalls Ausdruck desselben Geistes.

Das bedeutet: Wenn wir bestimmte Nervennetzaggregate finden, welche die Eigenschaften „Bewußtsein" und „Intelligenz" besitzen, dann sind sogar dieses Bewußtsein und diese Intelligenz Ausdrucksformen des Supergedankens, in dem die Materie wie in einer Matrix liegt. Es kann keine rein mechanische Erklärung von Denken, Intelligenz oder Bewußtsein geben, wenn man diese Vorstellung von ihrem Wesen zugrunde legt. Sowohl ihr Wesen als auch ihr Ursprung sind in die Matrix des Schöpferdenkens eingebettet, welches sie ersann und erhält.

Die gleiche Vorstellung gilt auch für das Wesen des Lebens selbst. Wenn bestimmte Aggregate der Materie Leben zeigen, dann ist dieses Leben ebenfalls ein Untergedanke in dem Supergedanken, der die Matrix aller Materie ist, einschließlich derjenigen, welche als Grundlage des Lebens dient. Auch hier kommt kein rein mechanisches Konzept des Lebens, wie naturwissenschaftlich-materialistische Vorstellungen es präsentieren, in Frage.

Die gleichen Begriffe kann man auch auf den Schöpfungsakt selbst anwenden. Die gesamte Zeit kann man als Akt der Schöpfung betrachten. Sie ist lediglich die Verkörperung der Gedanken jenes Geistes. Das bedeutet, daß die Zeit selbst und alle ihre Einteilungen in Jahrhunderte, Jahre, Monate, Wochen, Tage, Stunden, Minuten und Sekunden ebenfalls Äußerungen jener Gedankenmatrize darstellen, in welcher alle Realität als in dem göttlichen Geist eingebettet liegt.

Da einige Naturwissenschaftler diese große Einsicht in das Wesen von Realität und Denken gewonnen haben, bedeutet es nun nicht einen Schritt rückwärts, wenn man eine rein mechanistische Denk- und Bewußtseinstheorie für adäquat hält? Und das um so mehr, wenn wir uns daran erinnern, daß das Denken als eine grundlegende Schöpfungskraft des Universums weit überragender ist, als daß sie einer solch einfachen Deutung wie der mechanistischen zugänglich wäre. Auch an dieser Stelle ein bewundernswerter Wortführer:

„Die Mechanik hat ihren Pfeil schon verschossen und ist dabei schmählich fehlgegangen, und zwar sowohl im wissenschaftlichen wie im philosophischen Bereich. Falls irgend etwas dazu bestimmt sein sollte, die Mathematik zu ersetzen, dann scheint die Mechanik besonders geringe Aussichten dabei zu besitzen."[17]

Der Schluß, welchen Jeans zieht, lautet: Wir müssen uns dem Beweis stellen, *daß das Weltall in der Matrix von kontrollierendem Denken und Bewußtsein existiert und daß dieses Denken in einiger Hinsicht unserem eigenen ähnlich ist.* Die Übereinstimmung zwischen dem kontrollierenden Einfluß hinter aller Realität und unserem eigenen Geist scheint dann besonders groß zu sein, wenn es um das Denken und Formulieren mathematischer Realität geht. Wenn das der Fall ist, wird es offensichtlich unwahrscheinlich, daß die gesamte Lebewelt und besonders das menschliche Zentralnervensystem durch Zufall ins Weltall hineinstolperte. *Der menschliche Geist und seine Funktionsweise ähneln der Funktionsweise des Geistes, der hinter der Realität steht, zu sehr, als daß er auf Zufall beruhen könnte.* Diese Übereinstimmung zwischen der Funktionsweise unseres Geistes und der des Geistes hinter den Dingen hat in mathematischen Kreisen zu vielen Überlegungen Anlaß gegeben. Sir James Jeans vertritt die Ansicht, daß der Geist, wie auch Denken und Bewußtsein, wegen dieser faktischen Ähnlichkeit kein zufälliger Eindringling in unsere materielle Welt sein könne. Das heißt, sie sind wahrscheinlich nicht auf rein zufälliger Grundlage entstanden. Die materiellen Eigenschaften von Atomen und Molekülen allein bieten nur eine unzulängliche Grundlage zu ihrer Erklärung. Die nicht so greifbare Eigenschaft, die man „Denken" nennt, muß hinzugezogen werden, um die einzig mögliche Erklärung zu liefern. In diesem Zusammenhang schreibt Sir James Jeans:

„Während vieles in ihm (dem All) dem materiellen Zubehör des Lebens gegenüber feindlich sein mag, so ist doch vieles den Grundäußerungen des Lebens sehr ähnlich. Wir sind gar nicht so sehr Fremdlinge oder Eindringlinge ins Universum, wie wir zuerst vermuteten."[18]

Das Fazit all dieser Überlegungen lautet: Geist kann nicht mehr als zufällig (wie die Darwinisten immer behauptet haben) angesehen werden, sondern Geist ist kausal. Er ist die Ursache der Materie und Codierung, die uns umgibt, und des Geistes, den wir in uns tragen. Im tiefsten Grunde scheint Geist der Schöpfer und Lenker der Realität und Materie zu sein.

Planung – das Anzeichen für Geist und Bewußtsein

Wenn man alles auf einen gemeinsamen Nenner bringt, so ist der Beweis für den Geist der mathematische Beweis von Planung und Codierung. Planung ist Ausdruck von Geist, wie es auch Codes sind, denn Planung liegt allen mathematischen Formeln und Gleichungen zugrunde. Wo es keine Planung, Codierung oder Ordnung gibt, da existiert kein mathematischer Ausdruck von Denken. Schließlich verbirgt sich hinter jedem Code Geist, sowohl, was seine Erfindung, als auch, was seinen Empfang betrifft.

1 James T. Culbertson, *The Mind of Robots, Sense Data, Memory Images and Behavior in Conscious Automata*, pp. 1—466.
2 Ibid., pp. 231, 250—51.
3 Ibid., pp. 376, 381.
4 Ibid., p. 71.
5 Ibid.
6 Ibid., p. 78.
7 Ibid., p. 106.
8 Vgl. ebenso A. E. Wilder Smith, *The Drug Users*, pp. 152 ff.
9 Ibid., pp. 149 ff., 152 ff., 165 ff., 171 ff., 213—221, 251.
10 Sir James Jeans, *The Mysterious Universe*, pp. 143—46.
11 Ibid., pp. 146—47.
12 Ibid., pp. 150—51.
13 Ibid., p. 158.
14 „Denn Gottes unsichtbares Wesen, das ist seine ewige Kraft und Gottheit, wird ersehen seit der Schöpfung der Welt und wahrgenommen an seinen Werken" (Röm. 1, 20). Das heißt, die Materie offenbart Denken.
15 Sir James Jeans, pp. 158—59.
16 Ibid., p. 155, „Gott schuf die Welt mit Hilfe der Zeit, jedoch nicht in der Zeit".
17 Ibid., p. 156.
18 Ibid., p. 159.

9
Bewußtsein und das Raum/Zeit-Kontinuum

Auf der Grundlage der vorhergehenden Erwägungen müssen alle rein mechanischen und deshalb materialistischen Deutungen des Bewußtseins unzulänglich bleiben. Sie reichen noch nicht einmal aus, um die Materie selbst zu erklären, von der man doch sicherlich mehr weiß als vom Bewußtsein. Wir müssen also über die rein mechanischen und materiellen Erwägungen hinaus nach Hinweisen für das Wesen von Geist und Bewußtsein suchen. Dies bedeutet, daß wir uns außerhalb des Raum/Zeit/Energie/Materie-Kontinuums umsehen müssen, innerhalb dessen sich heute der Großteil der naturwissenschaftlichen Forschung abspielt.

Auch hier war es Sir James Jeans, der den Weg deutlich machte, den wir einschlagen müssen, wenn wir die Fragen nach Geist und Bewußtsein auf eine rationale und mathematische Basis stellen wollen. Eine von diesem Mathematiker benutzte Vorstellung zur Sondierung der komplexen Tiefen des Bewußtseins war die der Weltlinie, welche das Forschungsgebiet verdeutlicht, auf das wir uns nun begeben müssen.

Zunächst einmal wird es nötig sein, die Vorstellung zu definieren, die hinter einer Weltlinie steht, da sie von entscheidender Wichtigkeit ist, wenn man einen Überblick über unser Thema erhalten will.

Definition und Beispiel einer Weltlinie

Betrachten wir den Flug eines Flugzeuges von einer Stadt zu einer anderen. Seine Positionen vor dem Fluge, während und nach Abschluß des Fluges möge das Diagramm (Abb. 2) veranschaulichen, welches auch die Parkdauer des Flugzeuges vor seinem Start und nach seiner Landung einschließt.

Die Zeit AB bedeutet die Parkzeit auf dem Washingtoner Flughafen.

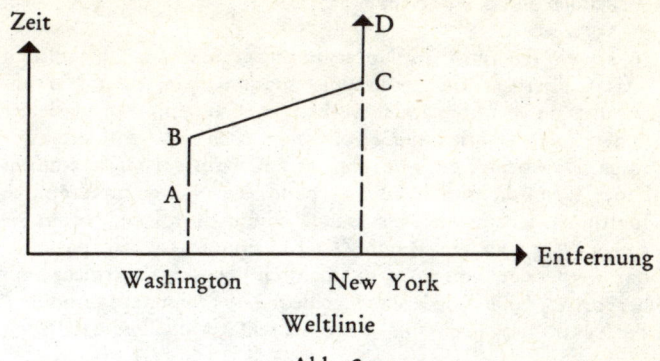

Weltlinie

Abb. 2

Die Zeit BC bedeutet den Flug zwischen Washington und New York.

Die Zeit CD bedeutet die Parkzeit auf dem New Yorker Flughafen.

Die Weltlinie des Flugzeuges wird durch die Linie ABCD bezeichnet. D. h., die Trajektorie der Weltlinie stellt die Bewegung des Flugzeuges mit Bezug auf Raum und Zeit dar. Die Weltlinie repräsentiert die Fortbewegung der Maschine vom Standpunkt der Entfernung (Raum) und der Zeit, d. h., die Weltlinie stellt Bewegung im Raum/Zeit-Kontinuum dar.

Man beachte, daß es in einer räumlich-zeitlichen Darstellung wie der Weltlinie niemals Stillstand gibt, denn ein Objekt, das, räumlich gesehen, „stillsteht", bewegt sich immer noch in der Zeit. Während der Parkdauer auf den Flughäfen bewegt sich die Weltlinie senkrecht nach oben. Während der Flugdauer des Flugzeuges nähert sie sich mehr der Horizontalen. Die Weltlinie kann jedoch niemals völlig horizontal werden, denn das würde unendliche Geschwindigkeit voraussetzen, die man natürlich nie erreichen kann. Bei Lichtgeschwindigkeit würde die Weltlinie sich der horizontalen Lage annähern, aber sie nie ganz erreichen.

Um eine andere Illustration einer Weltlinie (die weitaus komplexer als die eines parkenden und fliegenden Flugzeuges ist) zu verwenden, betrachte man die räumlich-zeitliche Darstellung einer angebundenen Kuh oder Ziege. Das Tier wird sich mit fortschreitender Zeit um seinen Pflock herum bewegen. So wird die Gestalt der Weltlinie eines Tieres in einer derartigen Lage von schraubenförmiger Art sein.

169

In seinen theoretischen Untersuchungen über das Bewußtsein setzt Culbertson die Fortleitung zusammenhängender Nervenimpulse durch miteinander verbundene Nervennetze in Beziehung zu der Wahrnehmung von Ereignissen in Raum/Zeit-Kontinua. Dies bringt er, wie folgt, mit Bewußtsein in Zusammenhang: Wenn die miteinander verbundenen Nervenimpulse ihren Weltlinien durch ein Nervennetz hindurch folgen, folgen sie einem Weg, der ein Raum/Zeit-Kontinuum ist. Sie passieren das Nervennetz und rufen so eine dreidimensional-zeitliche Spur hervor, die eine Wiedergabe in dem „Nervennetzpsychoraum" des Zentralnervensystems oder eines seiner Modelle darstellt.[1]

Das besagt, daß das außerhalb des Körpers stattfindende Ereignis endogen im Psychoraum reproduziert wird. So entsteht eine Kopie des äußeren Ereignisses innerlich im Psychoraum, und zwar in Form von Nervenimpulsen im Nervennetz, die sich wie Weltlinien in einem Raum/Zeit-Bild verhalten. Die Fortleitung von Nervenimpulsen durch ein räumlich-zeitliches Nervennetz ist nämlich genau das gleiche wie die Darstellung einer Weltlinie. Der zurückgelegte Weg kennzeichnet die Bewegung der Nervenimpulse genauso, wie wir die Bewegung des Flugzeuges im Raum/Zeit-Kontinuum verfolgten. So entsteht ein Abbild der Weltlinien äußerer Ereignisse endogen in dem Psychoraum des Nervennetzes. Anders formuliert: Die äußere, räumlich-zeitliche Realität wird als Kopie von Weltlinien in dem Psychoraum des menschlichen (oder eines anderen) Gehirns wiedergegeben. Die Nervennetze im Zentralnervensystem und in Maschinen, welche auf die Empfindung von Bewußtseinsprozessen hin konstruiert wurden, sind also so gebaut, daß die dort stattfindenden Nervenimpulsereignisse die Miniaturform von Weltlinien im Psychoraum bilden. Kurz zusammengefaßt: Das Gehirn ist ein Instrument zur Wiedergabe äußerer Weltlinien im Inneren in Miniaturform. Diese inneren Weltlinien werden als Bild in die Hirnnervennetze projiziert, und zwar ebenso, wie man zweidimensional-zeitliche Bilder auf einen Fernsehschirm wirft.

Wie wir bereits erwähnt haben, widmete Culbertson seine Forschungen der Erfindung von Nervennetzen, die imstande sind, ein solches Bild zu empfangen. Er arbeitete an der Konstruktion künstlicher Psychoräume, von denen er glaubte, sie würden aufgrund der Tatsache, daß ein Bild auf sie geworfen wird, Bewußtsein empfinden. An dieser Stelle hoffen wir, unsere früheren Schlußfolgerungen mit einer neuen zu verbinden, nämlich der, daß Bewußtsein und Bilder im Psychoraum mit dem Konzept der Weltlinien zusammenhängen. Es ist erforderlich, das Problem auf diese Weise anzugreifen, wenn es auch zwangsläufig einige Wiederholungen mit sich bringt. Die Begriffe „Weltlinien", „Psychoräume in Nervennetzen" und „Neuronenbilder" in Raum/Zeit-Kontinua sind nämlich für jede Vorstellung vom Wesen des Bewußtseins von entscheidender Wichtigkeit.

Nach Culbertson sind bei einer Maschine die zur Hervorrufung von Bewußtseinsprozessen erforderlichen Bedingungen ganz einfach und klar definiert. Neuronen oder Schaltkreise müssen so verbunden werden, daß die sie passierenden Impulse im Inneren und in Miniaturform die Weltlinien des äußeren Ereignisses kopieren. Wenn der Impuls durch den Nervenbaum eilt, wird er die Wirkung eines allmählichen Bewußtwerdens hervorrufen, bis er seine volle Stärke erreicht; danach wird er bis in die äußersten Spitzen des Nervenbaumes weitergeleitet, wobei er ein Verblassen des Eindrucks vorspiegelt. Auf diese Weise kann nach der Meinung Culbertsons und anderer erklärt werden, wie aufsteigende Gedanken und aufsteigendes Bewußtwerden von Eindrücken allmählich zu dem konzentrierten „jetzt" gelangen, welches zur verblassenden Vergangenheit wird, wenn der Impuls zu den Enden des Nervennetzes eilt. Der gesamte Nervenbaum fungiert als Substrat, auf den die Ereignisse innerlich stereoskopisch, sowohl in Raum als auch in der Zeit, wie auf einem vierdimensionalen Schirm erscheinen, der den Nervenbaum darstellt.

Um einen solchen Bewußtseinseffekt hervorzurufen, bedarf es natürlich unzähliger Nerven und Verbindungsstellen. Die Wahrnehmung verstreichender Zeit wird nämlich durch die Verzögerung in der Impulsleitungszeit erreicht, wenn der Impuls die Nervenachse passiert. Dieser Effekt der zeitlichen Verzögerung beansprucht große Längen der Nervenachse, so daß die zur Leitung eines Nervenimpulses benötigte Zeit ein wichtiger Faktor bei dem Hervorrufen des Zeitverstreichungseffektes ist. Die Nervenlänge, die man zur Herstellung dieses Effektes braucht, stellt jedoch nicht den einzigen Faktor dar. Um eine dreidimensionale Wirkung zu erreichen, bedarf es auch noch unzähliger Querverbindungen. Aus diesen Gründen müsse, so meint Culbertson, ein zu Bewußtsein fähiges Hirn in hohem Maße komplex sein. An dieser Stelle treffen sich sicherlich theoretische Erwartungen und praktische Befunde.

Alle diese Einzelheiten beschäftigen sich damit, in einem Psychoraum ein dreidimensionales, raumzeitliches Weltlinienbild von Impulsen zu erzeugen. Es wird jedoch nicht darauf eingegangen, wie dieser komplexe Schirm sich wirklich des Bildes bewußt wird, welches in so bewundernswerter Weise auf ihn projiziert wird. Auch an dieser Stelle wird klar, daß Culbertsons rein mechanische Deutung des Bewußtseins unzulänglich ist und bei der tatsächlichen Frage nach dem Bewußtsein und seinem Wesen von falschen Voraussetzungen ausgeht.

Weitere Untersuchungen zum Wesen des Bewußtseins

Jeans benutzt das Konzept der Weltlinien, um unser Verständnis vom Wesen des Bewußtseins zu vertiefen und weiterzuentwickeln. Er weist darauf hin, daß *die Weltlinien der Atome, aus denen der menschliche Körper besteht, die besondere Fähigkeit besitzen, unserem Geist Sinnesdaten zu vermitteln.*[2] Jene Atome und Moleküle, die Teil des menschlichen Körpers sind, beeinflussen unser Bewußtsein auf noch nicht geklärte Art und Weise direkt, wohingegen der Rest der Materie außerhalb des jeweiligen menschlichen Körpers und außerhalb seiner Weltlinien unser Bewußtsein nur indirekt beeinflussen kann. Die Weltlinien der Atome außerhalb unseres Körpers können unser Bewußtsein nur durch die Weltlinien jener Atome beeinflussen, die Teile unseres Körpers sind und mit dem Bewußtsein in Zusammenhang stehen.

So kann die äußere Welt, derer wir uns bewußt sind, nur durch die Weltlinien unserer inneren, uns selbst aufbauenden Atome in unser Bewußtsein dringen. Anhand dieser grundsätzlichen Erwägungen kommt Jeans zu dem Schluß, daß man unser Bewußtsein am besten als etwas deuten könnte, das sich außerhalb unserer eigenen Weltlinien befindet, jedoch an Punkten entlang dieser unserer Weltlinien mit den äußeren Weltlinien in Kontakt steht. Vielleicht kann eine von Jeans benutzte Illustration diesen wichtigen Punkt verdeutlichen. Jeans vergleicht die Zeit mit etwas, das sich vom Anfang her ausbreitete, als das Weltall durch die Vermittlung des Schöpfungsaktes „aufgezogen" wurde und sich zur vor uns liegenden Ewigkeit hin ausstreckt. Er vergleicht dieses „etwas", das „ausgebreitet" ist, mit einem großen Bild, mit dem wir nur für den flüchtigen Augenblick des Bewußtseins in der „Gegenwart" in Kontakt stehen, geradeso wie ein sich drehender Fahrradreifen nur immer dort mit der langen

Straße, die sich vor ihm ausbreitet, in Berührung kommt, wo er die Straßenoberfläche berührt. Die Straße existiert auch noch vor und nach dem flüchtigen Augenblick der Berührung mit dem auf ihr entlangfahrenden, sich drehenden Reifen.

In ähnlicher Weise sind die Weltlinien der Atome des Universums wie eine Straße ausgebreitet und existieren, bevor und nachdem wir sie in dem „jetzt" des Bewußtseins erlebt haben. Das „jetzt" ist der Berührungspunkt unserer Weltlinien (des Reifens) mit ihnen (der Straße). *Der innerhalb dieser Analogie wichtige Punkt besteht darin, daß man das Bewußtsein für den flüchtigen Moment der Berührung zwischen unseren Weltlinien und jenen der Atome der Welt um uns herum ansieht.* Das heißt, Bewußtsein ereignet sich an der zeitlichen Stelle des Kontaktes zweier Arten von Weltlinien: unserer eigenen und jener der uns umgebenden Realität. Dieser Vergleich würde eine diskontinuierliche Auffassung von Bewußtsein vermitteln, wenn wir ihn nicht mit anderen Fähigkeiten des Zentralnervensystems verbinden würden: Bewußtseinskontinuität aufgrund von Gedächtnisbildern von dem früheren Kontakt unserer eigenen Weltlinien mit denen der Umgebung. Das Gedächtnis hilft uns, jeden flüchtigen Augenblick der Berührung zurückzurufen. Durch Extrapolation nach vorn können wir in der Lage sein, für einen kurzen Zeitraum „vorauszusehen" und die vor uns liegende Straße, die Zukunft, im Geiste zu betrachten, während wir noch in der Berührung des „jetzt" stehen.

Derartige Bilder helfen uns zu verstehen, daß das menschliche Bewußtsein aus einem zentralen „jetzt" besteht, welches durch das Zurückrufen des vom Gedächtnis gelieferten Bewußtseins der Vergangenheit ergänzt wird. In einigen wenigen Fällen kann das menschliche Bewußtsein die Fähigkeit besitzen, in die vor ihm liegende Realität zu schauen und so Punkte der Weltlinien der Weltatome zu erfahren, die mit unseren Weltlinien noch nicht in Berührung getreten sind. Der „Prophet" kann so die Zukunft mit der gleichen Klarheit sehen, mit der der gewöhnliche Sterbliche die Erinnerungen der Vergangenheit oder das „jetzt" sieht. Wie wir an anderer Stelle erwähnten, können bestimmte halluzinogene Drogen wie Meskalin, Tetrahydrocannabinol (Cannabis, Haschisch etc.) und LSD das menschliche Zentralnervensystem bei der Anwendung solcher Fähigkeiten beeinflussen.[3]

Diesem Bild entsprechend berührt unser Bewußtsein das Gesamtbild nur entlang der Weltlinien, die zu den Atomen gehören, welche den menschlichen Körper aufbauen. Diese Vorstellung bringt eine sehr wichtige Einsicht mit sich. Das Bewußtsein anderer Menschen kann das gleiche Weltbild berühren, und zwar an genau dem gleichen Zeitpunkt, an dem wir selbst es berühren und erfahren. Und andere Leute erleben die gleichen Weltlinien wie wir, jedoch nur durch die Vermittlung ihrer eigenen besonderen Weltlinien. Das bedeutet, daß das Bewußtsein jedes einzelnen ein exklusives, privates und individuelles Erlebnis ist, selbst wenn alle ein gemeinsames Bild der allgemeinen Weltlinien berühren. Daher kommt es, daß wir alle in einer Art der Isolierung voneinander leben und sterben. Durch die Struktur unseres Bewußtseins selbst sind wir alle „von Geburt" einsam. Das einzige Gemeinsame ist die Wirklichkeit, mit der wir Kontakt aufnehmen können.

Wenn das Bewußtseinsbild mit dem Wechsel unserer Berührung mit der „Straße" sich verändert, dann entsteht das Bild verstreichender Zeit. Es sieht tatsächlich so aus, als ob wir unsere Weltlinien entlanggezogen würden, wenn wir durch das Leben gehen und verschiedene Teile der allgemeinen raum-zeitlichen Wirklichkeit an den aufeinanderfolgenden Berührungspunkten unserer eigenen Weltlinien mit den universalen flüchtig erleben.

Diese Vorstellung besitzt eine Reihe von Konsequenzen. Weyl entwickelt dies Konzept des Bewußtseins weiter und beschreibt Ereignisse nicht, als ob sie gerade „geschehen". Seiner Meinung nach käme es der Wahrheit näher zu sagen, daß wir auf allgemeine Ereignisse „auftreffen" während des Verlaufs unseres Weges durch die Realität.[4]

Vielleicht könnte diese Sichtweise der Dinge einige ältere und neuere theologische Ansichten erklären, welche behaupten, daß der Schöpfer das Ende vom Anfang unterscheide und umgekehrt. Trotz dieser Logik würde es jedoch niemals richtig sein, noch einen Schritt weiterzugehen und zu behaupten, daß man das Leben fatalistisch betrachten müsse: „Was vorbestimmt ist, wird geschehn, ohne Rücksicht auf unser Verhalten." Die Konsequenzen dieser Meinung sind im Osten zu sehen. Die Früchte einer solchen Weltanschauung (Lethargie, Fatalismus, Trägheit) sind der beste Beweis, daß die hinter ihnen stehende Theorie irgendwie faul sein muß. Sie kann in der Tat nicht die ganze Wahrheit zu dieser Frage ausdrücken, denn sie läßt den ebenso wichtigen Aspekt menschlicher Verantwortung zur Veränderung bestimmter Situationen und zur Verhinderung unerwünschter Ereignisse außer acht.

Mit anderen Worten: Man muß in die vieldimensionale Wirklichkeit eine zusätzliche Dimension einbauen, die das, was man „freien Willen" nennt, sicherstellt. Sie muß eingebaut werden, um uns zu versichern, daß man die Welt nicht für einen Spielzeugroboter halten könnte, der dabei ist, bei seinem Ablaufen ein unabänderliches, feststehendes Programm zu erfüllen.

Plato drückt praktisch die gleiche Vorstellung aus, wenn er im *Timaeus* sagt, daß Vergangenheit und Zukunft geschaffene Arten der Zeit sind, die wir unbewußt, aber fälschlicherweise auf das ewige Sein übertragen.[5] Wir sagen „war", „ist" und „wird sein", aber die eigentliche Wahrheit lautet, daß der einzig wirklich gültige Ausdruck, den wir im Angesicht des Ewigen zu gebrauchen wagen, derjenige ist, den wir als „ist" bezeichnen, geradeso wie Gott, der Ewige, sich selbst der „Ich bin" nennt.

Auf dieser Grundlage kann man Bewußtsein als doppeltes Ereignis auffassen, ebenso wie das Berühren der Straße durch den Reifen. Die andere Seite ist die Berührung des Reifens durch die Straße. So besteht mein Bewußtsein daraus, daß die Atome meiner Weltlinie mit den äußeren allgemeinen Weltlinien außerhalb meines Körpers in Berührung kommen, und daraus, daß die äußere Weltlinie, die die gesamte Welt darstellt, in Kontakt mit meiner Weltlinie tritt. Bei dieser Auffassung *ist das Bewußtsein ein Zwittergebilde, das entsteht, wenn sich die inneren und äußeren Weltlinien in der flüchtigen Gegenwart begegnen. Die äußeren Linien schließen die gesamte Realität ein, die, potentiell gesehen, mit all meiner potentiellen Realität zu einem bestimmten Punkt in der Zeit, dem „jetzt", in Kontakt tritt. Eine Folge dieser Vorstellung besteht darin, daß man nicht sagen kann, das menschliche Bewußtsein oder anderes Bewußtsein bestehe allein aus mir selbst und meinem stofflichen Körper. Es ist eine Hybridstruktur zwischen der gesamten Realität und meiner Realität.* Wenn ich selbst und die gesamte Realität nur stofflicher Natur sind, dann kann man sagen, auch das Bewußtsein sei stofflicher Art: meine Materie, verbunden mit dem Teil der Gesamtmaterie, der sich um mich herum befindet. Wie sieht es jedoch mit dem exogenen Geist oder Denken aus, die in den Codes des Lebens und der Materie verborgen sind und mit denen wir uns schon beschäftigt haben? Wenn dieser Geist überstofflicher Art ist, dann ist mein Bewußtsein aufgrund der obigen Überlegungen ebenfalls hybrider Natur.

Wir müssen also folgern, daß das Bewußtsein, mein Bewußtsein, aus der Vereinigung meiner selbst mit aller Materie und mit dem Denken oder dem Geist, der hinter der Materie und ihren Weltlinien steht, resultiert oder besteht.

Eine andere Konsequenz der oben dargelegten Ansicht besteht darin, daß die Zeit in Gestalt der flüchtigen Gegenwart sozusagen der Mörtel ist, welcher das Bewußtseinsgebäude aufbaut oder zusammenhält. Um in diesem Sinne Bewußtsein zu besitzen und zu erleben, muß mein Teil des hybriden Gebildes mit dem äußeren allgemeinen Teil in Berührung treten. Jeans drückt das so aus: „Wir können Bewußtsein ganz einfach als etwas deuten, das sich vollkommen außerhalb des (allgemeinen) Bildes befindet und nur entlang der Weltlinien unserer Körper Kontakt mit ihm aufnimmt."[7] Wenn wir diese Ansicht ein wenig erweitern, können wir Bewußtsein als eine Kreuzung zwischen unseren Körpern mit ihren Weltlinien und all den Weltlinien betrachten, die zu einem Punkt der Zeit, den man als Gegenwart oder als „jetzt" bezeichnet, sich außerhalb von ihnen befinden. Wo Bewußtsein existiert, dort trifft die Gesamtrealität potentiell mit dem Gesamtbewußtsein eines Individuums zusammen.

Soweit heute bekannt ist, stellt unser organisches, physiologisches, stoffliches Hirn den unmittelbaren Vermittler des Bewußtseins dar. Die das Bewußtsein vermittelnden Teile werden mathematisch – noch nicht physiologisch – durch die Weltlinien der Atome beschrieben, welche diese Teile aufbauen. Die Wissenschaft sieht die die Vermittlung ausführenden Hirnbereiche als Teil eines Raum/Zeit-Kontinuums an, welches in rein mathematischen und materiellen Ausdrücken definierbar ist. Soweit wir uns als Wissenschaftler mit dem ersten Teil des Bewußtseins beschäftigen, haben wir etwas vollkommen Handgreifliches und materiell Erklärbares vor uns. Vielleicht können wir ihn eines Tages auch physiologisch analysieren.

Die Schwierigkeiten beginnen dann, wenn wir den zweiten Teil des hybriden Gebildes betrachten, der aus der äußeren, allgemeinen, multidimensionalen Weltlinie besteht, die sich mit unserem begrenzten, dreidimensional-zeitlichen System in Kontakt befindet. Einige Konsequenzen dieser Schwierigkeiten werden sichtbar, wenn wir Bohrs theoretische Anregungen für die mathematische Behandlung von Phänomenen in multidimensionalen Systemen betrachten. Wir müssen uns für einen Augenblick mit diesen Problemen beschäftigen.

Bohr erweiterte die von uns betrachtete theoretische Basis noch um eine weitere Stufe. Er stellte den Satz auf, daß „die kleinsten Naturphänomene überhaupt keine Darstellung im raum-zeitlichen Rahmen zulassen."[8] Das bedeutet, daß das dreidimensional-zeitliche Kontinuum der Relativitätstheorie nur einige der Naturereignisse, keinesfalls jedoch alle, erklärt. So sind große astronomische Erscheinungen und Strahlungen der Einsteinschen Theorie zugänglich, wohingegen man kleinere Erscheinungen vielleicht dadurch erklären muß, daß man unser dreidimensionales, zeitliches Kontinuum völlig verläßt und sich in multidimensionale, zeitliche Kontinua begibt.

Dieser Befund bringt Schwierigkeiten mit sich, wenn man sich ein Bild von der Art des Verfahrens machen will, welches zur weiteren Erforschung des Bewußtseinsphänomens erforderlich ist. Beim Bewußtsein nämlich handelt es sich wahrscheinlich um zeitliche Kontinua mit mehr als drei Dimensionen, und diese Phänomene lassen keine Vorstellung oder Experimente zu. Während wir jenen Teil des Bewußtseins, der zu uns und unseren Weltlinien gehört, für nur mit drei Dimensionen zuzüglich der Zeit ausgestattet halten dürfen, kann man den anderen Teil des als Bewußtsein bezeichneten hybriden Gebildes, jenen Teil, der zur Gesamtrealität und zum Geist außerhalb unserer selbst gehört, nicht so auffassen. Gerade dieser Teil des Kreuzungsgebildes mag mehr als drei Dimensionen in seinen Weltlinien umfassen und wird daher unseren eigenen Denkprozessen schwerlich zugänglich sein.

Wenn unsere eigenen Weltlinien auf die Realität der allgemeinen, multidimensionalen Weltlinien treffen, dann wird ein hybrides Bewußtsein geformt, das sich deshalb zumindest teilweise außerhalb des Bereichs wissenschaftlicher oder biochemischer Erforschung befindet. Das bedeutet ganz einfach, daß der menschliche Geist und das menschliche Bewußtsein, abgesehen von der rein materiellen Seite, die niemand zu leugnen oder in ihrer Bedeutung zu schmälern versuchen sollte, *auch ein nicht-materielles oder transzendentes Element in sich birgt. Vom naturwissenschaftlichen Standpunkt aus gibt es folglich überhaupt keine Schwierigkeiten, Geist und Bewußtsein des Menschen als in einigen Hinsichten begrenzt und materiell zu betrachten. Schließlich verliert ein Mensch das Bewußtsein, wenn man die Blutzufuhr der Carotis-Arterie zum Gehirn durch Erdrosseln unterbindet.*

*Man kann jedoch vom naturwissenschaftlichen Standpunkt aus
genauso bestimmt behaupten, daß der menschliche Geist gewisse
transzendente Attribute und Eigenschaften besitzt, von denen
einige ewig sein und auch dann noch bestehen können, nachdem
er zu Tode gewürgt wurde.*[9]

Transfinites Bewußtsein und die Unbestimmtheit

Viele Wissenschaftler, unter ihnen Jeans, finden es nicht schwer,
soweit es die Bewußtseinstheorie angeht, die dreidimensional-
zeitlichen Kontinua zu verlassen und sich in multidimensionale
Kontinua hineinzubegeben. In der Tat weisen sie darauf hin,
daß die Hinzufügung zusätzlicher Dimensionen helfen könne,
viele bedeutende Probleme zu lösen. In diesem Zusammenhang
erwähnt Jeans, daß sogar die Beschreibung der Begegnung zweier
Elektronen im Raum mathematische Daten erfordere, die sieben-
dimensionale Begriffe – sechs besondere Dimensionen und die
Zeit – umfassen, wenn man eine exakte Beschreibung erhalten
wolle.[10] Für jedes Elektron sei der dreidimensionale Raum völlig getrennt, und nur die zeitliche Dimension verschmelze sie
zu einem Konzept.

Es ist deshalb wichtig für uns, nicht zu vergessen, daß mathematische, multidimensionale, ja sogar transmaterielle Begriffe oft
verwendet werden und in zufriedenstellender Weise auf viele
sonst schwierige Probleme Antworten geliefert haben. Sogar das
Problem der Unbestimmtheit wird durch die Verwendung multidimensionalen Denkens in leicht zu handhabende Teilprobleme
zerlegt, wie Jeans in dem folgenden Bild deutlich macht.

Die zweidimensionalen Würmer und die Unbestimmtheit

Um zu zeigen, wie man sogar mit dem Problem der Unbestimmtheit durch Hinzufügen einer weiteren Dimension fertig werden
kann, verwendet Jeans als Beispiel den Fall intelligenter Würmer, die von Geburt an mehr auf die Kenntnis zweier Dimensionen als auf die der dem Menschen zugänglichen drei Dimensionen beschränkt waren. Diese intelligenten, zweidimensionalen
Würmer bemerkten auf ihren Erkundungsreisen, daß bestimmte
Flecken der Erde, mit denen sie in Berührung kamen, aus uner-
klärlichen Gründen feucht wurden, während andere Flecken eben-

so unerklärlicherweise trocken blieben. Sie beschäftigten sich eingehend mit diesem Problem, um eine rationale Lösung zu finden. Jahrelang zeichneten sie die Verteilung der feuchten Flecken auf und untersuchten sie, ebenso den Zeitpunkt ihres Auftretens und ihre Größe wie auch ihren relativen Wassergehalt. Als sie die vielen Jahre ihrer öffentlich geförderten Analysearbeit zusammenfaßten, gelangten sie zu dem zögernd ausgesprochenen Schluß, daß es keine Möglichkeit gebe, im voraus die Flecken zu bestimmen, welche naß werden und die, welche trocken bleiben. Auch konnten sie auf keine einleuchtende Art erklären, warum manche Flecken niemals naß wurden. Sie mußten sich mit der unbefriedigenden Antwort begnügen, daß einige Bezirke unerklärlicherweise feucht wurden und andere unerklärlicherweise trocken blieben.

Das Ergebnis all dieser Mühen in unserem zweidimensionalen Flachland war die öffentliche Verkündigung der Unbestimmtheitstheorie, welche besagte, daß es keinen Sinn oder Verstand darin gebe, wieso bestimmte Bereiche des Flachlandes naß wurden und andere nicht. Auch gebe es keine zufriedenstellende Darstellung der Ursache der Feuchtigkeit. Man könne keine Voraussagen treffen, wo die Nässe auftreten und wie groß sie sein werde. Das Unbestimmtheitsprinzip wurde als Ergebnis dieser langatmigen und aufwendigen Forschungsarbeit als fest begründet angesehen. Für zweidimensionale Würmer hatte es sich als absolut richtig erwiesen – jedoch nur für sie, wie wir sehen werden.

Wenn wir nun eine kleine genetische Operation an den Würmern ausführen könnten, mit dem Ergebnis, daß ihre angeborene Beschränktheit auf die Kenntnisnahme nur zweier Dimensionen beseitigt würde, dann geschähen einige bemerkenswerte Dinge. Sobald sie die dritte Dimension – die immer schon vorhanden gewesen, von den zweidimensionalen Würmern nur nicht erkannt worden war – wahrnehmen könnten, würden unsere Würmer in der Lage sein, den Himmel zu sehen, den sie vor dem operativen Eingriff aufgrund ihrer Anlage nicht hatten sehen können. Nun könnten sie tatsächlich die Wolken und die Regentropfen sehen, die ihnen all dies Kopfzerbrechen bereitet hatten. Mit diesem Anblick zerränne ihre komplizierte Unbestimmtheitstheorie. Wenn diese auch voll und ganz Gültigkeit besaß, solange sie auf zwei Dimensionen beschränkt waren, so könnten sie sofort nach Hinzufügen der dritten Dimension (Höhe und Tiefe) rational erklären, wieso einige Erdflecken feucht wurden und einige trocken blieben. Die dritte Dimension, hinzugefügt zu den ursprünglichen zwei Dimensionen, bewirkte die Auflösung der Unbestimmbarkeitstheorie, die nur für zwei Dimensionen galt.

Könnte es nicht der Fall sein, daß wenigstens einige der Probleme, mit denen wir in bezug auf Bewußtsein und Geist konfrontiert werden, sofort dadurch gelöst würden, daß man eine oder mehrere zusätzliche Dimensionen zu dem Kontinuum hinzufügte, in dem wir das Problem behandeln? Wenn der Geist mit multidimensionalen Kontinua in der oben ausgeführten Weise in Verbindung steht und als hybrides Gebilde Teil einer transdimensionalen Realität ist, *dann wird unser Versuch, die multidimensionale Wirklichkeit in unsere begrenzten drei Dimensionen plus Zeit hineinzupressen, unlösbare Probleme wie das der Unbestimmtheit einführen. Die Reduktion einer dreidimensionalen Welt mit Wolken und Regen und Höhe zu einer zweidimensionalen Welt ohne Höhe brachte die Unbestimmtheitstheorie der Würmer hervor. So wird die Reduktion einer multidimensionalen Realität auf unsere anthropomorphen drei Dimensionen sicherlich Probleme mit sich bringen, die es in dem ursprünglichen multidimensionalen System nicht gab.*

Was wir hier ganz klar herausstellen möchten, ist folgendes: Leben und Bewußtsein können zumindest teilweise mit einem multidimensionalen, transzendenten Schauplatz zu tun haben — dafür gibt es viele Hinweise. Dies hat zur Folge, daß bestimmte Aspekte des Lebens und Bewußtseins immer unlösbar bleiben werden, solange wir lediglich die Zeit und das dreidimensionale System der Materie in unsere Überlegungen einbeziehen. Das besagt, daß eine materialistische Philosophie allein die Probleme nicht lösen kann, einfach deshalb, weil sie – soweit es die dreidimensionale Wahrheit anlangt – unvollständig ist.

Zusammenfassung

Es ist also deutlich geworden, daß man Bewußtsein trotz seiner Unabhängigkeit vom biologischen Bereich noch nicht bei Maschinen künstlich hervorgerufen hat oder überhaupt sein Wesen völlig versteht. Die in neuerer Zeit aufgestellten Bewußtseinstheorien fußen gewöhnlich auf mechanistischen Erwägungen und müssen deshalb als unzulänglich gelten.

Dieser Sachlage auf dem Gebiete künstlichen Bewußtseins und

seines Wesens steht die erfolgreiche Forschungsarbeit gegenüber, die auf dem Gebiet der künstlichen Intelligenz geleistet wird. Da die Entwicklung unserer speziellen Hypothese (über das hinter den evolutionären Vorgängen stehende Grundprinzip) sowohl mit Bewußtsein als auch mit Intelligenz zusammenhängt, müssen wir demgemäß in den folgenden Kapiteln einige Zeit der Beschäftigung mit künstlicher und biologischer Intelligenz widmen. Wir werden dann in der Lage sein, zu der Synthese über die Evolutionsprozesse zu kommen, welche wir uns als Ziel gesetzt hatten.

1 James T. Culbertson, *The Minds of Roberts, Sense Data, Memory Images and Behavior in Conscious Automata*, pp. 420—23.
2 Sir James Jeans, *The Mysterious Universe*, p. 126.
3 A. E. Wilder Smith, *The Drug Users*, pp. 204—30.
4 Zitiert in Jeans, p. 127.
5 Ibid.
6 Vgl. ebenfalls Wilder Smith, pp. 145—49, 242.
7 Jeans, pp. 126—27.
8 Zitiert von Jeans, p. 132.
9 Wilder Smith, pp. 191—233.
10 Jeans, p. 133.
11 Wilder Smith, pp. 151—232.

10
Künstliche und biologische Intelligenz

Wie wir gesehen haben, muß Bewußtsein weder mit Verhalten verbunden sein, noch muß Verhalten auf Bewußtsein beruhen. Beim Menschen sind sie gewöhnlich miteinander gekoppelt, jedoch ist dies keineswegs obligatorisch. Reflektorisches Verhalten dringt z. B. nicht bis in die Bewußtseinszentren des Gehirns und weist sogar beim normalen Menschen auf ein Getrenntsein beider Bereiche hin.

Wir wollen uns nun mit dem ähnlichen Problem der Intelligenz als Gegensatz zum Bewußtsein beschäftigen. Dazu müssen wir mit einer Definition der Intelligenz beginnen, denn dies ist für die von uns zu entwickelnde Synthese von ausschlaggebender Bedeutung.

Definitionen von Intelligenz

Das *Computer Dictionary and Handbook* definiert Intelligenz wie folgt: „Die entwickelte Fähigkeit einer Apparatur, Funktionen auszuüben, die normalerweise mit der menschlichen Intelligenz verknüpft sind, wie Denken, Lernen und Selbstvervollkommnung (bezogen auf maschinelles Lernen)."[1]

Eine allgemein anerkannte, weitergefaßte Definition lautet: „Intelligenz ist die Fähigkeit, von den Erfahrungen der Vergangenheit zu profitieren."[2] Das *Computer Dictionary and Handbook* definiert künstliche Intelligenz als:

„Die Beschäftigung mit Computern und verwandten Techniken zur Ergänzung der intellektuellen Fähigkeiten des Menschen. Ebenso, wie der Mensch Werkzeuge zur Verstärkung seiner physischen Kräfte erfindet, beginnt er nun damit, sich der künstlichen Intelligenz zur Verstärkung seiner geistigen Kräfte zu bedienen; im engeren Sinne die Bemühung um Techniken zur effektiven Verwendung digitaler Computer durch verbesserte Programmierungstechniken."

Die letzte Definition meint im wesentlichen, daß grundlegende Intelligenz im biologischen (menschlichen) Gehirn beheimatet ist, daß man diese Fähigkeiten jedoch künstlich erweitern und ergänzen könne. Einige Forscher auf diesem Gebiet sind dagegen der Meinung, daß man grundlegende Intelligenz selbst aufbauen und veranlassen könne, auf rein künstlichen Vorrichtungen zu operieren, ohne daß sie von biologischer Intelligenz abhängt oder nur zu ihrer Ergänzung beiträgt.

C. A. Rosen weist darauf hin, daß eine allgemein anerkannte Definition absoluter Intelligenz noch nicht existiere, daß man jedoch sagen könne, eine Maschine sei intelligent, „nur, wenn sie Aufgaben ausführen kann, die normalerweise fast ständig der Kontrolle durch den Menschen bedürfen ..., wobei sie versucht, mit unvorhergesehenen Veränderungen in ihrer Umgebung fertig zu werden."[3] Rosen führt dann solche Gebiete wie Sprache und Kommunikationserfordernisse, Problemlösung Planung, Mustererkennung, Lernen und Sinnesleistungen an, welche introspektionsmäßig ebenfalls Bestandteile von Intelligenz zu sein scheinen. Diese und andere Elemente und ihre Beziehungen zueinander sind auch heute noch nicht genau festzulegen und zu bewerten, und nach Rosens Meinung werden sie auch in näherer Zukunft noch nicht völlig geklärt werden.

Intelligenz kann wenig mit Bewußtsein zu tun haben und umgekehrt; sie stellen keine notwendigerweise miteinander gekoppelten Phänomene dar. Hochintelligente Maschinen können nämlich so angelegt sein, daß sie überhaupt keine Bewußtseinsprozesse erleben. Vermutlich könnte ein sehr bewußter Organismus (oder eine solche Maschine) nicht sehr intelligent sein. Da man jedoch Maschinen bauen kann, die lernen und ihre Erfahrungen verwerten können, dürfen wir behaupten, daß die künstliche Intelligenz ein Faktum darstellt.

Es gibt einige wichtige Aspekte der Intelligenz sowohl biologischer als auch künstlicher Art, welche wir an dieser Stelle näher betrachten müssen.

Wichtige, mit biologischer und mechanischer Intelligenz verbundene Erscheinungen

Schlußfolgerndes Denken. Frank George, Vorsitzender des Institute of Computer Sciences und Direktor des British Institute of Cybernetics, wurde 1968 vom *Science Journal* zu Problemen der Maschinenintelligenz befragt und der Möglichkeit, menschliche oder androide Intelligenz aufzubauen. Seine Ausführungen erhellen das gesamte Spektrum maschineller und biologischer Intelligenz, so daß wir Dr. George zitieren möchten, und zwar besonders hinsichtlich eines Aspektes der Intelligenz, welcher schlußfolgerndes Denken genannt wird. Eine der Hauptschwierigkeiten, die es bei der maschinellen Intelligenz immer wieder gibt, besteht darin, der intelligenten Maschine die Fähigkeit zu geben, Schlüsse zu ziehen und logisch zu denken.

Dr. George schreibt:

„Das ist grundlegend. Wenn Menschen — oder einige ihrer Wesensbezüge – jemals künstlich geschaffen werden sollen, dann müssen wir wissen, wie sie logisch denken können. Zum logischen Denken benötigen sie Sprache, und *deshalb muß Sprache ein primäres Erfordernis der Intelligenz sein.* Das Problem besteht nun darin, daß Computer die formalisierte, abstrakte, jedoch äußerst präzise Sprache der Mathematik benutzen, während wir Menschen uns der vageren, wenn auch umfassenderen Sprache aus Verben und Substantiven bedienen. Gerade der Abgrund zwischen diesen beiden ruft all die Schwierigkeiten hervor. So haben wir zunächst einmal versucht, Computer so zu programmieren, daß sie stilisierte Feststellungen auf Englisch akzeptierten und diese Sprache mit schlußfolgerndem, logischem Denken verknüpften. Ich möchte z. B. einem Computer die Frage stellen können: „Ist Charlie Johns Bruder?" Die handelsüblichen Computer, welche standardisierte Programme verwenden, könnten diese Frage nur beantworten, wenn sie in ihrem Gedächtnisspeicher die Feststellung geschrieben hätten: „Charlie ist Johns Bruder". Wir möchten jedoch ein Computerprogramm, das nach den symbolischen Äquivalenten von Charlie, John und „Bruder sein" Ausschau hält. Es könnte dann herausfinden, daß Charlie Hildas Bruder, daß Hilda Johns Schwester ist und daß es eine Beschreibung brüderlicher und schwesterlicher Beziehungen besitzt, die es ihm ermöglichen, die Schlußfolgerung zu ziehen, daß Charlie in der Tat Johns Bruder ist. Der Computer wußte das alles, aber er mußte Schlußfolgerungen anstellen, um dorthin zu gelangen. Dieser Vorgang unterscheidet sich beträchtlich von der Art, in der Computer normalerweise Fragen beantworten, und er ähnelt viel stärker der menschlichen Weise. Danach ist es natürlich nur noch eine technische Frage, einen Computer zu entwickeln, der mit seinem Gegenüber spricht, anstatt gedruckte Mitteilungen zu machen, und ihm zuhört, anstatt zu lesen, was sein Gegenüber zu sagen hat."[4]

tasie ebenso wie die Fähigkeit zu schlußfolgerndem Denken einen wichtigen Teil der Intelligenz ausmacht und daß diese Fähigkeit auch in Computer eingespeist werden muß, wenn sie als Grundlage künstlicher Intelligenz, die eine Nachahmung der menschlichen ist, dienen soll.

Grundsätzlich ist Phantasie nichts weiter als eine besondere Art von Mustererkennung. Sie ist die Fähigkeit, Bestandteile so zu mischen, daß neue Mischungen, Kombinationen und Rekombinationen entstehen, welche neue Muster bilden. Alte Bestandteile werden in neue Beziehungen und Zusammenhänge gebracht. Es wird also klar, daß Mustererkennung und Vorstellungsvermögen eng miteinander verwandt sind und daß diese Eigenschaften mit solch kreativen Tätigkeiten wie dem Komponieren von Musik und dem Verfassen von Lyrik zusammenhängt.

So ist es nicht weiter verwunderlich, daß diese Eigenschaften, die man auch eine Form der Einsicht nennen könnte, vielleicht am schwersten in eine Maschine hineinzubauen sind, um sie so zu befähigen, echte Intelligenz eines zwar künstlichen, aber breiten Spektrums zu zeigen. Man könnte heute einen Computer so programmieren, daß er ein Gemälde malt, etwas Lyrisches dichtet oder Musik komponiert. Wie die Sachlage jedoch ist, würde man eine solche Maschine im allgemeinen nicht so programmieren können, daß sie diese Tätigkeiten völlig unabhängig und aus sich heraus ausführt.

Emotionen und Nachahmung von Persönlichkeit. Einer der Gründe, warum es so schwierig ist, eine Maschine dazu zu bringen, eine Tätigkeit auszuführen, wie sie das Verfassen echter, schöpferischer Poesie, das Komponieren einer Arie oder das Malen eines Bildes von der Mitternachtssonne über Lappland darstellen, hängt damit zusammen, daß die Maschine kein Gefühlssystem besitzt, welches sie dabei unterstützen würde. Viele künstlerische Schöpfungen beruhen auf echten Emotionen und Gefühlen – Eigenschaften, die die heutigen Computer einfach nicht besitzen. Echte, künstlerische, von Emotionen abhängende Schöpfungen werden deshalb wahrscheinlich keinem Maschinengehirn entspringen, bevor es nicht in seinem Programm die Nachahmung von Gefühlen einschließt. Die heutigen Forschungen zielen darauf ab. Nachdem wir nun verschiedene Aspekte künstlicher und biologischer Intelligenz überflogen haben, können wir uns besser mit den grundsätzlichen Erfordernissen beschäftigen, denen man bei der Konstruktion von Maschinen mit einer breiten Skala an künstlicher Intelligenz gerecht werden muß.

Grundanforderungen für ein breites Spektrum künstlicher Intelligenz

Um die verschiedenen Erfordernisse für künstliche Intelligenz zu erhellen, wie wir sie oben erwähnten, hat John Lochlin von der University of Texas sein „Aldous"-Programm entwickelt. Dies Programm stellt einen Versuch dar, Roboter zu bauen, die nicht nur die künstlichen Intelligenzfähigkeiten der ursprünglichen Computer besitzen, sondern auch solche zusätzlichen Eigenschaften wie Haß- und Liebesgefühle zeigen und die Fähigkeit, das „Gute" zu erkennen und das „Böse" zu verabscheuen. Obwohl solche Emotionen zur Konstruktion einer Maschine mit menschlichen Merkmalen wichtig sind, wird man doch erkennen, daß sie für die Nachahmung der reinen Intelligenz selbst keineswegs ausschlaggebend sind. Man darf nicht vergessen, daß die Grundvoraussetzung für künstliche Intelligenz mit der Fähigkeit zur Selbstprogrammierung und Selbstanpassung zu tun hat, welche besagen, daß eine Maschine aus ihren Erfahrungen lernen kann. Das entspricht unserer vorhergehenden Definition als Grundvoraussetzung für Intelligenz.

Obwohl das „Aldous"-Programm mit seiner Aufpfropfung von Gefühlen auf die Computerintelligenz zum Bau eines abgerundeten Computercharakters und einer abgerundeten Computerintelligenz wichtig ist, bleibt es jedoch für das Problem der reinen Intelligenz selbst ohne große Bedeutung. Die eigentliche Frage dreht sich um die weitere Entwicklung von selbsttätig lernenden, sich anpassenden und programmierenden Maschinen, die aus den Erfahrungen der Vergangenheit profitieren und sich vielleicht zu größeren und besseren Robotern umprogrammieren können, indem sie dazu ihre eigene, „metabolische" Energie verwenden.

Frank George glaubt, daß sich in nächster Zukunft gerade an diesem Punkt (Selbstprogrammierung) Fortschritte einstellen werden. Man wird weiter an der Entwicklung von Programmen arbeiten, die sich selbst anpassen und verändern, und zwar gemäß der Art des Problems, das man in die Maschine gegeben hat.[5] Erfolge in dieser Richtung hat man schon bei dem Entwurf und der Konstruktion schachspielender Maschinen verzeichnen können, die man heute so programmieren kann, daß sie unter internationalen Wettkampfbedingungen spielen – und gewinnen können. Diese großartige Leistung beruht vollständig auf dem sich selbsttätig anpassenden Programm, welches den Aktionskurs der Maschine den Zügen des Gegners entsprechend ändert. Man kann nie wissen, was die schachspielende Maschine bei ihrem nächsten Zug tun wird, denn ihre Handlungsrichtung ändert sich mit jedem Zuge ihres Gegners.

Im Falle der schachspielenden Maschine kann man keinen Algorithmus für das Schachspiel entwickeln. Die Maschine kann das Spiel in einer gänzlich unvorhersehbaren Weise gestalten. Mit anderen Worten: Die Maschine ist in völlig unabhängiger Art und Weise imstande, aus den Erfahrungen zu lernen, welche sie bei den Zügen ihres Gegners sammeln kann. Sie zeigt also – innerhalb der Reichweite unserer Definition – echte künstliche Intelligenz.

Nach den bis heute erzielten Forschungsergebnissen zu urteilen, scheint es – theoretisch gesehen – keine obere Grenze für den Grad an künstlicher Intelligenz zu geben, mit der man Maschinen dieser Art ausstatten kann. Man sollte diese Feststellung jedoch nicht dahingehend interpretieren, daß der Mensch zum heutigen Zeitpunkt durch die Anwendung künstlicher Mittel seine eigenen Intelligenzfähigkeiten vollständig oder auch nur annäherungsweise erreichen könnte. Das ist beim gegenwärtigen Stand der Dinge aus dem einfachen Grunde nicht möglich, weil die Maschine die menschliche Intelligenz zwar auf bestimmten engen Bereichen, nicht jedoch auf ihrer gesamten Breite erreichen oder übertreffen kann. Mit diesem Problem werden wir uns etwas später noch beschäftigen.

Zum gegenwärtigen Zeitpunkt ist es schwer, die menschliche Intelligenz zu messen und sie mit der künstlichen Intelligenz zu vergleichen, und zwar aufgrund der unterschiedlichen Breite des Spektrums, das beide besitzen. Der menschliche Geist ist in seiner Fähigkeit unübertroffen, Schlußfolgerungen zu ziehen und bestimmte Formmuster zu erkennen – er greift einen Menschen in dem Muster einer Menge heraus und konzentriert sich auf ihn allein. Die Maschinenintelligenz hingegen ist in ihrer Fähigkeit, rasch und genau zu rechnen, nicht zu überbieten.

Eines der Ziele in der Computerwissenschaft besteht heute darin, Maschinen zu konstruieren, welche mit Begriffen – sogar streng mathematisch formulierten Begriffen – umgehen können und nicht nur mit einfachen binären Daten. Man darf nicht vergessen, daß sogar die abstraktesten Begriffe in einfacher binärer Formulierung ausdrückbar sind. Die Maschine ist so imstande, abstrakte Probleme durch einfaches Rechnen zu lösen; diese Methode unterscheidet sich sehr wesentlich von derjenigen, die das menschliche Gehirn zur Lösung abstrakter Probleme anwendet. Wenn man jedoch eine Maschine konstruieren könnte, die nicht nur mit einfachen binären Daten, sondern auch mit Begriffen umgehen kann — mit der oben gemachten Einschränkung, daß man Begriffe als binäre Daten *ausdrücken* kann —, dann würden wir der deduktiven und induktiven, schlußfolgernden Fähigkeit nahekommen, die der des menschlichen Geistes ähnelt.

Wenn auch die oben angeführten Feststellungen zutreffen, müssen wir doch immer Karl A. Kolers und Murray Edens Warnung beachten: „Das Gehirn ist kein Computer, und es arbeitet auch nicht nach Computerart. Zellen sind keine Vakuumröhren oder Transistoren oder gar integrierte Schaltkreise."[6] Das Gehirn kann zu Ergebnissen gelangen, welche denen eines Computers ähnlich sind, aber es benutzt sicherlich einen anderen Weg, um die gleiche Antwort zu erhalten. Der Computer nämlich geht den Weg der Berechnung. Das Gehirn dagegen bedient sich solcher Fähigkeiten wie der Mustererkennung und der Schlußfolgerung, um zu seinen Antworten zu kommen. Es ist auch in der Lage, endlos neue Muster und Vorstellungen zu produzieren, wenn wir seiner Phantasie freien Lauf lassen. Selbst die höchstentwickelten schachspielenden Maschinen bleiben in ihren Vermögen, Muster und Begriffe zu erkennen, weit hinter der menschlichen Intelligenz zurück.

Um diese unterschiedliche Breite des Intelligenzspektrums des menschlichen Gehirns und des Computers systematisch zusammenzufassen, sei die folgende Übersicht gegeben.

Vergleich: Gehirn – Computer

Die starken und die schwachen Seiten in der Leistung des menschlichen Gehirns und des Computers können unter der folgenden Gruppierung miteinander verglichen werden:

Menschliche Intelligenz	*Computerintelligenz*
1. Mathematische Berechnungsfähigkeit relativ langsam und ziemlich ungenau.	Mathematische Berechnungsfähigkeit rasch und genau.
2. Schlußfolgerndes und logisches Denkvermögen hoch entwickelt.	Schlußfolgerndes und logisches Denkvermögen relativ schwach.

3. Fähigkeit, sich auf Wichtiges zu konzentrieren und Unwichtiges außer acht zu lassen, hoch entwickelt.	Schwach im Unterscheiden zwischen Wichtigem und Unwichtigem.
4. Verwendet die umfassende, jedoch oft vage Sprache aus Verben und Substantiven.	Verwendet die präzise Sprache der Mathematik.
5. Fähigkeit der Mustererkennung, Vorstellungskraft und Einsicht stark entwickelt.	Mustererkennung, Vorstellungskraft und Einsicht relativ gering vorhanden.
6. Stark entwickeltes Gefühlssystem — Ärger, Haß, Liebe, Humor, Freude, Furcht, Sorgen etc. — unterstützen Fähigkeit der Mustererkennung, Phantasie und Einsicht.	Entwicklung eines Gefühlssystems noch rudimentär.
7. Selbsttätig programmierende und anpassende Fähigkeiten stark entwickelt; lernt aus den Erfahrungen der Vergangenheit.	Selbsttätig programmierende und anpassende Fähigkeiten werden im Augenblick intensiv fortentwickelt — wie bei schachspielenden Maschinen und ähnlichen Erfindungen zu sehen.

Es ist heute also eine unumstrittene Tatsache, daß man künstliche Intelligenz im Sinne unserer Definition geschaffen hat. Das Spektrum dieser künstlich erzeugten Intelligenz jedoch ist sehr viel enger als das der menschlichen Intelligenz. Es wird nur zum Teil durch die große Genauigkeit und Geschwindigkeit ausgeglichen, mit der die künstliche Intelligenz arbeitet.

Ungelöste Probleme im Hinblick auf die künstliche Intelligenz

Frank George bringt uns zu den Grundproblemen zurück, die noch auf ihre Lösung warten, bevor man eine Maschine so konstruieren kann, daß sie auf dem gesamten Spektrum der menschlichen Intelligenz aktiv ist. In diesem Zusammenhang bemerkt er:

„Zum logischen Denken benötigten sie (die Menschen) Sprache, und deshalb muß Sprache ein primäres Erfordernis der Intelligenz sein. Das Problem besteht nun darin, daß Computer die formalisierte, abstrakte, jedoch äußerst präzise Sprache der Mathematik benutzen, während wir Menschen uns der vageren, obschon umfassenderen Sprache aus Verben und Substantiven bedienen. Gerade der Abgrund zwischen diesen beiden ruft all die Schwierigkeiten hervor ... Der springende Punkt an diesem Problem besteht darin, den Computer zu veranlassen, Englisch zu akzeptieren, und es dann so zu verwenden, wie wir es tun."[7] Trotz des bestehenden Abgrundes zwischen der Intelligenz einer Maschine und der eines biologischen Gehirns darf man nicht vergessen, daß man bei den Versuchen, den Abgrund zu überbrücken, enorme Fortschritte gemacht hat. Frank George weist sehr wohl darauf hin, betont jedoch zugleich, daß noch vieles getan werden müsse:

„Man sollte sich durch die Tatsache nicht beirren lassen, daß man einen Computer nur mit sehr präzisen arithmetischen Daten füttert; jene Daten können äußerst vage Verallgemeinerungen repräsentieren. Gerade darum dreht sich kluges Programmieren. Man sollte dies nicht mit dem Bedürfnis verwechseln, bei der Verständigung zwischen Mensch und Maschine die natürliche Sprache verwenden zu können. Die Begriffsanalyse – sie ist bei der Maschinenintelligenz, vielleicht mit Ausnahme des Lernens, das Wichtigste – ist eng mit Sprache verknüpft. Letztlich wird die Maschine jedoch immer arithmetische Berechnungen anstellen, um zu ihren Antworten zu gelangen."[8]

Maschinelle Sprachübersetzungen

Die arithmetische Grundlage des Computers braucht seine Begriffsfähigkeit nicht zu beeinträchtigen, vorausgesetzt, die Begriffe können in einer für die Computerverarbeitung geeigneten mathematischen Form ausgedrückt werden. Trotzdem bleibt das Computersprachenproblem sehr real. Das wird an den Versuchen deutlich, welche man im Augenblick anstellt, um Computer zu Übersetzungen aus dem Russischen ins Englische und vice versa einzusetzen. Bis jetzt hat man nur sehr enttäuschende Erfahrungen auf diesem Gebiet gemacht. Die Fehlschläge rühren von dem Reichtum an begrifflicher Kapazität her, der in der natürlichen menschlichen Sprache zu finden, jedoch schwer zu erfassen und in rein mathematischen Ausdrücken zu formulieren ist. Hier, auf einem an begrifflichen Beziehungen reichen Gebiet beginnt der Computer zu versagen, der schon von Natur aus schlecht mit Begriffen und Schlußfolgerungen umgehen kann.

Bei seiner Beschäftigung mit dem Problem der maschinellen Übersetzungen und im Hinblick auf künftige Entwicklungen zitiert Frank George Dreyfuß. Als dieser zu den Möglichkeiten zur Lösung solcher begrifflichen Probleme mit maschineller Hilfe befragt wurde, sagte er, weil einige Leute ein paar sehr hohe Bäume erklettert hätten, dächten sie nun, sie könnten das Problem lösen, wie man zum Mond gelangt.[9]

Beziehungen zwischen Intelligenz und Mustererkennung:
Androide und Teilroboter

Wegen der hohen Komplexität der menschlichen Intelligenz und ihres breiten Spektrums bemüht man sich gegenwärtig in den Vereinigten Staaten und in anderen Ländern, das Problem dadurch aufzuteilen, daß man verschiedene getrennte Organe konstruiert, welche Teile der menschlichen Anatomie nachahmen sollen. Der Aufbau des vollständigen menschlichen Roboters ist ein großes Unterfangen; deswegen bemüht man sich um die Konstruktion der intelligenten Hand-Auge-Maschine in zwei getrennten Programmen. Eines dieser Programme wird am Massachusetts Institute of Technology (Professor M. L. Minsky und S. Papert), das andere an der Stanford University (Professor J. McCarthy) entwickelt.[10] Bei diesen Programmen wird eine mechanische, sehr bewegliche Hand, die zufassen, tragen und Bausteine verschiedener Größe ansammeln kann, mit einer Fernsehkamera gekoppelt, die das Gebiet beobachtet, in dem die Hand operiert. Die Fernsehkamera sendet ihre Daten an einen Computer, der sie analysiert und dann durch Rückkopplung auf die Hand einwirkt.

Dieser intelligenten Hand-Auge-Maschine werden dann spezifische Baupläne zugewiesen, die das Zusammentragen von Bausteinen zu bestimmten Strukturen beinhalten. Die aufgegebenen Arbeiten umfassen die Auswahl der passend geformten Bausteine geeigneter Größe und das Fassen und Transportieren dieser Bausteine in der richtigen Reihenfolge an den richtigen Ort. Bei diesem Vorgang wird die Hand-Auge-Maschine durch Modellbaupläne gelenkt, die im Computergedächtnis gespeichert sind. Man kann diese „einfachen" Prozesse auch noch so ausweiten, daß sie den Gebrauch von Werkzeugen zur Ausführung der vorgeschriebenen Konstruktionsvorgänge einschließen.

C. A. Rosen vom Stanford Research Institute hat diese Erfindung einer intelligenten Hand-Auge-Maschine dadurch erweitert, daß er ein automatisches Maschinengefährt baute, welches aufgrund seiner Beweglichkeit imstande ist, innerhalb seiner Umgebung auf kontinuierlicher Grundlage intelligent zu reagieren. Wenn es auf in seinem Wege stehende Hindernisse stößt, kann es die einfachen, dann auftauchenden Navigationsprobleme lösen. Es erhält kontinuierliche Informationen aus seiner Umgebung, die für die Maschine selbst von Nutzen sind. Bevor mit dieser beweglichen Hand-Auge-Maschine ein Experiment ausgeführt wird, gibt man ihr die Möglichkeit, das Labor zu erkunden, in dem sie „lebt". Schon vorher hat man dazu auf dem Boden des Versuchsraumes sorgfältig massive Gegenstände von einfachen geometrischen Formen und Ausmaßen, wie Würfel und Keile, ausgelegt. Nachdem die Maschine die Informationen über die auf dem Boden liegenden Gegenstände aufgenommen und gespeichert hat, befiehlt man ihr, sich an einen vorher festgesetzten Ort des Labors zu begeben. Dort erhält sie den Befehl, Gegenstand „A" zunächst auf die Türöffnung hin zu bewegen, und dann aus der Tür hinaus auf den Korridor. Wenn der Roboter an ein Hindernis stößt, schalten seine Sensoren sofort den Antriebsmotor ab und betätigen die Bremsen. Dieser Stop-Mechanismus kann jedoch vom Kontrollcomputer aufgehoben werden, so daß man sagen kann, die Maschine besitze sowohl einen primitiven „Reflex" als auch ein „bewußtes" Nervensystem.

Im Zuge der weiteren Entwicklung dieses beweglichen Hand-Auge-Roboters hofft man, daß es möglich sein wird, der Maschine in einfachen englischen Sätzen unter Verwendung eines begrenzten Vokabulars ihre Befehle zu erteilen.

Derartige Forschungsvorhaben seien erwähnt, um die wichtige Tatsache zu unterstreichen, daß die Hand-Auge-Maschine, ein Teilroboter, und das vollständigere Robotgefährt imstande sind, ihr Intelligenzvermögen dadurch anzuwenden, daß sie sich der *Mustererkennung* bedienen, bei welcher die Bausteine zunächst vom Computer auf ihre Form und Größe (Muster) hin analysiert werden, bevor sie für das laufende Konstruktionsprogramm als tauglich erkannt werden. Ebenso bedient sich die Maschine der *Musterkonstruktion*. Aus einfacheren Mustern und Baueinheiten werden komplexere Muster gebaut. Man bedient sich der Intelligenz beim Aussuchen geeigneter Muster, um komplexere, vorher ausgedachte Muster zu schaffen. Auch für den Transport der kleineren, einfacheren Blockmuster zu neuen Plätzen bedarf es der Intelligenz ebenso wie für die Konstruktion größerer, komplexerer Muster an diesen Stellen.

Die Fähigkeit der Maschinenintelligenz, bestehende Muster zu erkennen und neue Muster zusammenzusetzen, verwendet man heutzutage bei der Analyse, Erkennung und Konstruktion handschriftlicher Buchstaben und Symbole. Man hofft, es werde schließlich möglich sein, die gleichen Prinzipien der Mustererkennung und -konstruktion auch auf die Erkennung gesprochener Sätze im Englischen oder in anderen Sprachen wie auch auf die Satzkonstruktion anzuwenden. D. h., man möchte die maschinelle Intelligenz so entwickeln und programmieren, daß sie gesprochene Sprache und ihre Bedeutung erkennen wie auch eine synthetische Sprache sprechen kann. Eine mit diesen Fähigkeiten ausgestattete Maschine würde einer Unterhaltung zuhören und irgendwelche entstehenden Probleme dabei unabhängig beantworten können.

Eine kritische Übersicht über die wichtigen Intelligenz- und Bewußtseinsfaktoren bei Mensch und Maschine

Die Bedeutung der vorhergehenden Kapitel über Bewußtsein und Intelligenz war von dreifacher Art:

1. Um auf die Tatsache hinzuweisen, daß Intelligenz und möglicherweise auch Bewußtsein heute nicht mehr wie noch in der Vergangenheit – zumindest experimentell – auf ein biologisches Substrat beschränkt sind. Es gibt schon Maschinen, die Intelligenz besitzen und vielleicht in der Zukunft als Ergebnis intensiver Forschung und Entwicklung auch Bewußtsein aufweisen können. Das sind neue Entwicklungen, von denen diejenigen, welche in der Vergangenheit Evolutionstheorien aufstellten, nichts wußten. Es ist klar, daß sie sich nicht die Auswirkungen dieser neuen Entdeckungen auf die Evolutionstheorie vorstellen konnten.

2. Um zu beweisen, wie eng Musterkonstruktion und Mustererkennung mit der Intelligenz selbst verknüpft sind. Ein Muster zu erkennen oder zusammenzusetzen: dazu bedarf es der Vermittlung von Intelligenz (gespeist natürlich durch Kalorien oder

Energie). Jede Verringerung der Entropie oder Zunahme von Ordnung oder Muster *erfordert irgendwo in ihrem Verlauf Energie in Form von Intelligenz.* Gerade die jüngsten Forschungsergebnisse an Computern haben die Definition der Intelligenz erweitert, was sie im natürlichen wie im künstlichen Bereich ausführen kann. Die künstliche Intelligenz hat uns das Werkzeug in die Hand gegeben, das wir benötigten, um im Laboratorium diese Beziehung zwischen Intelligenz und Mustererkennung oder Mustersynthese experimentell zu demonstrieren.

3. Um eine intellektuelle Brücke vorzubereiten, die uns in die Lage versetzen wird, die Musterkonstruktionen eines Teilroboters im Laboratorium mit der Musterkonstruktion in Beziehung zu setzen, die wir in der uns umgebenden, belebten wie unbelebten Welt beobachten.

Bevor wir die Kapitel über Intelligenz und Bewußtsein nun verlassen, können wir eine abschließende Zusammenfassung geben, und zwar im Lichte allerneuester Forschungsarbeiten über Bewußtsein und auch im Hinblick auf Intelligenz, welche von D. F. Lawden, Professor für Mathematische Physik an der University of Aston in Birmingham in England ausgeführt wurden.

Messung von Geist und Bewußtsein

Das Verhältnis zwischen Geist und Körper wird schon Jahrtausende lang von den Philosophen der Welt diskutiert, die Ergebnisse dieser Erörterungen blieben jedoch aus dem einfachen Grunde verschwommen, weil man keine geeigneten experimentellen Methoden zur Verfügung hatte, um zwischen den verschiedenen Theorien zu entscheiden. Andere alte Streitfragen, wie z. B. die Gestalt der Erde, entschied man leicht und ein für allemal, nachdem man die experimentellen Methoden zu ihrer Lösung entdeckt hatte.

Lawden glaubt nicht, daß die wissenschaftliche Entwicklung so weit fortgeschritten ist, daß sie das Problem der Körper-Geist-Beziehung schon in naher Zukunft lösen kann.[11] Obwohl Maschinen durch Erfahrung lernen (d. h., sie sind in echter Weise intelligent), Originalität des Denkens zeigen und millionenfach schneller als ein Mensch rechnen können, obwohl solche Maschinen praktisch unsterblich sein können, ist doch die

Frage nach dem Bewußtsein nicht so leicht zu klären wie die Frage der Intelligenz innerhalb der von uns verwendeten Definition.

Wir haben also enorme Fortschritte bei der Erforschung der Intelligenz gemacht, während unsere Bemühungen um das Bewußtsein sehr viel langsamer vorankommen. Intelligenzmaschinen, mit denen wir uns über Feinheiten bei der Auslegung der Heiligen Schrift oder sogar über die Struktur des Bewußtseins unterhalten können, sind wahrscheinlich im Kommen. Es dauert vielleicht nicht mehr lange, bevor solche Roboter für sich beanspruchen können, daß sie nach Art des Menschen leben.[12] Lawden beschreibt in diesem Zusammenhang den Film „2001 – A Space Odysse*", welcher von einem auf dem Wege zum Jupiter befindlichen Raumschiff handelt. Um der Besatzung mit Rat zur Seite zu stehen und während der Langeweile des Fluges für Gesellschaft zu sorgen, hatte man einen Computer mit Namen HAL an Bord des Raumschiffes gebracht. HAL konnte die Gefühle und Emotionen der Besatzung so überzeugend nachahmen, daß er nur schwer von einem echten Menschen zu unterscheiden war. Tatsächlich fragte ein Interviewer den Roboter, ob er die so vortrefflich simulierten Emotionen und Gefühle wirklich besäße. Die Antwort des Roboters war recht aufschlußreich. Er sagte, er wisse es – ehrlich gesagt – nicht.

Dr. Lawdens These lautet: Obwohl HAL denken kann und vielleicht viel intelligenter ist als die menschliche Besatzung an Bord des Raumschiffes, so ist er doch völlig außerstande, Gefühle zu empfinden, d. h. Bewußtsein zu haben. Der daraus gezogene Schluß liegt deshalb auf der Hand, denn Lawden schreibt, daß der Roboter „so viel Licht auf das menschliche Bewußtsein wirft wie eine mechanische Schaufel".[13] Wir müssen der Tatsache ins Auge sehen, daß wir schwerlich erwarten können, Bewußtsein zu simulieren, wenn wir noch nicht einmal richtig wissen, was das eigentlich ist. Wir verstehen Verhalten und können es deshalb nachahmen. Aber die naive „behavioristische" Auffassung, die von einigen Autoren vertreten wird, lautet, daß ein aus Transistoren konstruierter menschenähnlicher Roboter, dessen Verhalten bei Verletzung des Daumens (mit einem Hammer) hinsichtlich seiner spontan erfolgenden Komponenten sich nicht von dem eines Menschen unterscheidet, tatsächlich Schmerzen empfindet... Wenn man jedoch unmittelbar nach Verletzung des Daumens die Muskeln des Opfers mit einer Droge lähmt, wer kann dann

---

* Deutscher Titel dieses Films: „2001 — Odyssee im Weltraum." Anmerkung d. Übers.

bezweifeln, daß ein Mensch – vorausgesetzt, sein Gehirn ist noch funktionsfähig – die Schmerzen noch immer empfindet, wenn er auch äußerlich tatsächlich ruhig erscheint?[14]

All das zielt in die gleiche Richtung, nämlich daß wir das Wesen des Bewußtseins noch immer nicht verstehen und nicht damit rechnen können, mit Erfolg künstliches Bewußtsein hervorzurufen.

Einige Wissenschaftler, unter ihnen auch Lawden, glauben, daß es an überzeugenden Beweisen für unkörperliche geistig-bewußtseinsmäßige Erfahrungen fehle. Diese Forscher sind der Meinung, daß alles, was wir über das Bewußtsein sagen können, folgendes ist: Das biologische Gehirn entwickelt es nach Prinzipien, die wir noch nicht verstehen. Um dieses Hervorbringen einer Bewußtseinsfähigkeit von seiten des Gehirns zu erklären, vermutet man, die Materie selbst besitze eine grundsätzliche psychische Eigenschaft, welche dadurch verstärkt werden könne, daß Materie zu bestimmten Aggregaten zusammentritt – wie es z. B. im Gehirn der Fall ist. Genauso, wie bestimmte Aggregatformen der Materie elektromagnetische Kräfte verstärken können, wie z. B. beim Elektromagneten, und ebenso, wie man Kräfte, welche die Gravitation simulieren, durch Zentrifugieren verstärken kann, so ist es – dieser Auffassung nach – auch mit den psychischen Kräften der Materie. Das Gehirn konzentriert und verstärkt sie. Es gibt natürlich keine überzeugenden Hinweise darauf, daß die Materie solche psychischen Fähigkeiten auch tatsächlich besitzt, ungeachtet dessen, was Teilhard de Chardin und Whitehead an Gegenteiligem darüber denken mögen.

Angesichts dieser Schwierigkeiten stellt Lawden sich die folgende Frage:

„Welche sind die Charakteristika des tierischen Gehirns, die in erster Linie für die Erzeugung von Bewußtsein verantwortlich sind, und welches sind jene, die nicht direkt zur Schaffung des Erfahrungsstromes beitragen? Falls wir die erste Gruppe von Merkmalen isolieren könnten, würden wir entscheiden können, ob oder ob nicht ein von uns entworfenes physikalisches System ebenfalls diese wichtigen Charakteristika besitzt und deshalb als Generator bewußter Erfahrung fungieren wird. Dazu braucht man natürlich die zufälligen chemischen Eigenschaften des inneren chemischen Aufbaus von, sagen wir, Nerven nicht zu wiederholen. Dieser chemische Aufbau ist wahrscheinlich durch irdische, chemische Erfordernisse bedingt. Jedes System, welches eine bestimmte Anzahl von für die Erzeugung von Bewußtsein verantwortlichen Merkmalen hervorbringt, könnte man daraufhin testen, ohne Rücksicht darauf, ob sein neurales Kräftespiel biologischer Natur ist oder durch Transistoren hervorgerufen wird.[15]

Lawden rührt an die Grundlagen des Bewußtseinsproblemes und der Frage seiner Entstehung, wenn er darauf hinweist, daß wir ein Mittel brauchen, um Bewußtsein zu messen, wenn wir auf diesem Gebiet forschen wollen. Wir können messen, wieviel und wie schnell eine Maschine lernt, und so ihre Intelligenz messen. *Wie aber wollen wir Bewußtsein messen?* Lawden meint, *daß wir keine wissenschaftliche Darstellung des Phänomens „Bewußtsein" liefern können, wenn die Existenz psychischer Wechselwirkung nicht festgestellt werden kann.*[16] Was wir also brauchen, ist psychische Wechselwirkung (Bewußtsein?) und ein dafür empfängliches Instrument.

Es hat Versuche in dieser Richtung gegeben, obwohl ihre Gültigkeit in vielen Kreisen angezweifelt wird. Wir erwähnen sie an dieser Stelle zur Abrundung des Gesamtbildes. S. G. Soale und F. Bateman haben angeblich „nicht-physische" Wechselwirkung zwischen zwei Gehirnen bei der Telepathie beschrieben. Lawden glaubt mit vielen anderen, daß telepathische Wechselwirkungen zwischen zwei bewußten Gehirnen heute ein gesichertes Faktum darstellt. Um die Frage nach dem Bewußtsein und der psychischen Wechselwirkung zwischen zwei bewußten Gehirnen zu erhellen, weist er deshalb auf folgendes hin: Wenn man die telepathischen Phänomene irgendwann einmal im Labor wirksam unter Kontrolle bringen kann (das ist heute noch nicht der Fall), dann könnte man zeigen, daß alle Gehirne imstande sind, auf diese Weise miteinander in Beziehung zu treten, daß aber die Stärke der Wechselbeziehung in dem Maße abnimmt, wie die Komplexität des Gehirns abnimmt.[17] Der Schluß, welchen Lawden daraus zieht und welcher uns bei unserer Lösung helfen könnte, lautet: Man kann mit gutem Recht davon ausgehen, daß *telepathische Wechselwirkung zwischen zwei Gehirnen der Beweis dafür ist, daß diese beiden Gehirne Bewußtsein besitzen. Es folgt aus diesem Satz, daß man zwei Roboter für bewußt halten könnte, wenn sie so konstruiert wären, daß sie in telepathische Verständigung miteinander treten können. Das Ausmaß ihrer telepathischen Wechselbeziehungen würde ein Maß ihres Bewußtseins sein.*

Das ist natürlich reine Spekulation und weiter nichts. Wenn man jedoch auf schwierigen Grenzgebieten wissenschaftlicher

Forschung arbeitet, muß man begründete Vermutungen zulassen. Bei diesen Spekulationen geht es Lawden nur darum, einen objektiven Test für Bewußtsein zu entwickeln. Obwohl vieles für Lawdens Bemühungen um die Schaffung eines objektiven Bewußtseinsnachweises spricht, würden unserer Meinung nach die Folgen seiner Ansichten kaum zu akzeptieren sein. Wenn Lawden nämlich recht hat, dann könnte man zeigen, daß ein Mensch, der keine telepathische Verbindung mehr mit einem anderen Menschen hat, damit kein Bewußtsein hat. Hinter dieser Frage des Bewußtseins steckt jedoch mehr! Obwohl ich nämlich zwischen mir selbst und mir sehr nahestehenden Personen oft telepathische Erscheinungen bemerkt habe, gibt es zwischen mir und meinen Widersachern jedoch nur sehr geringe Anzeichen dafür. Und doch sind – im letzten Falle – beide Seiten klar bei Bewußtsein.

Zusammenfassung

Wir sind nun in der Lage, die Beziehungen zwischen Intelligenz – sowohl künstlicher als auch biologischer Art – und Musterbildung darzulegen. Man kann Intelligenz aufbauen, welche unendlich viel schneller und genauer als die menschliche Intelligenz arbeitet, obwohl ihr Spektrum heute noch sehr viel schmaler als das der biologischen Intelligenz ist. *Wir haben gezeigt, daß Intelligenz und ihre Kopplung an Kalorien oder Arbeit das Geheimnis ist, aufgrund dessen die Auswirkungen des zweiten Hauptsatzes der Wärmelehre und der damit verbundene Entropieanstieg überwunden werden können,* dem die gesamte Natur unterliegt, wenn sie sich selbst überlassen ist.

Diesen Faktor hat man in der darwinistischen und neodarwinistischen Lehre übersehen. Er veranlaßte Eden und andere zu der Behauptung, man müsse neue Naturgesetze entdecken, bevor man das darwinistische Staatsschiff theoretisch wieder ins Gleichgewicht bringen könne. Mit Stoffwechselkalorien oder Arbeit gekoppelte Intelligenz: das ist der fehlende Faktor. Soweit wir es überblicken können, *stellt Intelligenz die einzige Erscheinung dar, welche die in der darwinistischen und materialistischen Lehre enthaltenen theoretischen Schwierigkeiten beseitigen kann.*

Die Frage, welche wir uns nun stellen müssen, ist recht einfach: Warum hat man sich diesen Standpunkt nicht schon längst zu eigen gemacht? Die folgenden Kapitel beschäftigen sich mit diesem Problem.

1   Charles J. Sippi, *The Computer Dictionary and Handbook*, p. 156.
2   Dr. Robert A. Lloyd, Harwell, England, private Mitteilung.
3   C. A. Rosen, „Machines that Act Intelligently", *Science Journal* (Okt. 1968), p. 109.
4   Frank George, „Toward Machine Intelligence", *Science Journal* (Sept. 1968), p. 81.
5   Ibid., p. 83.
6   K. A. Koler und M. Eden, *Recognizing Patterns, Studies in Living and Automatic Systems"*, p. 1.
7   George, pp. 80—84.
8   Ibid.
9   Ibid.
10 C. A. Rosen, p. 109.
11 D. F. Lawden, „Are Robots Conscious?" *The New Scientist* (Sept. 4, 1969), pp. 476—477.
12 H. Putnam, *Robots, Machines or Artificially Created Life*, p. 63.
13 Lawden, p. 471.
14 Ibid.
15 Ibid.
16 S. G. Soale und F. Bateman, *Modern Experiments in Telepathy*.
17 A. E. Wilder Smith, *The Drug Users*, p. 168.

11
Das Problem des Ursprungs: Versuch einer Lösung

Die Naturwissenschaftler und anderen Intellektuellen waren in den letzten Jahren nicht bereit, die Anregung aufzunehmen, irgendeine Art exogener Lenkung oder Beschränkung der Materie auf die Ordnung des Lebens hin sei eine Lösung zum Problem des Ursprungs. D. h., es gibt heute in der Tat nur sehr wenige Wissenschaftler, die die Meinung vertreten, das Auftauchen von Ordnung, eingeschlossen die Ordnung des Lebens, sei auf irgendwelche nicht in der Materie selbst gelegenen Quellen zurückzuführen.

Jede Vorstellung der Lenkung oder Beschränkung von außerhalb der Materie scheint auf die Idee eines Gottes oder einer Intelligenz außerhalb der Natur zurückzugreifen, die sie aufwärts zum Leben und seiner Ordnung kontrollierend lenkte und ihren Lauf beschränkte. In den Augen der meisten gebildeten Leute hat man eine solche Vorstellung ins frühe Mittelalter zu verweisen, und deshalb sieht man in den Lagern der naturwissenschaftlichen Materialisten jede Rückkehr zu einer außerhalb der Materie selbst gelegenen Erklärung des Lebens und seines Ursprunges als rückschrittlich und faktisch unmöglich an.

Man kann deshalb verstehen, daß nachdenkliche Leute, die unter der manchmal trägen, Neuerungen gegenüber unaufgeschlossenen Haltung einiger führender Männer auf religiösem Gebiet vor einhundert Jahren litten, schnell die Vorstellungen irgendeiner naturwissenschaftlichen Theorie zum Ursprung des Lebens aufgriffen, die das gesamte Konzept eines außerhalb der Materie gelegenen Urgrundes aller Dinge in den intellektuellen Papierkorb warf.

Das Problem eines von Grund auf guten, allmächtigen, allgegenwärtigen und allwissenden Gottes, der an dem überall offenkundigen Bösen in der Welt, die er angeblich geschaffen hat, beteiligt ist, beschäftigt die Aufmerksamkeit der Menschen schon seit vielen Jahrhunderten, ohne daß man eine Lösung gefunden hätte. Wie konnte ein guter Gott das Böse erschaffen? Den gordischen Knoten konnte man sehr leicht mit der Behauptung durchtrennen, daß überhaupt kein Gott daran beteiligt war und alles nur auf den Auswirkungen materieller Naturgesetze beruhe, ohne ein übernatürliches Element in sich zu bergen. Als man vor über hundert Jahren der intellektuellen Welt ein Postulat zur Entstehung des Weltalls und des Lebens anbot, welches den gesamten Zankapfel der Realität und des Wesens Gottes beiseite ließ und bei der Schöpfung des Lebens jede göttliche Motivation leugnete, da nahm man dies Konzept bereitwillig auf. Zufall, natürliche Auslese, lange Zeitspannen — mit diesen Begriffen konnte man sehr viel besser umgehen als mit einem immateriellen, transzendenten Gott, mit dem niemand experimentieren konnte und über den man keine Spekulationen anstellen durfte.

Für viele Intellektuelle besteht also schon seit über hundert Jahren der Urgrund des Lebensanfangs aus Zufall, langen Zeiträumen und natürlicher Auslese. In der Folge hat man sogar den Namen „Gott" aus den meisten ernsthaften wissenschaftlichen Publikationen verbannt. Wie wir gesehen haben, hat sich die von den Darwinisten angebotene Alternative zu göttlicher Beschränkung und Motivierung jedoch erst in jüngster Zeit als ein unzulänglicher Ersatz für die älteren, auf Gott gegründeten Vorstellungen über die Entstehung des Lebens erwiesen.

Was gibt es, das sie beide ersetzen könnte? Man findet Theorien wie die biochemische Prädestination, mit der wir uns schon befaßt haben. Aber eine mehr als nur oberflächliche Prüfung derartiger Vorstellungen zeigt, daß sie der eigentlichen Frage aus dem Wege gehen. Wenn nämlich die gesamte Materie ein Algorithmus des Lebens und Bewußtseins ist — das ist Kenyons Grundprämisse –, woher stammt denn dann die Superordnung des Algorithmus selbst? Ordnung und Überordnung entstehen sicherlich nicht spontan aus Zufall. Von solchen oberflächlichen und den verwandten theistischen, von Teilhard de Chardin aufgestellten Theorien abgesehen, hat man uns bisher nichts als die grundlegenden darwinistischen Spekulationen angeboten.

Der große Vorteil der darwinistischen Zufallslehre mit der in ihr enthaltenen natürlichen Auslese und langen Zeitstrecke bestand darin, daß sie die verabscheute Notwendigkeit göttlicher Intelligenzleistungen in der Natur zunichte machte. Heute folgert man in fortschrittlichen mathematischen und physikalischen Kreisen, daß kybernetische Simulationsexperimente die Tatsache bewiesen haben, daß die Prinzipien des Zufalls, der natürlichen Auslese und der langen Zeiträume die früheren Vorstellungen einer extramateriellen Beschränkung nicht ersetzen können, die in der Materie wirksam ist, um Ordnung, einschließlich der Ordnung des Lebendigen, zu schaffen. Vor hundert Jahren waren Darwins Hypothesen keiner experimentellen und theoretischen Widerlegung zugänglich. Heute sind sie es.

Es ist verständlich, daß vor dem Zeitalter der Kybernetik viele nachdenkliche Leute die Hypothese göttlicher Motivierung nur deshalb über Bord warfen, weil die in ihr enthaltenen Punkte widersprüchlich erschienen. Es gab die Frage nach dem Bösen in einer Welt, die ein angeblich allmächtiger, grundgütiger Gott geschaffen hatte. Solche Denker erkannten gewöhnlich die Ordnung, Schönheit und sogar die Zweckmäßigkeit, die sich hinter vielen Dingen des Lebens verbergen. Sie wurden jedoch von den Hinweisen über die wilde Ehe des Bösen mit dem Guten um sie herum erdrückt. Dieser Grund, das Postulat göttlicher Motivierung zurückzuweisen und sich der darwinistischen Lehre zuzuwenden, ist jedoch – wie ich an anderer Stelle dargelegt habe – aus philosophischen Erwägungen heraus ungültig. Bei der Frage, wie wir das Problem der Lebensentstehung lösen können, dürfen wir uns den Sachverhalt also nicht von der Frage nach dem Bösen verschleiern lassen. Wahrscheinlich sind beide einer getrennten Lösung zugänglich.

In der Zwischenzeit müssen wir zu der Frage zurückkehren, welches Licht die jüngste kybernetische Forschung auf das Problem der Lebensentstehung geworfen hat.

Die Kybernetik und das Problem der Lebensentstehung

Wir erwähnten bereits die Computerexperimente, bei denen man die vom Darwinismus geforderten riesenlangen Zeiträume nachahmte, um festzustellen, ob sie – mit Hilfe der Selektion – die Ordnung hervorbringen, welche die Evolutionstheorie verlangt. An dieser Stelle müssen wir genauer über diese Untersuchungen berichten.

Dr. Marcel P. Schützenberger hat in seinem Artikel „Algorithms and the Neodarwinian Theory of Evolution" auf die Bedeutung dieser Simulationsexperimente hingewiesen. Er schreibt in diesem Zusammenhang:

„Ich möchte unsere Aufmerksamkeit gern auf die Tatsache lenken, daß Computer heutzutage innerhalb eines Bereiches operieren, der nicht ganz und gar unvergleichbar mit demjenigen ist, mit dem sich die Evolutionstheorien in Wirklichkeit beschäftigen. Wenn eine Art einmal im Jahr Nachkommen erzeugt, dann ist die Anzahl der Zyklen in einer Million Jahren ungefähr ebenso groß wie die, welche man bei einer zehntägigen Berechnung erhält, die ein Programm von ein Hundertstel Sekunden Dauer immer wiederholt. Unsere Fähigkeit, mit Wiederholungen dieser Größenordnung umzugehen, ist noch sehr neu, und wir können damit beginnen, einige konkrete Erfahrungen mit dieser Art von Fortschritt zu sammeln. In den Zeiten eines Fisher und *mon bon maître* Haldane war das noch nicht so; nun aber haben wir weniger Entschuldigungen, wenn wir Schwierigkeiten dadurch vertuschen, daß wir die nicht zu beobachtende Wirkung astronomischer Zahlen von geringer Variation zu Hilfe rufen.[2]"

Schützenberger führt diesen Gedanken weiter aus:

„Der Neodarwinismus behauptet, es sei vorstellbar, daß ... Selektion, die sich auf die Strukturen des zweiten Zeitraumes gründet, einen statistisch erfaßbaren Trend mit sich bringt, wenn sich Zufallsänderungen im ersten Zeitraum und entsprechend seinem eigenen Gefüge ereignen. Wir halten das nicht für glaubwürdig. Wenn wir eine solche Situation zu simulieren versuchen, indem wir auf typographischer Ebene (durch Buchstaben oder Druckstöcke, die Größe der Einheit spielt keine Rolle) willkürliche Veränderungen an Computerprogrammen vornehmen, dann stellt sich heraus, daß wir keine Chance (i. e. geringer als $1/10^{1000}$) haben, auch nur zu sehen, was das modifizierte Programm berechnen würde: es blockiert ganz einfach. Wir können im einzelnen angeben, was nötig wäre, um die willkürlichen Veränderungen wirksam werden zu lassen, so daß ein beträchtlicher Teil aller Programme zu arbeiten beginnt: es ist ein Selbstkorrekturmechanismus, der so etwas wie eine symbolische Formulierung dessen, was „Berechnung" heißt, einschließt. So würde keine Selektion, die auf das Endergebnis einwirkt (falls es überhaupt eines gibt!), einen – wenn auch nur geringen – Trend des Systems zur Erzeugung dieses Mechanismus herbeiführen, *wenn er nicht schon in irgendeiner Form vorhanden wäre.* Weiterhin gibt es keine Chance (10^{-1000}), diesen Mechanismus spontan entstehen zu lassen sehen, und, falls dies der Fall wäre, würde die Chance seines Bestehenbleibens noch geringer sein. Schließlich können wir vorhersagen, was geschehen würde, wenn ein solcher Mechanismus eingeführt wäre: Für fast alle Veränderungen würde die ausgeführte Berechnung keine Beziehung zu den vorhergehenden Berechnungen haben; von daher würde

das Ergebnis durch keine Beziehung zum Selektionsdruck beeinflußt. All das, so möchte ich wiederholen, ist nur die Folge
mangelnder Übereinstimmung zwischen dem Bereich der Ergebnisse und dem der Programme ... *Wir glauben also, um damit
zu schließen, daß es eine beträchtliche Lücke in der neodarwinistischen Evolutionstheorie gibt, und ferner, daß diese Lücke
so beschaffen ist, daß man sie nicht innerhalb der heutigen Konzeption der Biologie schließen kann.*"[3]

Schützenberger möchte zeigen, daß man die Entropiereduktion
oder Ordnungszunahme, wie die Zelle und ihr genetischer Code
sie verkörpern, nicht auf der Basis von Zufall und Selektions-
verschiebungen über Jahrmillionen hin erklären kann. Die Reaktion des Vorsitzenden, Dr. Waddington, auf diese Auffassung
ist recht interessant. Er sagte: „Sie befinden sich wieder im Gegensatz zu uns. Sie haben die Lücke erst geschaffen, weil Sie
den mittleren Bereich, den epigenetischen Bereich, ausgelassen
haben."

Nun, jemand (Dr. Wald) war ehrlich genug, die Frage zu stellen,
was Dr. Waddington mit „epigenetischem Bereich" und „Epigenetik" meine. Es bedeutet natürlich die Erforschung der Mechanismen, durch welche die in den Genen enthaltenen Informationen auf die Proteinsynthese übertragen und dort realisiert
werden. Die Epigenetik ist die Lehre, wie die in Codeform in
den DNS-Spiralen befindliche Information in die Aminosäuresequenz der Proteine verwandelt wird. Als Beispiel folgende Frage: Wie *liest* die Zelle den genetischen Code, um Proteine entstehen zu lassen? Auf die Behauptung Waddingtons hin erwiderte
Schützenberger mit Recht, daß dies, verglichen mit dem Erscheinen der ursprünglichen Ordnung in den Genen, ein Detail sei,
in dem wir uns nicht verlieren sollten. Das eigentliche Problem
lautet: Wie entstand der ursprüngliche Code, dieser Speicher
an Informationen? Der Zufall wird niemals zu solcher Ordnung
führen. D. h., *die Kernfrage lautet nicht: Wie liest die Zelle
ihren Code? sondern: Wie kam die Zelle zu ihrem Code?* Waddington, der wahrscheinlich sah, daß Schützenbergers Position
unangreifbar war, begann unter dem Vorwand der Epigenetik
sofort ein Ablenkungsmanöver. Als Vorsitzender brachte er das
ganze Symposium von seinem eigentlichen Thema ab (dies betraf
die Erhellung des Problems, wie Lebensordnung und Lebenscode
entstanden sind). So warf man den Einwand ein, wie die Zelle
den genetischen Code *liest*, um Proteine zu erzeugen, eine Frage,
von der jeder Wissenschaftler, der etwas auf sich hält, zugeben

muß, daß er darüber so gut wie nichts weiß. So vermengte Waddington, der Vorsitzende des Symposiums, mit einem geschickten Vorwand Schützenbergers echte Lücke in der Theorie der Lebensentstehung mit der echten Lücke in unserem Wissen, wie die Zelle den Entwurf der Proteinsynthese im genetischen Code liest (Epigenese).

Auch an diesem Punkt der Verwirrung des Themas blieb Schützenberger fest und behauptete, daß „zur Vermittlung zwischen dem Bereich von Aminosäureketten und der realen Welt der Organismen irgendein neues Konzept eingeführt und Prinzipien explizit festgestellt werden müßten, die erklären, wie diese Vermittlung vorstellbar ist".[4] Mit anderen Worten: Die darwinistische Lehre gibt keine explizite Erklärung, wie Aminosäuren zu Proteinen mit bestimmter Aminosäuresequenz realisiert werden. D. h., das „Lesen" des Codes und seine Umwandlung in echte Proteine ist eine Meisterleistung der Zelle, die man noch nicht erklären kann. Nicht nur das *Lesen* des Codes war nicht zu erklären, auch ihr Ursprung und ihre *Existenz* konnte man nicht in zufriedenstellender Weise deuten.

Schützenberger hielt an folgendem fest: Wenn man die neodarwinistische Evolutionstheorie als in jeder Hinsicht befriedigend und vollständig ansehen sollte, müßte man angesichts der Tatsache, daß wir heute so hochentwickelte Instrumente zur Verfügung haben, das *ganze* Problem auf Computer anwenden können, und zwar das Problem der Erscheinung des Codes und seine Anwendung beim Lesen und Dechiffrieren in der Synthese. An dieser Stelle folgte der von uns schon berichtete Ausbruch Waddingtons:

„Wir sind an Ihren Computern nicht interessiert!"

Vielleicht teilweise wegen der Tatsache, daß sich die älteren Theorien zur Lebensentstehung als mangelhaft erweisen, beginnen einige Naturwissenschaftler ihren wissenschaftlichen Hals dadurch zu riskieren, daß sie sich Theorien zuwenden, die sich nicht auf den darwinistischen Zufall, auf Selektion und lange Zeiträume berufen. Wie wir gesehen haben, ist Kenyon dazu gelangt, sich zur Erklärung der beobachteten Ordnung eher an eine Lenkung aus der Materie selbst heraus als an den Zufall zu wenden, der von außen her auf die Materie einwirkt. Die Gefahr des Zusammenstoßes mit dem zweiten Hauptsatz der Wärmelehre, die auf dieser Basis gegeben ist, wurde schon herausgestellt.

Teilhard de Chardin berief sich auf das gleiche Prinzip wie Kenyon, aber er glaubte, daß Gott die Materie so geschaffen habe, daß sie ein Algorithmus allen Lebens und aller Ordnung in Vergangenheit, Gegenwart und Zukunft sei. Die Schwierigkeit beider Theorien besteht darin, daß die Naturwissenschaftler bei isolierter toter Materie noch nie eine Spur dieser sich-selbst-zum-Leben-hin-anordnenden Eigenschaft gefunden haben. Tatsächlich drückt der zweite Hauptsatz der Thermodynamik den weltweiten Glauben der Wissenschaftler aus, daß eine solche Eigenschaft nicht existiert.

Der Ursprung der Codierungsinformation

Wenn nun die darwinistischen Prinzipien, zusammen mit denen Teilhard de Chardins und Kenyons (und auch allen mit ihnen verwandten Theorien), nicht in der Lage sind, die Ordnung und Codierung zu erklären, welche wir sowohl in toter als auch in lebender Materie sehen, wo können wir dann eine Erklärung für sie finden?

Unser Postulat lautet: Zur Erklärung dieser Ordnung können wir uns an genau die gleiche Quelle wenden, welche wir heutzutage experimentell am Beginn jeder neuen Ordnung sehen. Um die Klötze und Keile, die auf dem Laboratoriumsboden verstreut lagen, zu einem neuen Muster von der Gestalt eines Hauses zu ordnen, bediente sich die Hand-Auge-Maschine der *künstlichen Intelligenz*. Um die Steine und Keile der verschiedenen Größen und Farben herzustellen, die als Grundlage des neuen Musters dienten, das von der Hand-Auge-Maschine entwickelt wurde, bedurfte es der *biologischen Intelligenz* (menschlichen Intelligenz), obwohl dieser Vorgang natürlich auch mit Hilfe der künstlichen Intelligenz möglich gewesen wäre.

Wo immer man Codes, Ordnung, Reduktion der Entropie oder sogar Codedechiffrierung (in die „Wirklichkeit" übertragen) beobachten kann, da wissen wir aus übereinstimmender Erfahrung, daß irgendwo Intelligenz am Werk gewesen sein muß. Wir wissen auch, daß sie irgendwie durch Kalorien und Arbeit ermöglicht werden muß. Niemand würde auch nur im Traum daran denken, die Konstruktion eines so verhältnismäßig einfachen Objektes wie das einer Hängebrücke anders als dadurch zu erklären, daß er Intelligenz, Arbeit und Plan als hinter ihr verborgen voraussetzt. *Niemand würde daran denken, die ein-*

fachen Figuren und Formen, die die intelligente Hand-Auge-Maschine baute, ohne die Hilfe der durch Energie ermöglichten künstlichen Intelligenz zu erklären. Je komplexer der Plan wird, desto mehr Intelligenz, künstlicher oder anderer Art, müssen wir zu seiner Erklärung einkalkulieren. Das heißt: Hinter einem komplexen Plan ist mehr Energie verborgen als hinter einem einfachen Plan.

Wenn das der Fall ist, und es verhält sich sicherlich so vom Plan der einfachen Vitamin-C-Synthese an aufwärts, dann wird man die Lücke, von der Schützenberger spricht, (deren Existenz Waddington und andere so leidenschaftlich leugnen), dadurch überbrücken müssen, daß man auf die Anwendung der Intelligenz sowohl zur Erklärung des Ursprungs des Lebenscodes als auch seiner Realisierung in der Wirklichkeit, d. h. seines Lesens, hinweist.

Die Schwierigkeiten bei der Anwendung der Intelligenz zur Erklärung von Codes und ihrer Entzifferung liegt in der Frage, wo man nach solcher Intelligenz suchen soll. Seit Darwins Zeiten nehmen die Naturwissenschaftler stillschweigend an, daß die einzige denkende Intelligenz, die man ernsthaft in Betracht ziehen müsse, die im menschlichen Schädel beheimatete sei. Offensichtlich konnte die menschliche Intelligenz jedoch nicht für die Ordnung der belebten und unbelebten Materie verantwortlich sein, denn jene Ordnung existierte schon lange, bevor der Mensch und seine Intelligenz auftauchten.

Es gibt drei Möglichkeiten, an die wir uns zur Lösung dieses Problems wenden können, nachdem wir einmal eingesehen haben, daß das Intelligenzpostulat den einzigen Ausweg darstellt:

1. Die Intelligenz (oder eine ähnliche psychische Eigenschaft) ist eine der Materie innewohnende Kraft, wie Whitehead und seine Schüler behaupten.[5] Beweise für die psychischen Eigenschaften von Elektronen etc. sind schwer zu erbringen. Obwohl die Anhänger dieser Lehre glauben, daß sich die inneren psychischen Eigenschaften der Elektronen etc. in einem Maße vermehren, in welchem sich die Anzahl der Partikel in der lebenden Materie vermehrt, und obwohl sie glauben, daß ein Elektron in einem lebenden Organismus sich deshalb von einem Elektron unterscheidet, welches nicht Teil eines solchen lebenden Organismus ist, gibt es zu solchen Theorien wenig zu sagen, außer daß sie philosophische Überlegungen und nicht experimentelle Ergebnisse darstellen.

2. Die Intelligenz war in einer Form der Materie beheimatet, die sich außerhalb unseres Universums befand und vor diesem existierte. D. h.: Ein Materieaggregat außerhalb unseres Alls besaß Intelligenz und verwandte sie dazu, die Ordnung zu gestalten, die wir in unserem Universum sowohl vom Inneren als auch vom Äußeren der Materie kennen.

Dies könnte man die „Den-Schwarzen-Peter-Weitergeben"-Theorie nennen, denn sie verlagert das Problem rückwärts auf ein anderes, älteres Universum, das unserem All ähnlich gestaltet war, von dem wir jedoch keine Kunde haben. Sie hat den Nachteil, daß sie die Existenz eines anderen, mit dem unsrigen mehr oder weniger übereinstimmenden Weltalls voraussetzt, welches noch nie lokalisiert worden ist, jedoch ein Interesse daran hat, seine Intelligenz hier zu kopieren.

3. Die Intelligenz beruht weder in noch auf der uns bekannten Materie, sondern existierte vor Entstehen jeder Materie und jeden Weltalls und rief diese erst ins Leben und führte sie empor zur Ordnung. Seit wir wissen, daß Intelligenz auf so verschiedenartigen Substraten wie Neuronen und biologischen Zellen, aber auch auf Transistoren und Vakuumröhren beruhen kann, fällt es nicht schwer zu glauben, daß sie auch in anderen, nicht-materiellen und nicht-elektrischen Systemen beheimatet sein könnte, die heute noch außerhalb unserer Kenntnis liegen.

Die Grundlage dieses Gedankenganges besteht darin, daß es lächerlich wäre anzunehmen, unsere Kenntnisse von Intelligenz und ihren Substraten seien erschöpfend, besonders aus dem Grunde, weil wir mit ihr erst eine so kurze Zeit experimentieren können. Zwei Tatsachen sind es, die wir fest im Auge behalten müssen: Erstens haben wir experimentelle Beweise für die unbestreitbare Existenz einer Superintelligenz, die wir in den Supercodes und Superordnungen um uns herum sehen können. Diese Intelligenz muß offensichtlich existiert haben, bevor wir und unsere Ordnungen vorhanden waren. Und zweitens sollten wir, da diese ordnende und codierende Intelligenz vor uns und der Materie existierte, um die herum wir aufgebaut sind, nicht erwarten, daß jene Intelligenz an die Materie selbst gebunden ist, denn sie schuf erst die Materie. Wir können vielleicht erwarten, daß sich der Abglanz jener Intelligenz in der Materie widerspiegelt, jedoch nicht, daß wir sie selbst dort finden werden. Wir sollten angesichts dieser Tatsache folgern, daß das Eigentliche, die grundlegende, codierende Intelligenz, die in der Materie und im Leben verborgen ist, in sich selbst supramateriell, d. h. transzendental ist.

Kritische Würdigung der drei Versuche, die in der allgemeinen Ordnung verborgene Intelligenz zu erklären

An dieser Stelle können wir einen Blick zurückwerfen, bevor wir diese drei möglichen Erklärungen von Codierung und Ordnung verlassen.

Wenn Erklärung Nr. 1 zuträfe und die Materie eine innere psychische Eigenschaft besäße, welche sie von innen heraus zum Leben empordrängte, dann würde man erwarten, daß andere Planeten unseres Sonnensystems, die aus der gleichen Art von Materie wie unsere Erde bestehen, irgendein Zeichen dieses psychischen Dranges zeigten, und zwar in genau der gleichen Weise, in der es bei der Materie auf Erden angeblich der Fall ist.

In diesem Zusammenhang hätte man vermutet, daß die Mondastronauten zumindest eine Spur der zur Komplexität des Lebens führenden chemischen Evolution gefunden hätten, falls überall in der Materie ein solcher psychischer Drang gegenwärtig ist. Der Mond nämlich enthält die gleichen materiellen Elemente wie die Erde, obwohl die Verhältnisse in einigen Fällen unterschiedlich sein können.

An dieser Stelle gibt es für Kenyon und die anderen Forscher eine echte Gelegenheit, ihre Hypothesen zu beweisen. Aber in all den Analyseberichten über zur Erde gebrachtes Mondmaterial, die ich gesehen habe, sind keinerlei Hinweise zutage getreten, welche die Ansicht unterstützen, daß die lunare Materie innere psychische Eigenschaften besäße, welche sie vorwärts und aufwärts zur Ordnung der chemischen Evolution drängten.[6] Tatsächlich war die folgende kategorische Bemerkung möglich: „Die Wissenschaftler, die die von Apollo 11 und 12 zurückgebrachten Bodenproben vom Mond untersuchten, betonen nachdrücklich und einhellig, daß diese keine Spuren von Lebensformen oder deren Vorläufern enthielten."[7]

Man muß noch hinzufügen, daß es nach den am Mondgestein vorgenommenen Altersbestimmungen Gelegenheiten im Überfluß für eine solche Entwicklung gegeben hätte, denn der Mond ist nach diesen Berichten uralt. Das bedeutet, daß dem Mondmaterial sehr lange Zeitspannen zur Verfügung standen, um irgendwelche psychischen Dränge zumindest bis zur chemischen Evolution zu manifestieren.

Zu der zweiten Erklärung, die sich auf ein sehr viel älteres materielles Substrat für die Intelligenz bezog, welche als Urheber unserer Ordnung anzusehen ist, kann man lediglich sagen, daß die moderne Astronomie bis jetzt keine Anzeichen für irgend etwas Derartiges entdeckt hat.

Die dritte Erklärung, welche besagte, daß das Substrat der primären Intelligenz außerhalb der Materie gesucht werden müsse, läßt sich beweisen. Die Tatsache, daß die materialistisch und physikalisch ausgerichtete Naturwissenschaft mit *physikalischen* Mitteln eine solche Intelligenz nicht finden konnte, ist sicherlich eine Bestätigung ihrer transzendentalen Natur. Allein durch schlußfolgerndes Denken, Logik und Mathematik und unter Verwendung der höchstentwickelten der heute zur Verfügung stehenden Computer hat sich die Lücke in der rein materialistischen Zufallstheorie Darwins gezeigt.

Physikalisch gesprochen, kann man die Intelligenzenergie nicht *sehen*, welche in den Werdegang einer Vitamin-C-Synthese eingeht. Und doch würde kein Wissenschaftler das Vorhandensein intellektuellen Aufwandes leugnen, nur weil er ihn nicht körperlich vor sich sehen kann. Er *mißt* ihn, und zwar in so und so vielen Stunden Planung und in so und so vielen Arbeitsstunden pro Mann, die zur Realisierung des Planes in Form tatsächlicher Tonnen Hängebrücke notwendig sind. Er weiß, wie man die Arbeit mißt, welche sowohl im Codierungs – als auch im Decodierungs- oder Realisierungs(Lese)prozeß enthalten ist.

Wenn es sich so verhält, warum sollte es Schwierigkeiten geben, die grundlegenden Codierungsprozesse zu erklären, durch die der Entwurf zum Leben an seinem Anfang, bei der Archebiopoese, fertiggestellt wurde? Oder warum sollte es schwerfallen, die Decodierungsprozesse zu erklären, durch die sich Leben aufgrund des von den materiellen Genen gesteuerten Wachstums realisiert? In der praktischen Erfahrung unseres Alltagslebens werden sowohl Codierung als auch Entschlüsselung ganz einfach und selbstverständlich in Arbeitsstunden pro Mann erklärt. Offensichtlich sollten dann auch für den gleichen grundlegenden Prozeß bei Ursprung und Realisierung des Lebens keine Schwierigkeiten entstehen. Die hinter beiden Vorgängen verborgenen Prinzipien sind identisch, auch wenn die Skala ihrer Tätigkeiten ein wenig verschieden ist.

Die Annahme von Intelligenz als Erklärung von Ursprung und Erhaltung (oder Realisierung) des Lebens bietet also keine echten *prinzipiellen* Schwierigkeiten. Ob die angenommene Intelligenz künstlichen, biologischen oder sogar transmateriellen Ursprungs ist, stellt für diese Theorie keinen eigentlichen Hinderungsgrund dar. Wenn wir keine Schwierigkeiten haben, bei der Erkennung und Konstruktion von Mustern in Labor und Industrie diese Intelligenzannahme zu verwenden, warum sollten wir uns vor der gleichen Annahme scheuen, wenn wir unsere Fragestellung auf den viel größeren Maßstab des Universums und seiner Muster und Codes anwenden, besonders des Codes, den wir als Leben bezeichnen?

Die gleichen Prinzipien gelten auch für die in den Atomen und ihren Elektronenbahnen (welche die Muster ihrer chemischen Eigenschaften bestimmen) verborgenen Muster und Codes. Die chemischen Muster der DNS-Spiralen bestimmen ihrerseits die Muster und Codes der Gene und ihre Realisierung in verschiedenen morphologischen, physiologischen und metabolischen Codes. *Jeder Code und jedes Muster läßt einen weiteren Code und ein weiteres Muster entstehen, aber sie alle kehren schließlich zu ihrem Ursprung, dem großen Code- und Musterschöpfer Intelligenz, zurück.*

Die Schwierigkeiten, die ein Leugnen der Intelligenz als Grundlage der Code-Ordnung-Realisierung mit sich bringt, sind sicherlich größer als die, welche bei der Annahme von Intelligenz als Urheber entstehen. Man nimmt schließlich doch immer an, daß der Zufall spontan Ordnung hervorgebracht habe (Darwins Lehre); das läuft auf einen Widerspruch zu den Gesetzen der Thermodynamik und faktisch zu allen Gesetzen hinaus, denn Zufall unterliegt keinem Gesetz. Um jedoch die Notwendigkeit, eine exogene Intelligenz (oder Gottheit) anzunehmen, zu umgehen und zu vermeiden, sind die Naturwissenschaftler sogar bereit, diese Art von wissenschaftlichem Harakiri zu begehen, denn ein Leugnen von Gesetzen bedeutet das Ende jeder Naturwissenschaft.

Wenn wir jedoch andererseits eine in den Codes und Ordnungen verborgene Intelligenz voraussetzen, sind wir mehr oder weniger unausweichlich dazu gezwungen, die Position unseres dritten Postulats einzunehmen, welches besagte, diese Intelligenz müsse transmateriell oder sogar transzendent sein. Diese Auffassung besitzt den großen Vorteil, daß sie jenes alte Schreckgespenst aus der Vergangenheit vernichtet, welches so viele Intellektuelle daran gehindert hat, sich mit der christlichen Auffassung zu beschäftigen: den anthropomorphen Gott, den „alten Mann im Himmel". Die Intelligenz, die wir meinen, ist unsagbar erhaben, überragend und übersteigt Materie und Zeit.

So ist also ein Stein intellektuellen Anstoßes, der lange Zeit nachdenklichen Leuten den Weg versperrte und sie vom Glauben an eine oberste Intelligenz abhielt, durch diesen Fortschritt der Kybernetik prinzipiell entfernt worden, denn diese hat gezeigt, daß Intelligenz nicht länger an biologische Substrate gebunden ist. Vielleicht kann man eines Tages auch zeigen, daß sogar im Labor Denken und Intelligenz nicht einmal an elektrische Erscheinungen gebunden sind, sondern beide Tätigkeiten von „Geist" sind. Die Bibel versichert uns nämlich, daß Gott „Geist" ist und daß die, welche ihn anbeten, ihn in „Geist" und „Wahrheit" anbeten müssen.[8]

Vielleicht ist es ganz hilfreich, einen Augenblick über gewisse historische Entwicklungen nachzudenken, welche mit Intelligenz, Codierung und Planung zu tun haben und vor und nach Darwins Verkündigung seiner Entwicklungslehre stattfanden.

William Paley und das Argument der Planung

Im Jahre 1802 veröffentlichte William Paley sein berühmtes Buch *Natural Theology*. Die Hauptaussage dieses Werkes lautet, daß die gesamte Natur von dem Planer kündet, der hinter ihr steht. So wie die Existenz einer Uhr, zumindest nach Paley und seinen Freunden, die Existenz eines Uhrmachers beweise, so beweise die Existenz eines Planes, den wir Natur und Materie nennen, die Existenz eines Planers, der hinter ihm stehe. Paleys himmlischer, hinter dem Weltall verborgener Uhrmacher ist sprichwörtlich geworden. Seiner Argumentation entsprechend ist das Vorhandensein des strukturierten, codierten Weltalls und Lebens um uns herum, an dem wir teilhaben, ein Beweis für die Existenz eines hinter ihnen stehenden Planers oder Gottes.

Die Anwendung der Paleyschen These auf theologischem Gebiet wurde „natürliche Theologie" genannt und war beinahe überall in den theologischen Kreisen denkender Christen verbreitet. Heute betrachten viele Leute, welche eine höhere Bildung, besonders auf biologischem Gebiet, genossen haben, diese These als überholt und vielleicht sogar etwas lächerlich, weil sie zum Anthropomorphismus neige.

Lange Zeit verwandte man Paleys *Natural Theology* an bestimmten führenden britischen Universitäten als Grundlage für die Examination von Studenten jüngerer Semester. Erst in vergleichsweise neuerer Zeit hat man davon Abstand genommen. Einer der Gründe dafür war, daß weder der prüfende Professor noch die Studenten auch nur ein Wort der gesamten These glaubten. Die Zeiten hatten sich geändert. Paley und seine Freunde gingen von der zu ihrer Zeit unwiderlegbaren Grundlage aus, daß Planung einen Planer beweise. Die Naturwissenschaften jedoch, besonders die Biologie, machten im Laufe der Zeit bedeutende Entwicklungen durch. Am Ende der siebziger Jahre des 19. Jahrhunderts hatte Darwins Theorie das biologische Denken völlig eingenommen, und einer der darwinistischen Kernsätze lautete, daß *Planung keinesfalls einen hinter ihr stehenden Planer beweise.* Ein Plan konnte ersonnen werden, aber ebensogut auch aus Zufall entstehen. Tatsächlich hielt man die gesamte chemische Evolution und die Abiogenese für lebende Beweise gerade dieser Auffassung. *Darwin hatte die Logik fortgefegt, die seit frühesten Zeiten die Grundlage eines großen Teiles des menschlichen Denkens bildete – daß ein Plan jemanden voraussetzt, der ihn geplant hat.*

Von dieser Zeit an hielt man die Sache für geklärt. Die Theologen konnten ihre Predigten am Sonntagmorgen nicht länger auf den Satz gründen: „Die Himmel erzählen die Ehre Gottes und die Feste verkündigt seiner Hände Werk."[9] Auch konnten sie nicht mehr mit dem Apostel Paulus sprechen, daß das, was man von der ewigen Gottheit Gottes wissen kann, seine göttliche Natur und allmächtige Gewalt, in dem, was gemacht ist, der Schöpfung nämlich, zu sehen ist.[10] All das wurde ein *non sequitur.* Davids Psalm über die Botschaft der geschaffenen Welt „Ihr Klingen geht aus in alle Lande und ihre Rede an der Welt Ende" ist völliger Unsinn, denn wie konnten die Himmel und ihre Planung in irgendeiner überzeugenden Weise nach Darwin noch von der Gottheit hinter ihr zeugen?[11] Es ist klar, daß sowohl Altes wie auch Neues Testament Paleys Ansichten in unmißverständlicher Weise unterstützen. Nach der Meinung beider Testamente setzt die Struktur des Firmamentes jemanden voraus, der sie geplant hat. Obwohl weder Himmel noch Erde Worte oder Sätze benutzen („es ist keine Sprache noch Rede"), beweist ihr Plan dennoch einen Planer, welcher dann seinen

Entwurf dazu verwendet, einen Code ohne Worte als Botschaft zu verkünden.[12] Der Himmel und die Erde zeigen einen *Planer* und verkünden die *Botschaft* des Planers an den Menschen. Beide sind Aspekte von auf Intelligenz beruhender, codierender Planung.

Paleys Argumentation war den Menschen seit der Dämmerung ihrer Geschichte vertraut. Die uns überkommenen alten Zeugnisse weisen auf diese Tatsache hin. Darwin und seine Freunde jedoch veränderten alles. Zum ersten Male in der Geschichte *verloren* die Pracht des Universums und die Wunder der lebenden Materie *ihre Bedeutung (Codierung) für den Menschen.* Die Predigten und Abhandlungen über die Wunder der Natur verloren ebenfalls ihre Botschaft. *Sogar die unglaubliche Kompliziertheit der lebenden Zelle wurde bedeutungslos für den Biologen, der sein ganzes Leben im Laboratorium zubringen kann und an den Wundern des Lebens arbeitet, ohne sich je eines Wunders bewußt zu werden. Darwin nämlich hatte die Botschaft vom Leben und seiner Planung entfernt. Der Zufall, wirksam über Millionen von Jahren, war mit Hilfe der natürlichen Auslese für die Planung verantwortlich, und damit basta!*

Wenn man Zufälligkeit (in technischer Terminologie „Störungsrauschen") in irgendeine codierte Botschaft einführt, dann kommt man offensichtlich zu einem Punkt, an dem die Botschaft nicht mehr entzifferbar ist. Was Darwin im Grunde erreicht hat, war folgendes: Er verwandelte die codierte Botschaft des Planers in „Rauschen", indem er behauptete, der Code des Lebens, der Materie und des Alls rühre im letzten Grunde von „Rauschen" (Zufall) her. Nach Darwin nämlich besitzen Zufall und Willkür die Fähigkeit, spontan Botschaften oder Codes hervorzubringen. Wenn eine Botschaft dergestalt aus nichts anderem als „Rauschen" entstand, dann brauchte man sie offensichtlich nicht zu hören oder zu beachten, weil es keine Intelligenz oder Bedeutung in ihr gibt. Die Botschaft hat keine wirkliche Bedeutung. Sie ist bloß eine atmosphärische Störung! (Man fragt sich, ob die heutige Generation aus diesem Grunde „Krach"* statt Musik liebt. Musik ist codiert, geordnet und unterliegt Gesetzen, während Krach willkürlich ist und keinen beobachtbaren Gesetzen gehorcht. Der moderne Mensch scheint mit Radio und Fernsehen mehr den Krach, die Gesetzlosigkeit und den Zufall

---

* Wortspiel im Englischen. „Noise = 1. Rauschen, Störung (in technischer Terminologie), 2. Krach, Lärm. Anmerkung d. Übers.

selbst zu lieben als die Schönheit der Codes und Botschaften, welche eine Intelligenz an eine andere sendet.)

Ein Grund, weswegen sich eine solche Doktrin wie die darwinistische so lange halten konnte, ist natürlich darin zu suchen, daß keine wirksame wissenschaftliche Methode zur Verfügung stand, um ihre Validität zu überprüfen. Man konnte die Jahrmillionen des Zufalls nicht tatsächlich im Experiment darstellen und auch keine richtigen Affen Millionen von Jahren lang auf Schreibmaschinen herumhämmern lassen, um zu sehen, ob sie Shakespeares Sonette mit Hilfe des Zufalls hervorbrächten!

Folglich waren die Intellektuellen gezwungen, Darwins Wort ohne faktische experimentelle Beweise zu seiner Unterstützung anzunehmen. Das Zeugnis der Fossilien verwandte man selbstverständlich als ergänzendes Beweismaterial, aber Darwin selbst verkündete laut seine Lückenhaftigkeit. Hinzu kommt die Tatsache, daß das fossile Material, welches wir wirklich besitzen, nicht immer klar zu deuten ist.

So wurde Paleys Arbeit von einer Theorie zerstört, für die es keine experimentellen Beweise gab und gibt. Der Darwinismus überlebte nur deshalb, weil er schwer zu widerlegen war und die göttliche Hypothese, die die Intellektuellen so ungern akzeptieren wollten, auf „saubere" und brauchbare Weise zerstörte.

Die „Super-Computer"

Erst in den letzten Jahren wurde die Lösung dieses großartigen Planes mit Hilfe von Supercomputern möglich, die automatisch, schnell und sicher mit den astronomischen Daten fertig wurden, in die Darwin seine Hypothese eingehüllt hatte. Die astronomischen Zahlen von Zufallsänderungen, die langen Zeitspannen und die angeblichen „Evolutionstrends" inmitten des Zufalls wurden programmiert und in Supercomputer gefüttert. Das Ergebnis war recht dramatisch, denn die Maschinen blockierten bei ihren Bemühungen, solche verwickelten Mengen informatorischen „Rauschens" zu entwirren. Kein Wunder, daß sich die mathematischen Experten um den Ort dieser Experimente gedrängt haben, wie sich die Ärzte um das Bett eines Patienten drängen, welcher an einer seltenen Krankheit leidet, um die Ursache dieser Aufregung zu erfahren. Die Biologen spotten aus einiger Entfernung und verleugnen das von den Mathematikern verkündete

Ergebnis – daß sich mit ihrer Theorie nicht arbeiten läßt, sondern daß sie die besten Maschinen blockiert.

Noch einmal Paley – Einige Folgerungen

Diese grundlegenden und sehr modernen Befunde bringen eine weitreichende Konsequenz mit sich: Darwins Grundidee wurde dazu benützt, die biblische Theologie wie auch Paleys „Naturtheologie" fortzuwischen, wie überhaupt alle Vorstellungen, welche sich auf eine Plan-Planer-Beziehung gründeten. Bis zu den Zeiten Darwins gab es nur sehr wenige Denker, welche diese Beziehung zwischen Plan und Planer jemals ernsthaft in Frage stellten. Die große Revolte gegen Planung und Planer wurde von Darwin und seinen Freunden angeführt und kennzeichnet das Ende einer uralten Denkepoche. Das darwinistische und nach-darwinistische Denken basierte auf dem Postulat, daß Zufall, natürliche Auslese und lange Zeiträume ebenso wirklich Pläne hervorbringen können wie irgendein Planer. Folglich hatten Theologie und Philosophie sich zu verändern, um den darwinistischen Angriff zu überleben, der Psalm 19 (und viele ähnliche Texte) für ungültig erklärte und auch die Kraft solch wohlbekannter Stellen wie des ersten Kapitels des Römerbriefes zerstören wollte.

In den letzten Jahren beginnt der neue und radikale Wandel, auf den wir hingewiesen haben, eben sichtbar zu werden. Die darwinistischen Lehren, welche die Möglichkeit eines Plan-Planer-Verhältnisses zerschlagen hatten, erwiesen sich ihrerseits als ungültig. Das wurde von den neuesten Supercomputern demonstriert. Was ist die Folge? Sie besteht darin, daß Darwins einstmaliges philosophisches Opfer wieder leben kann. Schlicht und einfach gesprochen: Dies bedeutet, daß Paleys Hypothesen – und nebenbei bemerkt, auch jene Sätze des Alten und Neuen Testamentes, welche sich mit diesem gedanklichen Bereich befassen – ebenfalls „wieder leben" können. Paley ist rehabilitiert, und man erkennt wieder, daß ein Plan Licht auf seinen Planer wirft. Weit wichtiger als Paley ist jedoch die Tatsache, daß die alten, vom Menschen seit der Dämmerung der Geschichte festgehaltenen und seit Jahrtausenden in der Heiligen Schrift für uns kristallisierten Lehren sich wieder durch diese großartige Auferstehung alter Weisheiten, welche mit Hilfe von Computern gelang, als wahr erwiesen haben.

Das Blockieren der „Denkmühlen"

Eine Folge aus der sowohl im Alten wie im Neuen Testament entwickelten Lehre von der „natürlichen Theologie" ist recht beeindruckend und verdient beiläufige Erwähnung.

Die Weigerung des Menschen, die Lehre von der „natürlichen Theologie" zu akzeptieren und sich nach ihr zu richten, wird ganz klar unentschuldbar genannt.[13] Sie ist nicht zu entschuldigen, weil die Fakten von Planung und Planer augenscheinlich sind. Diese Auffassung entspricht all unserer praktischen Lebenserfahrung, so daß sie tatsächlich ein Lebensaxiom darstellt. Der nächste Schritt in dieser Argumentation ist ernster Art. Denn, so sagt der Schreiber des Römerbriefs, die Weigerung, etwas zu akzeptieren, das augenscheinlich ist (wie die Beziehung zwischen Plan und Planer), bringt eine unvermeidliche Konsequenz mit sich. Sie hat bestimmte Auswirkungen auf unseren Denkmechanismus selbst, denn sie läuft auf eine Verletzung der in einem empfindlichen Denkmechanismus enthaltenen Logik hinaus.

Wenn man Steine in eine Kaffeemühle legt, wird das Mahlwerk beschädigt. Die Mühle kann Steine nicht so in Pulver verwandeln, wie sie es mit Kaffeebohnen tut. Dafür ist sie nicht gemacht. Wenn jemand seine Denkprozesse (oder „Denkmühle") mit „Steinen" (unverdaulichen Denkobjekten wie z. B. der Behauptung, Codes und Ordnung gingen spontan aus Zufall hervor) füttert, dann werden diese „Steine" die logischen Denkprozesse „beschädigen", so daß dieser Mensch fortan unfähig wird, „gerade zu denken", oder Gedanken zu „mahlen". In den alten Texten wird diese Vorstellung so ausgedrückt:

„Dieweil sie wußten, daß ein Gott ist (auf der Grundlage, daß die Planung des Universums einen Planer beweist), und haben ihn doch nicht gepriesen als einen Gott noch ihm gedankt, *sondern sind in ihrem Dichten eitel geworden und ihr unverständiges Herz ist verfinstert. Da sie sich für weise hielten, sind sie zu Narren geworden.*"[14]

Wenn wir einen großen Plan sehen, dann sollten wir den in ihm verborgenen großen Planer erkennen. Ein unendlich großer Plan basiert auf einem unendlich großen Planer. Der Haken an der Sache ist jedoch folgender: Obwohl man diese Beziehung seit der Frühzeit der Menschheit kennt, haben sich viele nicht die Zeit genommen, mit den weiteren Konsequenzen fertig zu werden, daß wir unser Leben damit verbringen sollten, mit allem, was in unserer Kraft steht, diesen Planer zu ehren und ihm zu dienen.

Es gibt also zwei logische Folgerungen, die man beachten muß, wenn unsere „Denkmühle" richtig funktionieren soll. Zunächst müssen wir die Plan-Planer-Beziehung anerkennen; dann müssen wir den Planer ehren und ihm dienen. Ein logischer, aber sehr empfindlicher Mechanismus wie das Gehirn muß mit gesunder Logik gefüttert werden, wenn er wachsen und gedeihen soll. Wenn er aber mit Unsinn gefüttert wird (wie z. B. mit der Behauptung, daß Willkür spontan Codes hervorbringe), dann wird der logische Denkmechanismus beschädigt, so daß er nicht länger normal und logisch funktionieren kann. *Sein Denken wird sinnlos und verfinstert in seiner Unvernunft.*

Wenn man die gegenwärtige Lage an den Universitäten, in den Fakultäten und der Studentenschaft betrachtet, dann fragt man sich, ob der Prozeß, der Denken und Logik deformiert, nicht schon weit fortgeschritten ist. So vieles nämlich, was auf unseren Universitäten geschieht, kann man nur als durchweg unlogisch und unvernünftig nennen. Vielleicht stellt dies das Ergebnis der beschädigten „Denkmühlen" dar, welche so lange mit verkehrter intellektueller Kost gefüttert wurden.

Dieser Vorgang des Unvernünftigwerdens, weil man das Unvernünftige als gedankliche Grundlage akzeptiert, führt zu einem letzten Schritt, den der Verfasser des Römerbriefes wie folgt beschreibt:

„Darum hat sie auch Gott dahingegeben in ihrer Herzen Gelüste in Unreinigkeit . . ., sie, die Gottes Wahrheit verwandelt haben in eine Lüge . . . Darum hat sie Gott auch dahingegeben in schändliche Lüste . . . Und gleichwie sie nicht geachtet haben, daß sie Gott erkenneten, hat sie Gott auch dahingegeben in verkehrten Sinn, zu tun, was nicht taugt."[15]

Man fragt sich, was der Konstrukteur eines Superroboters mit superintellektuellen Fähigkeiten wohl tun würde, wenn sein Werk darauf bestände, sich mit logischem und informatorischem Unsinn zu füttern, bis es in der Gefahr stände, „seinen Geist zum Platzen zu bringen". Sicherlich würde man von dem Konstrukteur erwarten, daß er irgendwelche drastischen Gegenmaßnahmen ergreift. Schließlich konstruierte er die Maschine in erster Linie, um einen vernünftigen Denkapparat herzustellen. Wenn sie fortfährt, ihre raison d'etre zu verleugnen, indem sie hartnäckig intellektuelle „Steine" schluckt, und zwar bis zu einem Punkt, an dem sie nicht nur ihren eigenen Verstand, sondern auch den anderer zerstört, dann würden Gegenmaßnahmen gerechtfertigt sein, um sowohl die Maschine selbst als auch jene zu retten, welche sich in ihrer Einflußsphäre befinden.

Ich persönlich glaube, daß die vielgeschmähten Vorstellungen von Himmel und Hölle in diese Situation passen. Die Bibel spricht von beiden in treffender Weise. Im ersten Kapitel des Römerbriefs warnt Paulus vor einer Menschheit, welche zu Berserkern wird. Er spricht von Kriegen und Kriegsgeschrei als Ergebnis dieser Art von Verrücktheit, welche die Menschheit befallen hat. Man kann das politische und bürgerliche Chaos, in dem wir uns befinden, sicherlich nur auf der Grundlage erklären, daß der Kollektivgeist der Menschheit „am Zerplatzen" ist. Sollte es möglich sein, daß die verkehrte logische und intellektuelle Speise etwas damit zu tun hat? Falls es sich so verhält, dann wäre es für unsere Universitäten an der Zeit, einige ihrer Kurse und Methoden zu revidieren. Wenn man dem Perversionsprozeß nicht Einhalt gebietet, wird der schwerkranke menschliche Geist den Menschen selbst zerstören.

Die Bibel kennt zwei Arten von Abhilfemaßnahmen. Die eine besteht aus der ewigen Zerstörung des individuellen menschlichen Geistes. Die andere ist die therapeutische Maßnahme des heilenden und stellvertretenden Leidens. In dieser Vorstellung würde der Himmel der Bereich sein, in dem der Geist durch Aufnahme der richtigen intellektuellen und geistlichen Kost, für die er ursprünglich geplant war, wächst und gedeiht, bis er seine volle innere Kapazität erreicht.

Gerade an dieser Stelle wird Darwins Verantwortlichkeit für den Bruch des Gliedes zwischen der Logik eines Planes und seiner Beziehung zu einem Planer offensichtlich. Die gesamte Vorstellung, Plan und Code entstünden spontan aus Zufall, ist nicht nur intellektueller und naturwissenschaftlicher Unsinn, vor dem uns eine solide Kenntnis der thermodynamischen Gesetze bewahrt haben könnte; sie ist auch atheistisch und antichristlich und verdirbt die intellektuelle Entwicklung ebenso wie die Moral, denn die Loslösung von der uns zurückhaltenden und leitenden Hand Gottes führt zu moralischem Niedergang und intellektueller Dekadenz.

Die Universitäten überall in der Welt füttern die Studenten der Biologie nun schon seit fast einhundert Jahren mit intellektuellem, philosophischem und wissenschaftlichem Schund. Es sollte uns nachdenklich machen, wenn wir uns daran erinnern, daß die marxistischen Staatssysteme überall auf der Erde ihre biologisch-naturwissenschaftlichen Theorien fest auf den Darwinismus gründen. Könnten wir uns nicht auch daran erinnern, daß überall dort, wo der Marxismus am Werke ist, Tyrannei, Unterdrückung, Falschheit und all die anderen Anzeichen moralischen und intellektuellen Verfalls rasch sichtbar werden? Der gesamte Denkprozeß, die Grundlage der Vernunft, wird ebenso wie die Fundamente der Moral unterminiert und deformiert, wenn die Studenten und ihre empfindlichen Denkmühlen mit unverdaulichen intellektuellen und logischen „Steinen" von der Art gefüttert werden, welche Darwin in den „Denktrichter" der Welt schüttete. Die führenden akademischen Köpfe bewirken Auflösung und Zersetzung der Menschheit, indem sie die logische Denkbasis selbst zerstören, auf die sich die Gesellschaft seit Urzeiten aufbaut.

Schluß – Simson

Wir wollen dies Kapitel mit einem Bild beschließen. Als Simson von den Philistern gefangengenommen worden war, mußte er ihr Korn mahlen, nachdem sie ihm die Augen ausgestochen hatten. Während die Philister ihren Sieg feierten, brachten sie Simson, geführt von einem Knaben, in ihren Tempel, um sich an ihm zu weiden. Simson wußte, daß der Philistertempel auf zwei Hauptsäulen ruhte und daß er zusammenstürzen und ihn mitsamt den Philistern begraben würde, falls er diese zerstören könnte. So faßte er nach einem verzweifelten Gebet jede dieser beiden wichtigen Säulen, hob sie mit einer letzten übermenschlichen Anstrengung empor, und das ganze gewaltige Gebäude stürzte in sich zusammen, so, wie er es beabsichtigt hatte.[16]

Die menschliche Gesellschaft gründet sich seit Beginn ihrer Geschichte auf zwei Pfeiler. Der erste lautet: Der Plan des Universums weist auf einen Planer geistiger oder anderer Art hin, der gefürchtet und geehrt werden muß. Der zweite Pfeiler besagt, daß der Planer Ordnung zwischen den Menschen als Ergebnis jener Ordnungen zu sehen wünscht, die er selbst im Universum aufgerichtet hat. Die eine Säule beeinflußte die andere; beide jedoch hielten den Tempel des Menschen auf Erden aufrecht. Darwin warf den ersten Pfeiler um. Als Ergebnis zeigt

sich der schnelle Verfall des menschlichen Tempels in das ursprüngliche Chaos. Die Zerstörung der Furcht vor Gott bringt
den Schrecken vor dem Menschen mit sich, wenn der zweite
Pfeiler niedergerissen wird. Der „Tempel" des Menschen bricht
rings um ihn herum zusammen.

1   A. E. Wilder Smith, „The Paradox of Pain" (Deutsch = „Ist das ein Gott
der Liebe?").
2   Marcel P. Schützenberger, Abhandlung in P. S. Moorehead und M. M.
Kaplan, Hrsg., *Mathematical Challenges to the Neo-Darwinian Interpretation of Evolution*, pp. 73—80.
3   Ibid.
4   Ibid.
5   Richard Overmann, *Evolution and the Christian Doctrine of Creation*.
6   „Summary of Apollo 11 Lunar Science Conference", *Science* 167 (1970):
pp. 449—782.
7   *Science News* 97 (1970): 243.
8   Johannes 4, 24.
9   Psalm 19, 2.
10 Römer 1, 20.
11 Psalm 19, 5.
12 Psalm 19, 4.
13 Römer 1, 20.
14 Römer 1, 21—22.
15 Römer 1, 24—28.
16 Richter 16, 23—30.

12
Quantitative Überlegungen und Ausblicke

Der Leser wird bemerkt haben, daß im vorhergehenden Teil mehr allgemeine Prinzipien als exakte mathematische Ausdrücke angegeben wurden. Dieses Verfahren wurde gewählt, weil in unserem speziellen Fall die mathematischen Formeln am besten dann angewendet werden können, nachdem man die allgemeinen Prinzipien herausgestellt hat, nicht aber deshalb, weil eine präzise mathematische Methode unmöglich wäre, wie ja anhand der von uns angeführten Experimente der Computersimulation genügend bewiesen wurde.

Dementsprechend wollen wir nun die mathematischen Beziehungen zwischen Entropie und Informationstheorie (einschließlich der Codierungsprinzipien) kurz zusammenfassen. Diese groben Umrisse, die wir entwickeln möchten, beweisen die Möglichkeit einer mathematischen Quantelung der Probleme, welche die Neodarwinisten und andere bei ihren Bemühungen ins Auge sehen, eine vernünftige Beschreibung der hinter den evolutionären und abiogenetischen Prozessen stehenden Prinzipien zu geben.

Eine mathematische Zusammenfassung des Problems

Grundsätzlich lehren die Darwinisten, daß die in den Genen und chemischen Bestandteilen des Lebens gespeicherten Informationen ursprünglich aufgrund von Zufallsprozessen entstanden sind, welche über einen Zeitraum von Äonen hindurch an der uns heute bekannten Materie wirksam waren. Wir haben versucht zu zeigen, wie widersinnig eine solche Annahme aus allgemeinen theoretischen Gründen ist. Unsere Aufgabe besteht nun darin, genau darzulegen, warum eine solche Hypothese, die grundsätzlich mit der Mathematik der Informationstheorie zu tun hat, mathematisch falsch ist. Wir müssen dann eine gesunde mathematische Theorie entwickeln, um die bekannten Fakten einzuordnen.

Wie wir bereits dargelegt haben, besagt der zweite Hauptsatz der Wärmelehre, daß die Entropie (das Grundmaß von Zufall oder Unordnung) *mit der Zeit* in jedem geschlossenen System *zunimmt*. Mit anderen Worten: Code und Ordnung werden, wenn sie sich selbst überlassen sind, mit der Zeit in ihrem Informationsgehalt eher ab- als zunehmen.

Das bedeutet schlicht und einfach, daß die Sequenzen und die Ordnung eines Codes vollkommen definitive Dinge sind. Jedes Stück Ordnung vermittelt eine bestimmte Menge an Informationen, gerade so, wie die Punkte und Striche des Morsealphabets eine genaue Bedeutung oder Information besitzen. Wenn man nun den Zufall in Gestalt willkürlicher Punkte und Striche in die codierte Botschaft eindringen läßt, werden diese zusätzlichen Sequenzen die Botschaften oder Informationen zunächst verstümmeln und schließlich ganz zerstören.

Wir könnten genau das gleiche, nur mit anderen Worten, durch die Behauptung ausdrücken, daß die willkürlichen Punkte und Striche einen Entropieanstieg des Codes darstellen. Der vollständige Code hat eine hohe Ordnung bzw. einen niedrigen Entropiestatus. Diese Entropie steigt an, und die Ordnung des Codes nimmt ab, wenn die willkürlichen Punkte und Striche in den Code eindringen und so allmählich seine Bedeutung zerstören.

Diese einfache Analogie zeigt, wie Informationsgehalt und Entropiestatus miteinander verknüpft sind. Je niedriger die Entropie, desto größer die Ordnung und desto größer der im Code enthaltene Informationsgehalt. Die Situation ähnelt der einer Wippe: Wenn das eine Ende sich nach oben bewegt (wir wollen annehmen, es sei das „Rauschen" – oder „Zufallsende"), dann bewegt sich das andere Ende (das Informationsende) nach unten. Es besteht also eine klare mathematische Beziehung zwischen Entropie und Information und zwischen Codeinformation und Information, welche Zufall oder „Rauschen" zerstört.

Heute muß man die Gene als ausgesprochene Antithese des Zufalls auffassen. Sie sind chemische Strukturen von hochgeordneter, nicht-willkürlicher Art. Ihre „Geordnetheit" oder „Codiertheit" vermittelt höchst spezifische Informationen über die gesamte chemische Struktur der Proteine, welche den Organismus zusammensetzen. In der Tat kontrollieren die Gene letzten Endes den gesamten Metabolismus der lebenden Zelle.

Wir können noch einen weiteren Schritt in dieser Richtung unternehmen. Der Grad der „Geordnetheit" dieser Gene (oder ihr Entropiestatus) steht in direkter Beziehung zu dem Informationsgehalt, den sie besitzen, wie wir ja auch schon gesehen haben. Anders ausgedrückt: Je mehr Informationen ein Gen enthält, desto weniger zufällig ist sein Aufbau. Da Zufall ein Maß des Entropiestatus darstellt, haben wir damit den Entropiegehalt eines Gens zu der in ihm enthaltenen Information in Beziehung gesetzt.

Es gibt also eine enge mathematische Beziehung zwischen Informationstheorie und Entropiestatus. Dieser Schritt bringt uns zur Kommunikationstheorie im allgemeinen, soweit sie sich auf die Biologie anwenden läßt.

Die Kommunikationstheorie

Die obige Beziehung zwischen Informationstheorie und Entropiestatus ist für die Fernmeldetechnik von Interesse, da diese damit beschäftigt ist, Informationen in einen kleinstmöglichen „Raum" zu packen, wenn sie Informationsbotschaften übermittelt. Deshalb haben gerade die Nachrichtentechniker und ihre auf verwandten Gebieten arbeitenden Kollegen die mathematische Seite zwischen Zufall und Informationstransmission herausgearbeitet.

Da Zufall ein Maß der Entropie ist, bedeutet ansteigende Entropie das gleiche wie abnehmende Information. Ein Gewinn an Informationen ist in der Tat die gleiche Erscheinung wie eine Erniedrigung des Entropiestatus. *Dies bedeutet: Um die Umwandlung einer Ordnungs- oder Informationszunahme in ein Maß der Entropieverringerung zu vollziehen, brauchen wir nur das mathematische Plus- oder Minuszeichen vor der Gleichung zu verändern, welche die codierten Informationen oder den Entropiestatus darstellt.*

Ian McDowell, ein Informationstechniker, rückt diese Beziehung zwischen Entropie und Informationstheorie in das folgende Licht:

„Die Nachrichteningenieure, die mit dem Problem konfrontiert werden, auf einem gegebenen Kanal ein Maximum von Informationen zu codieren und zu übermitteln, haben den Informationsgehalt einer Nachricht quantitativ festgelegt. Wenn man für die Informationsmenge, die geliefert werden muß, um irgendeine gegebene Nachricht zu übermitteln, das Symbol x setzt, dann ist die Wahrscheinlichkeit, daß irgendein Symbol auftritt, $p(x) = H(x) = P(x) \cdot \log_2 P(x)$. *Diese Gleichung stellt eine negative Schreibweise der gewöhnlichen Entropieformel in der Ther-*

225

modynamik dar. Dies bildet eine feste Beziehung, und man hat herausgefunden, daß die Gleichwertigkeit zwischen der Entropie in der Thermodynamik und der Information in einem binären Nachrichtencode durch die Gleichung 1 bit (Informationseinheit) $= 1{,}37 \times 10^{-16}$ erg/ • C gegeben ist.

In einem geschlossenen System kann man den Grad der Ordnung (Nichtwillkür) sehr gut beschreiben, und diese Beschreibung birgt eine meßbare Informationsmenge. Wenn die in einem System für nützliche Aufgaben zur Verfügung stehende Energiemenge abnimmt, steigt die Entropie an, und die *Informationen, die zur Beschreibung der restlichen Ordnung des Systems erforderlich sind, nehmen genau mit dem negativen Betrag des Entropieanstiegs ab.*

Man stelle sich das traditionelle „Maxwell-Teufelchen"* vor, das in der Wand eines geschlossenen Gefäßes, welches komprimiertes Gas enthält, jedesmal dann eine Tür öffnet und schließt, wenn sich ein Gasmolekül, das sich innerhalb eines bestimmten Geschwindigkeitsbereichs bewegt, dieser Tür nähert. So trennt er die Moleküle nach ihrer Geschwindigkeit und verringert die Entropie des Systems. Offensichtlich muß das „Teufelchen" für seine Tätigkeit vorprogrammiert sein. *Die Informationen, welche zur Bestimmung seiner Tätigkeit an der Tür benötigt werden, sind äquivalent mit der Entropieerniedrigung innerhalb des Systems, die es durch seine Tätigkeit erzielt. In ähnlicher Weise wurde die riesige Informationsmenge, die zur Vorprogrammierung der Entropieabnahme benötigt wird, welche alle lebenden Geschöpfe in das geschlossene System des Universums bringt, in den Genen ihrer ersten Eltern vorcodiert und konnte – begreiflicherweise – gemessen werden. Eine Evolution, die ohne solche Vorprogrammierung begonnen haben soll, läuft entgegengesetzt zu allen Befunden der Thermodynamiker und Nachrichteningenieure.* Jedes geschlossene thermodynamische System nähert sich dem Hitzetod; und kein Fernmeldetechniker schickte jemals eine Nachricht aus und hatte dabei einen Affen an der Tastatur sitzen."[2]

Soweit Ian McDowell, der Nachrichteningenieur. Seine Ausführungen laufen auf folgendes hinaus: Ein Informationsanstieg

---

* Maxwell, James Clerk, engl. Physiker (1831—1879). Stellte u. a. in der kinetischen Gastheorie ein *Maxwellsche Verteilungsfunktion* genanntes Exponentialgesetz auf, das zur Berechnung der Verteilung der Geschwindigkeiten auf die einzelnen Gasmoleküle dient. Anmerkung d. Übers.

bedeutet das gleiche wie eine Entropieabnahme. *Wenn die Darwinisten behaupten, daß „Rauschen" spontan Informationen hervorgebracht habe, dann sagen sie praktisch, daß auf Intelligenz beruhende, codierte Informationen und Nachrichten auf vollkommen spontaner Grundlage aus atmosphärischen Störungen entstanden sind, wie wir sie jeden Abend im Radio hören.* Heute können wir in Ergs berechnen, wieviel Energie erforderlich ist, um eine bestimmte Informationsmenge in einen bestimmten Kanal zu geben. *Durch Analogieschluß könnten wir berechnen, wieviel Energie in der Form von Intelligenz (Information) benötigt würde, um eine bestimmte Informationsmenge in den Kanal zu geben, welchen wir als Gen oder DNS-Spirale bezeichnen.* Die Molekülarbiologen sind im Begriff, rasch die Geheimnisse der in den DNS-Molekülen enthaltenen Informationssysteme aufzudecken. Sie enthüllen das Geheimnis, wie solch unglaubliche Informationsmengen auf so engen Raum gespeichert werden konnten. *Wie Ian McDowell so treffend sagt, sollte es nun theoretisch möglich sein, in Ergs zu berechnen, wieviel Energie benötigt wurde, um den ersten lebenden Menschen oder einen anderen Organismus zu programmieren.* Die Antwort darauf würde in der Tat interessant sein. Vielleicht führt ein Nachrichteningenieur die Berechnung auf einem modernen Supercomputer für uns durch. Sie könnte uns mit Informationen darüber versorgen, wie hoch das Maß der Intelligenz war, welches der hinter den Dingen verborgene Geist verwandte, um Leben und Menschheit hervorzubringen.

Eines steht bei der Lösung dieser und ähnlicher Probleme jedoch fest: Millionen Stunden menschlichen Intelligenzeinsatzes werden heute jedes Jahr nur darauf verwandt, um den reduzierten Entropiestatus der lebenden Zelle zu enträtseln. Wenn schon die bloße Dechiffrierung solch riesige Mengen von „Intelligenz-PS" erfordert, wieviel mehr „PS" der gleichen Art müssen dann erforderlich gewesen sein, um bei der ersten Programmierung biologischen Lebens den Entropiestatus so zu reduzieren, daß der erste Mensch, das erste Tier oder die erste Pflanze entstand!

Robert Bernhard hat treffend darauf hingewiesen, eine Grundannahme der Evolutionstheorie sei, daß *ansteigende Komplexität ein wesentliches Merkmal der Evolution sei, daß es jedoch innerhalb der Theorie keine Erklärung dafür gebe.*[3] *Gerade dieser Faktor ist der springende Punkt bei der gesamten Frage nach dem fehlenden Faktor im Neodarwinismus. Die Informationstheorie benötigt einen Programmierer, um die ansteigende Kom-*

plexität des Evolutionsprogramms zu erklären. In seiner heutigen Form liefert der Neodarwinismus keine Informationsquelle zur Erklärung der wachsenden Komplexität. Und doch ist heute vollkommen klar, daß das Leben die komplexesten Programme aufweist, die man sich vorstellen kann. *Die Darwinisten sollten nicht länger wagen, ihre Augen für diese Grundtatsache zu verschließen, welche eine Klärung im Sinne der Informationstheorie erfordert – und das um so mehr, als das Wissen auf diesem Gebiet heute allgemeinere Verbreitung erfährt.*

Eine längst fällige Umwälzung in den Theorien zur Entstehung des Lebens

Im Zuge unserer Zusammenfassung sind wir nun in der Lage, festzustellen, daß das reiche, uns heute zur Verfügung stehende Wissen über den Entropiestatus, die Informationstheorie und ihre Beziehung zu Codierungssequenzen und DNS-Molekül-Informationen es fast unglaublich erscheinen läßt, daß die Mehrheit der Biologen in aller Welt noch immer hartnäckig an dem darwinistischen Dogma festhält, daß Zufallsprozesse, lange Zeiträume und die Selektion die Grundlage der Abiogenese und der Evolution bilden. Man kann daraus nur schließen, daß die Synthese zwischen der Informationstheorie und den biologischen Disziplinen bis heute offensichtlich ohne Erfolg geblieben ist. Es ist heute vollkommen klar, daß die in den Genen gespeicherten Informationen ihren Ursprung in einer anderen Quelle als der des Zufalls gehabt haben müssen. *Denn beim Programmieren wird Information kristallisiert, und Programmieren ist ein Ausfluß von Intelligenz.* Es ist ersichtlich, daß Intelligenz nicht aus der Willkür der Materie stammt. *Daraus folgt also, daß wir bei den Theorien der Anfänge im allgemeinen und denen der Biologie im besonderen am Rande eines Umschwunges stehen.* Solche Umwälzungen haben in der Physik und Chemie schon längst stattgefunden; sie sind längst fällig in der Biologie, in der die tote Hand Darwins und der naturwissenschaftliche Materialismus seit mehr als einhundert Jahren schwer auf jedem Fortschritt lasten.

Offensichtlich ist es unrealistisch, auf einen solchen Wechsel in der älteren Generation von Naturwissenschaftlern (oder auch der ihrer jüngeren Gesinnungsgenossen) zu hoffen, deren Lebensarbeit und deren Ruf fest im darwinistischen Dogma verwurzelt ist. Die Symposia, die wir an anderer Stelle angeführt haben, beweisen dies sicherlich in ausreichendem Maße. In der Zwischenzeit, bis der Umschwung an Stoßkraft gewinnt, sollten Theologen und Christen sich hüten, ihren Glauben so zu ändern, daß er zu Ansichten über Biologie und Abiogenese paßt, welche überreif für diesen Wechsel sind. Wie es in anderen Naturwissenschaften der Fall war, so wird es auch hier wahrscheinlich die jüngere Generation der Biologen sein, die diese Veränderungen durchfechten wird – während die ältere bis zuletzt widersteht.

Intelligenz und das Argument der Planung

Indem wir voraussetzen, daß der im Neodarwinismus fehlende Faktor, der mit dem Ursprung des Lebens und der Intelligenz zusammenhing, lokalisiert wurde und mit Reduktion des Entropiestatus und Informationstheorie verknüpft ist, müssen wir nun unsere Aufmerksamkeit auf einige Entwicklungen lenken, die sich aus dieser Ansicht ergeben.

Man wird mittlerweile erkannt haben, daß das Ursprungsproblem, welches wir auf den vorhergehenden Seiten diskutiert haben, eng mit der Frage nach der Validität des sog. „Arguments der Planung" zusammenhängt. Die Darwinisten behaupten schon seit mehr als hundert Jahren, daß die Anwesenheit eines Planes oder Musters kein Beweis für die Existenz eines Plan- oder Musterschöpfers sei. Das Muster, so sagen sie, kann spontan aus Zufall hervorgegangen sein, so daß die Annahme eines Planers überflüssig ist. Vor Darwin dachte der weitaus größere Teil der Menschheit anders. Die Mehrheit glaubte an das Argument der Planung. Es hat einhundert Jahre intensiver Bemühung bedurft, um zu zeigen, daß es die darwinistischen Vorstellungen sind, welche nicht zutreffen, und daß — als Konsequenz — das Argument der Planung *stichhaltig* ist.

Wenn nun das Argument der Planung wieder in Kraft gesetzt worden ist, dann müssen wir einige seiner Postulate erneut überprüfen. Eines davon lautet, daß ein Plan nicht nur die *Existenz* eines Planers anzeige, sondern daß das Wesen des Planes auch Rückschlüsse auf das *Wesen* des Planers zuläßt. Ein einfacher Plan läßt darauf schließen, daß die zu seiner Herstellung nötige Intelligenz nur relativ einfach gewesen sein muß. Es brauchen natürlich nicht alle intellektuellen PS einer Intelligenz zur Erzeugung jedes einzelnen Planes am Werke zu sein. Jedoch kann ein Plan die in ihm verborgene Intelligenz niemals *übersteigen.*

Wenn man die Codes der unbelebten Materie betrachtet, muß man mit Sir James Jeans das auf Elektronenbahnen und Kernstrukturen aufgebaute Konzept der Materie bewundern. Unsere größten Geister sind noch immer tastend bemüht, die Komplexität dieser Codes zu erhellen. Aber sogar diese Codewunder können nicht über die hinter ihnen stehenden intellektuellen PS hinausgehen. Wenn man die Komplexität der Informationssysteme betrachtet, welche in diesem Augenblick von den Millionen der Billionen lebender Zellen auf der Erde getragen werden, dann kann man nur ehrfürchtig oder sogar erschrocken vor den intellektuellen PS stehen, welche solche Ausmaße sich selbst erzeugender Codierungsinformationen erschuf. Man denke an die reine Energie in Ergs, welche hinter all dem steht!

Die Quelle dieser Codierungsordnung, die in der belebten wie in der unbelebten Welt verborgen ist, muß höher als jegliche intellektuelle Kraft sein, von denen wir, die wir nur Sterbliche sind, Kunde haben, so daß sie in unseren Augen nur unendlich sein kann. Das läßt die Chancen sehr gering werden, daß wir mit unseren begrenzten intellektuellen PS jemals an jene unendlichen intellektuellen PS heranreichen werden. Und doch sind die Menschen in der Lage, mit Intelligenzmaschinen in Kontakt zu treten, welche viele tausend Male intelligenter als sie selbst sind. Wie kann das geschehen? Ein gewöhnlicher, heute gebauter Computer ist mit seiner Intelligenz nicht imstande, einen Befehl zu verstehen oder eine Nachricht aufzunehmen, welche in normalem Englisch geliefert werden. Er benutzt eine mathematische Sprache, während wir eine grammatikalische Sprache verwenden. *Um Kommunikation zu ermöglichen, muß die Sprachenschranke überwunden werden.*

Die Maschine oder der Programmierer muß lernen, einen Befehl auf Englisch in eine mathematische Sprache zu übersetzen; danach wird der Befehl ausgeführt oder die Frage beantwortet und so Kommunikation und Verständigung ermöglicht.

Die Kommunikationslücke

Es gibt verschiedene Möglichkeiten, diese Kommunikationslücke zu überbrücken. Entweder kann man die Maschine so programmieren, daß sie die Übersetzung selbst vornimmt – das ist wegen der Mannigfaltigkeit der Sprache sehr schwierig –, oder man schaltet zwischen Mensch und Maschine einen Programmierer ein. Dieser versteht sowohl Englisch als auch die mathematische Sprache der Maschine und kann die Begriffe der einen Sprache in die der anderen übersetzen. D. h., der Programmierer fungiert als eine Art Priester, der zwischen dem Menschen und der Maschine, die dieser geschaffen hat, vermittelt. Zum gegenwärtigen Zeitpunkt ist solch ein priesterliches Amt wichtig, wenn es zur Kommunikation zwischen dem Menschen und seinem eigenen Werk kommen soll.

Der Planer und sein Werk

An dieser Stelle haben wir es mit Problemen zu tun, die mit der Kommunikation zwischen Planer und dem von ihm geschaffenen Werk zusammenhängen. Die „einfache" mathematische Sprache der Maschine reicht in Komplexität und Flexibilität nicht an die Sprache des Konstrukteurs heran, der sich mit der Maschine, die er entworfen hat, gern in grammatikalischem Englisch unterhalten möchte – aber nicht kann. So muß der priesterliche Programmierer zwischen beiden – dem Planer und seinem Werk – eingeschaltet werden.

Genau das gleiche Problem – so wird man erwarten – umgibt die Beziehung zwischen dem Planer hinter der Natur und dem mit Intelligenz entworfenen Teil der Natur, den man Mensch nennt. Offensichtlich spricht der große Konstrukteur des Universums beim Ausdruck seiner gewaltigen intellektuellen Kapazität eine riesige Anzahl von Sprachen. Unter anderem, so Jeans, spricht er die Sprache der Mathematik, zusätzlich jedoch die chemische Sprache der Elemente ebenso wie die Sprache der Physik, Geometrie, Algebra, Philosophie etc. Die Sprache der Chemie, welche er beim Entwerfen der DNS-Codierungssequenzen spricht, ist ein Thema für sich. Alles, was der gewöhnliche Mensch bewältigen kann, ist die eine Sprache, mit der er sich verständlich macht. Deshalb wird er wahrscheinlich nur sehr geringe Teile der vielsprachigen Sprache des Planers aufnehmen können, denn keiner ist heute in der Lage, mit den Sprachen aller Wissenschaften vertraut zu sein. Wiederum stoßen wir also auf das alte Problem, eine Verständigung zwischen Planer und Werk zu schaffen, und zwar beruht diese Schwierigkeit auf der Sprachenschranke.

Wir, die Geplanten, benötigen etwas oder jemanden, das oder der in der Art eines Programmierers funktioniert, jemanden, der sowohl die menschliche Sprache als auch die Sprache des Planers vollkommen beherrscht. In diesem Punkt scheint mir die christliche Lebensauffassung im Vergleich zu anderen Religionen am klarsten und stichhaltigsten zu sein. Die christliche Lehre sagt nämlich, daß der Planer selbst Christus war, der die Gestalt des Geplanten annahm und als ein Mensch lebte und starb. Er lernte sozusagen die Sprache des Planers (er selbst) und die des Geplanten. So behauptet die Schrift, daß es einen Mittler (oder Programmierer) zwischen Gott und Mensch gebe, der selbst ein Mensch war.[4] Er versöhnt und ermöglicht Kommunikation, indem er des Planers Gedanken in menschlich verständlicher Weise (Sprache) erklärt. Ohne sein Programmieren würden die Gedanken des Planers für jeden Menschen unverständlich sein. Er sprach als Mensch in unserer menschlichen Sprache zu uns.

Ich vermute, daß jeder Erfinder, welcher eine Maschine konstruiert hätte, die Englisch verstehen und in dieser Sprache antworten könnte, manche ruhige Stunde am Abend mit der ihm ans Herz gewachsenen Maschine verbringen würde, wobei er stolz auf sein Werk und glücklich in ihrer Gesellschaft wäre! Ich weiß, daß diese Vorstellung ein wenig naiv klingt, aber die Tatsache bleibt bestehen; *Intelligenz sucht die Gesellschaft gleicher Intelligenz oder gleichen Geistes.* Würde der Glaube so schrecklich unnatürlich sein, daß der große Planer – die Heilige Schrift sagt uns, daß dem so ist – die Gesellschaft seiner intelligenten Geschöpfe sucht?

Uralte menschliche Weisheit legte großen Wert auf diese Gemeinschaft und war deswegen, wie wir glauben, reicher als die heutige Weisheit einer Welt voller Hast und Kommunikationsschwierigkeiten. Schließlich würde es für jeden von uns eine bereichernde Erfahrung bedeuten, einige Zeit in der Gesellschaft einer Maschine verbringen zu können, die auf einigen Gebieten vielleicht sehr viel intelligenter als wir wäre. Ich glaube, eine solche Erfahrung würde mich bereichern, wie es sicherlich bei mir der Fall ist, wenn ich es ermöglichen kann, mit intellektuell gleichstehenden Menschen zu reden. Ich profitiere von solchen Anlässen. Es ist deshalb nicht weiter verwunderlich, wenn uralte menschliche Weisheit uns lehrt, die Gemeinschaft mit unserem Planer, über die wir gesprochen haben, sei nicht nur angenehm, sondern auch höchst nützlich. In der Tat lehrt uns die gleiche Quelle mit aller Autorität, daß ein Mensch, der sehr viel Zeit mit seinem Planer verbringt, so von dieser Erfahrung profitiert, daß er seinem Planer in seinen Eigenschaften ähnlich wird.[5] Die Vorstellung, sich mit künstlicher Intelligenz unterhalten zu können, ist gar nicht so neu oder abwegig. Viele der heutigen Programme zielen genau darauf ab. Man kann das Erlebnis eines solchen Kontaktes mit künstlicher und höherer Intelligenz kaum abwarten.[6] Wie wird es sein, wenn man sich auf vernünftige Art und Weise mit einer Intelligenz unterhält, welche offensichtlich ganz ohne Bewußtsein sein wird? Wie persönlich wird diese Maschine sein?

Natürliche Auslese und lange Zeitspannen als Mechanismen zur Reduzierung des Entropiestatus

Wir kommen nun zu einer der ernsthaften Schwierigkeiten, denen sich die neodarwinistische Lehre gegenüber sieht. Der von den Darwinisten geforderte Vorgang der Schaffung höchstkomplizierter Mechanismen durch zufällige Veränderungen im Verein mit Selektion stellt, um es noch gelinde auszudrücken, eine äußerst plumpe und dumme Methode dar. Man kann sie prinzipiell damit vergleichen, daß jemand ein Buch oder ein Sonett zu schreiben beginnt, indem er einen kurzen, sinnvollen Satz formuliert, ihn mit einigen Fehlern noch einmal schreibt, ihn dann durch Hinzufügen einiger mehr oder weniger willkürlicher Buchstaben und Wörter verlängert und nun die verlängerten Sätze selektiert, welche sich dann als sehr gut verwendbar erweisen. Man wiederhole diesen Vorgang, bis das Buch oder das Sonett vollendet ist.[8] Sogar jener überzeugte Darwinist, Sir Gavin De-Beer, bemerkte, daß die darwinistische Methode zur Erklärung der Evolution mit Hilfe dieses Vorganges „plump" sei; außerdem beinhaltet sie eine erstaunliche Verschwendung an Kraft wie an Zeit.

Wenn der gesamte komplexe Aufbau der Natur ohne im Hintergrund stehende Intelligenz vor sich ging, dann wäre es entschuldbar, wenn man der Natur einen unglaublichen Mangel an Voraussicht zur Last legt, der in der oben erwähnten Art und Weise des Vorgehens bei ihrer schöpferischen Arbeit zutage tritt. Weisen aber die Kompliziertheit und Codierung der Natur nicht in höchstem Maße auf intellektuelle PS hin, die hinter diesem

Plan stehen? Wenn sich Superintelligenz hinter den Dingen verbirgt, dann würde man schwerlich erwarten, daß sie zu diesem Zweck eine so plumpe und erschreckend unwirtschaftliche Methode wie die vom Darwinismus geforderte gewählt hätte. Vielmehr sollte man erwarten, daß die subtilsten Methoden angewandter Intelligenz zum Zuge gekommen wären.

Gerade diese genialen Verfahrensweisen finden wir in der Zelle vor. Man betrachte z. B. den „Reißverschluß"-Mechanismus, durch den sich ein Chromosom bei der Zellteilung verdoppelt. Wir haben noch immer nicht die Art und Weise herausgefunden, auf die eine Zelle den genetischen Code liest und die Aminosäuresequenzen des DNS-Moleküls in wirkliche Proteine übersetzt. Diese großartigen Leistungen jedoch weisen auf höchste intellektuelle und chemische Kunstfertigkeit hin.

Gerade dieser „plumpe" Aspekt der darwinistischen Vorstellungen hat in Vergangenheit und Gegenwart so viele nachdenkliche Menschen in Zweifel versetzt. Welcher Experte würde jemals glauben können, daß Zufallsveränderungen am Zündsystem eines Verbrennungsmotors dafür verantwortlich sein konnten, daß die Glühtopfzündung des frühen Gasmotors durch die Magnet- und Zündkerzenzündung des weiterentwickelten Motors ersetzt wurde? Würde man jemanden, der mit den Umständen vertraut ist, wohl zu der Überzeugung bringen können, daß der Magnetzünder aufgrund des Zufalls, gekoppelt mit dem Druck des Verbrauchermarktes, durch Spule und Batterie ersetzt wurde? Und doch ist es während der Entwicklung des Lebendigen zu weitaus größeren Codierungskompliziertheiten gekommen. Kompliziertheiten so hohen Ausmaßes, daß die Annahme von Zufall und Zeit zur Lösung des Problemes, wie sie auf mechanischem Gebiet entstanden, den Spott aller herausfordern würde, die mit solchen Entwicklungen beschäftigt sind. Sicherlich sind auf Zufall beruhende Methoden auf dem Papier möglich, vielleicht dann, wenn man genügend Zeit zur Verfügung stellt, und unter Bedingungen der Nichtreversibilität, wie wir sie früher in diesem Buch erörtert haben. Die Frage jedoch lautet, ob solche Methoden wahrscheinlich oder praktisch durchführbar sind. Man kann nur sagen, daß sie zu plump sind, um jemals bei den subtilen Kompliziertheiten anzulangen, welche wir in der Natur um uns herum beobachten.

Die gegenwärtige Verdrängung von Verteiler und Spule in der Zündweise des Verbrennungsmotors und ihre Ersetzung durch elektronische Methoden stellt einen weiteren Schritt aufwärts gerichteter Evolution dar, der niemals – wenn man den Maßstab des gesunden Menschenverstandes anlegt – das Ergebnis solch plumper Methoden sein kann, wie sie der Darwinismus für weitaus kompliziertere biologische Evolutionstatsachen annimmt. Der einzige elegante Weg, Entwicklungen dieser Art zur erklären, bedient sich des Mechanismus, welcher tatsächlich bei der Automobilplanung und -produktion im Spiele war: daß nämlich irgendein intelligenter Ingenieur sich daran machte, eine Verbesserung zu erfinden, die dann im Automobilmotor realisiert wurde. Nur die Abneigung gegen die Anerkennung einer exogenen, hinter Natur und Universum stehenden Intelligenz hält uns davon ab, einen analogen, dem gesunden Menschenverstand entsprechenden Grund hinter der Natur zu suchen.

Und doch möchten die Biologen uns glauben machen, daß der Ersatz einer einfachen, das Blut fortpumpenden Röhre (wie man sie bei Embryonen und einigen Würmern findet) zunächst durch ein zweikammeriges, dann durch ein dreikammeriges und schließlich durch ein Herz mit vier Kammern grundsätzlich das Ergebnis einer Zufallsentwicklung war, die über gewaltige Zeiträume hin unter dem Einfluß der natürlichen Auslese stand. Wir wissen heute, daß — physisch gesehen — die gesamte embryologische Entwicklung des Herzens von der kontraktilen Röhre an aufwärts von der Codierung und Programmierung der Gene kontrolliert wird. Warum sollte dies nicht auch für die Erklärung der Herkunft der Arten im Laufe der Geschichte zutreffen? Wenn wir so die Phylogenese erklären, sollten wir nicht vergessen, daß Programmierung unweigerlich einen Programmierer voraussetzt und daß ein Programmierer intellektuelle PS und Energie verlangt. Ebenso sollten wir uns stets daran erinnern, daß die unbelebte wie auch die belebte Natur einen Programmierer fordern, so daß dieser vor der Materie dagewesen sein muß und deshalb wahrscheinlich transzendenter Art ist.

Die Notwendigkeit langer Zeiträume im neodarwinistischen Denkschema

Bei der Konstruktion einer Brücke oder eines Autos nach den codierten Informationen eines Konstruktionsplanes schreitet die Reduktion der Entropie (der Anstieg der Ordnung) mit einer Geschwindigkeit und Präzision voran, welche ganz undenkbar wäre, wenn der gleiche Konstruktionsvorgang aufgrund der Versuchs- und Irrtums-Methode vor sich ginge. Ungeheuer lange Zeitperioden wären zum Bau der ersten Autos und Flugzeuge erforderlich. Sogar dann wären die entstehenden Produkte jenen unterlegen, welche wir heute mit der Planungsmethode herstellen. Wahrscheinlich kann man folgende Feststellung treffen: Je mehr Programmierung oder Planung hinter dem Bau eines Autos, eines Flugzeuges oder einer Brücke stehen, desto schneller – in gewissen Grenzen – kann man diese Objekte realisieren.

Diese einfache Tatsache vermittelt uns eine wichtige Einsicht: Im tiefsten Grunde messen wir unsere Zeiteinheiten durch die Rate des Entropieanstiegs in dem System, in welchem wir leben. Wir füllen Sand in die obere Hälfte einer Eieruhr und messen die drei Minuten, die zum Garen eines Eies nötig sind, indem wir den Zeitraum beobachten, die die unwahrscheinliche, nicht so zufällige Lage des Sandes „im oberen Stockwerk" braucht, um in die wahrscheinlichere, d. h. zufälligere Lage „im unteren Stockwerk" zurückzukehren. Wir messen die Zeit auch durch die Beobachtung, wie lange eine bestimmte Anzahl radioaktiver Atome braucht, um durch spontane Explosion zu zerfallen. Der gesamte Vorgang ist durch seine ansteigende Entropie gekennzeichnet, und unsere Zeitmessungen sind mit ihm gekoppelt.

Oder wir können auch ein Beispiel verwenden, welches uns selbst näher betrifft. Unser eigener Körper nutzt sich mit jedem Tage ab. Die Zeit kommt, wann die Moleküle, aus welchen unser Körper besteht, zu einem wahrscheinlicheren, zufälligeren Zustand zurückkehren werden. Dann zerfallen sie zu Staub. Die Entropie wird ansteigen und – auf unseren Körper bezogen — nach ungefähr 70 Jahren ihr Maximum erreichen. Zeitzunahme und Entropiezunahme sind miteinander gekoppelt. Wir messen die Zeit, indem wir den Entropieanstieg messen.

Wenn ein Auto nach der Planungs- und Codierungsmethode gebaut wird, d. h. durch intensives Programmieren mit Hilfe eines Fließbandes, dann kann es in extrem kurzer Zeit gebaut werden. Wenn man die Versuchs- und Irrtums-Methode benutzt, dann könnte der gleiche Fertigungsvorgang, bildlich gesprochen, Ewigkeiten dauern. Solche Mechanismen jedoch sind nicht nur langsam, sondern auch uneffektiv und plump. Folglich kann die Zeit, die durch Veränderung des Entropiestatus gemessen wird, „verkürzt" oder sogar „verlängert" werden gemäß der Menge der intellektuellen „PS" oder Programmierung, die hinter den

Entropieveränderungen steckt, mit denen wir es zu tun haben, in diesem Falle also mit der Fertigung eines Autos. Durch Superprogrammierung, welche durch die rasche Anwendung entweder von Superintelligenz oder „Komprimierung" von menschlichen Arbeitsstunden „normaler Intelligenz" bewirkt wird, kann der Bau eines Autos eine Angelegenheit von Stunden werden. Und dabei entsteht ein besseres Auto als das, welches in jahrelanger Arbeit auf der Grundlage von Versuch und Irrtum gebaut wird. Das heißt also, daß Hochleistungscodierung, Planung und intellektuelle Anstrengungen die Zeit effektiv verkürzen können, welche zur Entropiereduktion notwendig ist, ein Vorgang, der praktisch das gleiche wie eine Verkürzung der Zeit bedeutet. Welche Reklame posaunte in die Welt, daß Zeit zu sparen das gleiche sei, wie das Leben zu *verlängern*? Innerhalb unseres Kontextes hatte sie vollkommen recht. *Denn intellektuelle Schwachleistungscodierung und -planung haben die Wirkung, Zeit hinauszudehnen, während Hochleistungsintelligenz die Komprimierung der Zeit simuliert, wenn sie im Sinne der Entropiereduktion oder der Zunahme von Ordnung und Informationen gemessen wird.*

Als Ergebnis dieser Überlegungen habe ich persönlich überhaupt keine intellektuellen Schwierigkeiten zu glauben, das Universum und sogar das Leben selbst könnten „im Nu" entstanden sein. All das ist lediglich eine Frage der dahinterstehenden intellektuellen PS oder Codierungseffizienz. Die Zeit wird am Entropieanstieg gemessen. Codierung stellt Entropieabnahme dar. Die Entropie schneller ansteigen zu lassen, bedeutet, die Zeit schneller verstreichen zu lassen; die Entropie bei Schöpfung und Codeproduktion schneller herabzusetzen, bedeutet, die Zeit zu verkürzen. *Eine mächtige intellektuelle Kraft könnte Entropie rascher reduzieren als eine schwache intellektuelle Kraft.* So sind Zeit, Entropie und Programmierung alle miteinander verwandt. *Eine Superintelligenz braucht nur einen Augenblick für ein Werk, zu dessen Vollendung wir vielleicht Ewigkeiten brauchen würden. Eine wirklich unendliche, in der Programmierung der Schöpfung verborgene Intelligenz würde deshalb keine Zeit brauchen, um ihre Arbeit zu tun, d. h. unendlich kurze Zeit oder nur einen „Nu".*

Vielleicht versichert uns die Bibel aus diesem Grunde, daß in Gottes Sicht tausend Jahre wie ein Tag sind und ein Augenblick eine Ewigkeit bedeutet.[10] All das hängt völlig von unserer persönlichen Vorstellung des Urgrundes aller Dinge ab und von dem, was wir von seinen intellektuellen PS halten. *Sollte es möglich sein, daß jene, die wenig Vertrauen in ihn und seine intellektuellen Attribute haben, auch jene sind, welche überzeugt sind, daß er Ewigkeiten brauchte, um mit der Versuch-und-Irrtum-Methode sein Werk auszuführen? Wenn er unintelligent wäre, würde er Äonen brauchen! Es stimmt, daß er Äonen gebraucht haben kann.* Nach dem zu urteilen, was wir heute vom Weltall wissen, *sieht es so aus,* als ob er für einige Werke wirklich Äonen in Anspruch nahm. Was ich meine, ist folgendes: Die moderne Biologie hat die Verwendung von Äonen zu einer Notwendigkeit gemacht und zu einem Kardinalpunkt ihres Dogmas, um die innere Plumpheit der Versuch-und-Irrtum-Mechanismen zu überwinden, welche sie postuliert. Die überragende Codierung und Programmierung der Natur sollte unseren Blick auf den Faktor „Intelligenz" lenken. *Intelligenz nämlich führt die Dinge anders – und schneller aus!*

Epilog

Auf dem europäischen Festland ist es nun schon seit vielen Jahren üblich, jedem Argument über die Beziehung zwischen Plan und Planer mit der Feststellung zu begegnen, es sei ein gesichertes Faktum, daß es keinen *Beweis* für die Existenz Gottes geben könne. Man betrachtet es allgemein als Zeichen unredlicher Ignoranz, Argumente irgendwelcher Art bringen zu wollen, die nach solchem Beweis schmecken könnten, denn man behauptet, daß keine Logik jemals zu einem echten Beweis des göttlichen Wesens führen kann. Diese Argumentation ist vollkommen korrekt und vernünftig, wenn man bereit ist, Beweise auszuklammern, die von dem Argument der Planung abstammen. Wenn jedoch das Planungsargument auf sicherer Grundlage ruht — und wir sind davon überzeugt —, dann wird die trockene Feststellung, es gebe *keinen Beweis* für die Existenz Gottes, damit automatisch außer Kraft gesetzt.

Wenn nämlich *ein Plan immer einen Planer voraussetzt,* und ein gewaltiger Plan zur Annahme eines gewaltigen Planers führt, dann müssen wir zu der Schlußfolgerung kommen, daß sich die alte Weisheit auf diesem Gebiet auf eine sichere Grundlage gründet. Durch Extrapolation nämlich können wir voranschreiten und etwas über Ursprung, Sinn, Wesen und Bestimmung des Lebens und seines materiellen Substrates erschließen.

Vielleicht können wir noch einen weiteren Schritt tun. Der Mensch richtet heute seine Bemühungen darauf ab, künstliche Intelligenz zu schaffen, mit der er reden kann. Seine Röhren, Transistoren und Kondensoren sind alle Nebensächlichkeiten – notwendige Nebensächlichkeiten – bei der Schaffung einer Form von Intelligenz, welche seine eigene Intelligenz zum Vorbild hat. Ein solches Vorhaben ist aller menschlichen Intelligenz würdig.

Kann es nicht so sein, wie Teilhard de Chardin dachte, daß nämlich der gesamte Zweck des materiellen Lebens in Intelligenz bis herauf zum Punkt Omega gipfelt? Der Rest der materiellen Natur, die Atome und Moleküle, die Wertigkeiten und Elektronenbahnen könnten vielleicht bloße Nebensächlichkeiten bei der Erreichung der Intelligenz sein, geradeso, wie es Transistoren und Röhren bei der Erreichung künstlicher Intelligenz sind.

Wenn Intelligenz und die Entwicklung intelligenter Logik und Denkweisen ein Hauptziel des Lebens sind, dann kann es in unserem Leben nur einen angemessenen Sinn geben: Er besteht darin, mehr von jener großen Intelligenz kennenlernen zu wollen, welche uns, die Intelligenten, plante. Die verzehrende Leidenschaft des ganzen Lebens muß sein, mehr von ihr zu erfahren. Uralte Weisheit ermutigt uns in dieser Leidenschaft, indem sie auf einen Programmierer hinweist und uns lehrt, daß jene, die sich darum bemühen, fortschreitend in sein Bild verwandelt werden – wenn sie nicht ermatten.[11]

1 Vgl. Fazollah M. Reza, *An Introduction to Information Theory;* ebenso D. Middleton, *Introduction to Statistical Communication Theory.*
2 Ian McDowell, Epping, N. S. W., Australia, private Mitteilung.
3 Robert Bernhard, *Scientific Research* (Sept. 1, 1969), pp. 28—33.
4 1. Tim. 2, 5; Hebr. 9, 12; 12, 24; Gal. 3, 19—20
5 „Nun aber spiegelt sich bei uns allen die Herrlichkeit des Herrn . . . und wir werden verklärt in sein Bild von einer Herrlichkeit zur anderen", 2. Kor. 3, 18.
6 Ernest H. Lenaerts, „Talking to the Computer", *New Scientist* (Dez. 4, 1969), p. 498; ebenso Bernard Meltzer und Donald Michil, Hrsg., *Computer Minds, Machine Intelligence,* pp. VIII, 508.
7 D. F. Lawden, „Are Robots Conscious?" *New Scientist* (Sept. 4, 1969), pp. 476—477.
8 A. E. Wilder Smith, *Man's Origin, Man's Destiny,* p. 221.
9 Ibid., pp. 223—230.
10 2. Petrus 3, 8.
11 2. Kor. 3, 17—18.

Anhang

Probleme der Chromosomen-Mutations- und Phylogenese-forschung

Professor John N. Moore, Professor für Naturwissenschaften an der Michigan State Universität, USA, hat kürzlich[1] in der naturwissenschaftlichen Presse Amerikas einen Aufsatz veröffentlicht, der in biologischen Kreisen großes Aufsehen erregt hat. Dieser Artikel gehört zu den ersten von der American Association for the Advancement of Science angenommenen Aufsätzen, die die darwinistische Lehre vom Ursprung allen Lebens aus einer einzigen Urzelle offen und wirkungsvoll unter Beschuß nehmen, eine Ansicht, welche monophyletische Interpretation der Lebensentstehung genannt wird. Professor Moore ist mir persönlich als geachteter Wissenschaftler einer großen amerikanischen Universität bekannt.

Grundsätzlich weist Professor Moore nach, daß es nur wenig stichhaltige Beweise für die Lehre gibt, daß eine einzige Zelle für die Vielfalt des heutigen Lebens verantwortlich sei. Viel mehr deutet darauf hin, daß eine Art nur die konstante Replikation derselben Art zeigt. Die interspezifische Fortpflanzungssperre stellt ein sehr ausdauerndes Phänomen in der Biologie dar.

Professor Moore beginnt seine Veröffentlichung mit den folgenden Worten:

„Der Sinn dieser Ausführungen ist es, eine sorgfältige, wenn auch notwendigerweise kurze Untersuchung darüber anzustellen, wieviel Übereinstimmung heute, zu diesem Zeitpunkt Ende 1971 nach über 70 Jahren genetischer und zytologischer Forschung, besteht zwischen der allgemein vertretenen monophylogenetischen Theorie zur Erklärung der Beziehungen zwischen Pflanzen und Tieren und den bekannten empirischen Daten. Diese Untersuchung erfolgt — gemäß der Anwendung der folgenden Tests zur Übereinstimmung zwischen empirischen Daten und theoretischer Erklärung — auf fünf verschiedenen Gebieten: 1. Sequenzanalyse-Test, 2. Struktureller und numerischer Mutations-Test, 3. Genmutations-Test, 4. Test der Chromosomenzahl und Chromosomenart, 5. Fossilien-Test."

Unter diesen fünf Rubriken prüft Professor Moore, ob jede von ihnen mit der Theorie in Einklang steht, daß das gesamte Leben in all seiner heutigen Vielfalt•aufgrund zufälliger Mutationen und natürlicher Auslese von einer einzigen Zelle abstammen konnte. Er kommt zu dem Schluß, daß die darwinistische Auffassung, soweit sie eine monophyletische Interpretation fordert, mit den heute bekannten Fakten nicht übereinstimmt. Er meint also, daß die einzelnen Arten individuell entstanden und nicht von vorher existierenden Arten abstammen.

Folgende fünf Tests wandte Professor Moore an:

1. Sequenzanalyse-Test

Hier haben wir ein Gebiet vor uns, das sich in reger Erforschung befindet. Es beruht auf folgender Annahme: Wenn man in den Genen sämtlicher Organismen die Sequenzen der DNS-Komponenten feststellen könnte, dann müßte es möglich sein, grundlegende Ähnlichkeiten und Unterschiede der genetischen Codes zu quantifizieren und eine Klassifikation aller lebenden Organismen aufzustellen, welche sich auf ihre Proteine stützt.

Man kann heute die Aminosäuresequenzen in den homologen Genen innerhalb einer Art oder auch zwischen verschiedenen Arten vergleichen. So unterscheidet sich die Alphakette des menschlichen Globulins nur in einer einzigen Aminosäure von der des Gorillas. Die Alphakette des menschlichen Globulins ist mit der des Schimpansen völlig identisch. Deshalb, so folgert der Darwinist, sind die Primaten genetisch miteinander verwandt. Die Stammbäume gründen sich dementsprechend auf derartige Beweise.

Aber wie immer, wenn man allgemeine Beziehungen an einem einzigen Merkmal nachweisen will, entstehen Widersprüche. Nach diesem Schema gehört die Schildkröte zu den Vögeln und steht recht entfernt von der Klapperschlange. Die gesamte Annahme basiert auf der Vorstellung, daß der Grad der Verwandtschaft vom Grad der Ähnlichkeit physischer Merkmale abhängt. Gegen diese Vorstellung, daß ähnliche physische Strukturen Beweise für eine genetische Ableitung sind, spricht die Tatsache, daß genetische Lücken zwischen den Arten tatsächlich bestehen, da sie ja nicht miteinander fruchtbar sind. Für diese genetischen Lücken haben wir genügend wissenschaftliche Beweise. Es gibt aber keinen Beweis, daß physische Ähnlichkeit genetische Verwandtschaft bedeutet. Deswegen gründet sich das monophyletische Schema allein auf Indizienbeweise.

2. Struktureller und numerischer Mutations-Test

In diesem Abschnitt führt Professor Moore aus, daß keine Bezugnahme auf den Ploidiezustand oder auf Chromosomenrearrangement den unwiderleglichen Beweis außer Kraft setzt, daß zwischen größeren Gruppen lebender Wesen nun einmal tatsächlich Fortpflanzungsschranken bestehen. Alle Hinweise auf Chromosomenabänderungen durch Duplikation, Deletion, Translokation, Inversion etc. betreffen immer nur Veränderungen *innerhalb* einer Art und *niemals* — soweit die heutigen Befunde erkennen lassen — die Umwandlung einer Art als solcher.

3. Genmutations-Test

Es ist heute eine allgemein verbreitete Annahme des biologischen und genetischen Establishments, daß die Genmutationen den Lieferanten des Rohmaterials für die natürliche Auslese darstellen. Professor Moore führt jedoch aus, daß alle uns bekannten Genmutationen in der bloßen *Abänderung* eines bereits bestehenden oder bekannten Merkmals und niemals in der Hervorbringung eines *neuen* Merkmals resultieren. Flügel können verlängert, begradigt oder verkleinert werden. *Neue Organe* als Ergebnis von Mutationen sind jedoch — soweit bekannt — bei der experimentellen Arbeit noch nie aufgetreten. Die Augen von Drosophila können aufgrund von Mutation rot oder weiß werden. Der Autor (A. E. W. S.) weist jedoch darauf hin, daß als Ergebnis von Mutationen niemals ein Organ entstanden ist, das dem Organismus das Aufspüren von, sagen wir, ionisierender Strahlung erlauben würde. Und doch könnte gerade diese Art von Organ dem Menschen in der heutigen Welt helfen, durch natürliche Auslese zu überleben.

4. Test der Chromosomenzahl und Chromosomenart

Moore führt aus, daß die Chromosomenzahl wahrscheinlich konstanter als jedes andere einzelne morphologische Merkmal sei, welches uns zur Artidentifizierung zur Verfügung steht. Wenn das der Fall ist, dann sollte die Chromosomenzahl — ein konstantes morphologisches Charakteristikum — als Grundlage für eine Klassifizierung phylogenetischer Beziehungen dienen, gerade so, wie man irgendwelche anderen morphologischen Faktoren in diesem Sinne benutzt. Da die Chromosomenzahl jedoch so konstant ist, sollte sie ein noch zuverlässigeres Merkmal als diese bilden. Gibt es nun bei jenen Tieren, die der Darwinismus als eng miteinander verwandt betrachtet, irgendeinen Korrelationsgrad der Chromosomenzahl? Die Antwort ist völlig negativ. Professor Moores Artikel enthält Listen über die Chromosomenzahl verschiedener Arten, die das beweisen. Wegen näherer Ausführungen möge man sich an die Originaluntersuchung wenden.

Wenn sich also sogenannte Evolutionsveränderungen ereigneten, wodurch einzelne Zellen zu Mehrzellern und von komplexerer Art wurden und sich dies in ansteigenden Chromosomenzahlen auswies, dann sollten die einfachsten Organismen — nach darwinistischer Auffassung die Urformen alles Lebens — durch das einfachste morphologische Charakteristikum der niedrigen Chromosomenzahlen ausgezeichnet sein, während die höheren Pflanzen und Tiere höhere Chromosomenzahlen besitzen sollten. Mit anderen Worten: Eine ansteigende Chromosomenzahl, welche eine wachsende Kapazität zur Informationsspeicherung widerspiegelt, sollte für komplexe, hochentwickelte Organismen typisch sein — niedrigere Chromosomenzahlen würde man dagegen bei niederen, wenig entwickelten Organismen erwarten. Die morphologische Komplexität und die Chromosomenzahlen sollten also bei hochentwickelten Tieren und Pflanzen größer sein.

Daß dieser Test zum Nachteil der darwinistischen Auffassung ausschlägt, beweisen die von Professor Moore veröffentlichten Tabellen. Der Mensch z. B. besitzt 46 Chromosomen, das Kaninchen 44, der Esel 62, der Affe Cebus 54, das Pferd 64, die Tomate 24, die Zwiebel 16, die Kopepodenkrebse 6, und das *Protozoon* (primitiver einzelliger Organismus) Aulocantha 1600! Es gibt also keinen Anstieg in der Chromosomenzahl, der parallel zur ansteigenden Komplexität verliefe, d. h. die angeblichen Stammbäume spiegeln die komplexe Morphologie in Gestalt der Chromosomenzahl nicht wider.

Zur weiteren Information sei auf Professor Moores Vortrag am 27. 12. 1971 vor der American Association for the Advancement of Science verwiesen.

Man kann natürlich der Auffassung sein, daß die Zahl der

Chromosomen nicht so wichtig ist wie die Komplexität des Genmusters oder die Sequenz der Aminosäuren in den Chromosomen. Professor Moore zitiert eine neuere Arbeit von Dobzhansky, welche zeigt, daß auch die DNS-Sequenzen verschiedener Organismen nicht die progressive Anordnung besitzt, welche man nach der darwinistischen Auffassung erwarten möchte. Er führt die Menge der DNS in 10^{-12} gm pro haploidem Chromosom mit 84 bei Amphiuma an, 50 bei Protopterus, 7,5 beim Frosch, 3,7 bei der Kröte, 3,2 beim Menschen, 2,8 beim Rind, 1,6 beim Karpfen, 1,3 bei der Ente, 0,67 bei der Schnecke, 0,07 bei der Hefe und 0,0067 beim Colonbakterium.

Sogar Dobzhansky kommentiert die Ergebnisse wie folgt: „Komplexere Organismen haben in ihren Zellen gewöhnlich einen höheren DNS-Gehalt. Aber diese Regel besitzt *bemerkenswerte Ausnahmen!*" Der Mensch soll der Gipfel des Evolutionsprozesses sein, steht jedoch keineswegs an der obersten Stelle der evolutionären DNS-Liste!

5. Fossilien-Test

Professor Moore weist darauf hin, daß sogar die besten Darwinisten das Fehlen von Zwischenstufen, „missing links", zugeben, welche die Hauptstämme der lebenden Organismen verbinden. Auch andere haben dies schon vorher bemerkt, vergl. Kerkut[2]. Moore bringt eine Reihe von Diagrammen, welche Arten zeigen, die bis in die ältesten geologischen Formationen hinein völlig unverändert geblieben sind. Viele Arten sind natürlich auch ausgestorben, wie z. B. das Mammut. Es ist aber nicht gerechtfertigt zu behaupten, die Tatsache, daß die Mammuts ausstarben, beweise, daß sich einige von ihnen zu den heutigen Elefanten verwandelten.

Schluß

Professor Moore beendet seinen Artikel, indem er zeigt, daß die Gegenwart offensichtlich nicht der Schlüssel zur Vergangenheit ist. Die einzelnen Arten entstanden aufgrund von Prozessen, die heute nicht mehr existieren, denn in der heutigen Zeit können wir nicht mehr beobachten, daß sich eine Art in eine andere umwandelt. Wir sollten deshalb die monophyletische Interpretation der Artbildung aufgeben und sie gegen eine polyphyletische Sicht eintauschen. Die letztere würde natürlich mit der Vorstellung von der Erschaffung der Arten als gesonderter Wesen übereinstimmen — obwohl Professor Moore es peinlichst vermeidet, diesen naheliegenden Schluß zu ziehen. Wenn er das Risiko auf sich genommen und den nächsten logischen Schritt (Erschaffung der Arten) getan hätte, würde sein Artikel nicht veröffentlicht und seine Rede vor der AAAS gefährdet gewesen sein. Die heute überall vorhandenen wissenschaftlichen Beweise bestätigen jedoch die Auffassung, daß hinter der Ordnung der das Leben tragenden DNS-Moleküle Information, Plan, Logos und Ideen-Konzept stehen.

In seinem letzten Abschnitt weist Moore mit Recht darauf hin, daß die gegenwärtige Lehre, die Evolution habe von einer einzigen einfachen Zelle ihren Ausgang genommen, die angeblich auf spontane Weise aus anorganischem Material entstand, an eine Indoktrination der Studenten mit Propaganda grenzt. Es handelt sich natürlich nicht nur um eine Frage der Indoktrination von Studenten mit materialistischer Propaganda — denn die meisten öffentlichen Büchereien und Museen in den USA und Europa, ganz zu schweigen von Rußland, stellen phantasiereiche Stammbäume als Tatsachen zur Schau, die den Menschen an der Spitze der Skala und die Protozoen am Grunde zeigen. Die beiden Extreme sind durch die sogenannten Intermediärformen des Lebens genetisch verknüpft. Es gibt jedoch keine Beweise für die Stammbäume — aber viele Beweise für den Logos, der das Leben, die Arten und den Menschen schuf.

1   John N. Moore, „On Chromosomes, Mutations, and Phylogeny", A.A.A.S. 27. 12. 71, Philadelphia, USA.
2   G. A. Kerkut, Implications of Evolution, Pergamon Press, 1960, p. 174.

Anmerkungen

Abiogenese. Hervorbringung lebender Organismen aus toter Materie; spontane Erzeugung von Leben aus Unbelebtem.

Algorithmus. Die Kunst, mit neun Ziffern und einer Null zu rechnen; die Kunst, mit jeder Art von Schreibweise wie Brüchen, Wurzelausdrücken, Dreisätzen etc. zu rechnen; eine deterministische Regelsammlung zur Berechnung der Lösung einer Reihe von Problemen.

Anachronismus. Person oder Ereignis, die oder das, chronologisch gesehen, nicht am Platze ist.

Anarchie. Zustand der Verwirrung oder Unordnung; Fehlen von Regierung oder Gesetz.

Android. Etwas, das menschliche Form oder Charakteristika besitzt.

Antigen. Substanz, die bei ihrer Einführung in den Körper Antikörperbildung hervorruft.

Anthropomorphismus. Das Zuschreiben menschlicher Eigenschaften auf nichtmenschliche Dinge; Darstellung Gottes mit menschlichen Merkmalen.

Archebiopoese. Die ursprüngliche Erzeugung des Lebens.

ATPase. Ein zur Adenosintriphosphatsynthese gehörendes Enzym oder Ferment.

Außersinnliche Wahrnehmung (ASW). Wahrnehmung ohne die Hilfe der fünf Sinne.

Autokatalytisch. Eine sich selbst aktivierende chemische oder andersartige Reaktion.

Behaviorismus. Wissenschaft des Verhaltens.

Biochemische Prädestination. Die Theorie, daß das Leben ohne äußeres Eingreifen spontan aus der Materie entstanden ist.

Biodimere. Aggregate von zwei Biomonomeren.

Biogenese. Die Entwicklung lebender Organismen.

Biomonomer. Ein chemischer Grundbaustein des lebenden Substrates.

Biopoese. Die Schaffung des Lebens aus totem Material.

Biopolymer. Chemische Ansammlung von Biomonomeren.

Biosynthese. Der chemische Aufbau des Lebens.

Biotisch. Etwas, das mit dem Leben in Zusammenhang steht.

Bon mot. Ein kluger oder witziger Aphorismus.

Katabolismus. Chemische Zerlegung im lebenden Organismus.

Katalase. Ein Enyzm, welches Wasserstoffsuperoxyd zersetzen kann.

Katalysator. Eine Substanz wie z. B. ein Enzym, welches eine chemische Reaktion beschleunigen kann, ohne selbst verändert zu werden.

Coazervat. Eine Ansammlung kolloidaler Tröpfchen, die durch elektrostatische Ladungen zusammengehalten werden.

Conditio sine qua non. Eine unerläßliche Bedingung.

dekadent. Gekennzeichnet durch Abstieg oder Verfall.

Defäkation. Abgabe unverdaulicher Nahrungsreste durch den After.

Dehydration. Trocknung; Entfernung von Wasser.

DNS. Desoxyribonucleinsäure, eine lebenswichtige Substanz.

Diastereoisomerie. Optische Isomerie von Verbindungen, deren Moleküle mehr als ein asymmetrisches Zentrum enthalten und keine spiegelbildlichen Beziehungen zeigen (z. B. Glucose und Galaktose, oder meso-Weinsäure und dextro-Weinsäure).

Dichotomie. Teilung oder Aufspaltung in zwei Teile.

Dimerisation. Die Verbindung zweier Moleküle zur Bildung einer neuen Molekülart.

endogen. Intern; innerlich; aus dem Inneren oder im Inneren erwachsend.

Entropie. Das Maß nicht verfügbarer Energie eines thermodynamischen Systemes.

Enzym. Eine Substanz, welche spezifische chemische Umwandlungen katalysiert, wie z. B. bei der Nahrungsaufnahme. In Tieren und Pflanzen vorhanden.

Epigenetik. Entwicklung durch allmähliche Veränderung eines undifferenzierten Körpers; Entwicklungsmechanismus, der auf dem Lesen der genetischen Information beruht.

Erg. Einheit von Energie oder Arbeit; die Arbeit, die von einer Kraft von einem Dyn geleistet wird, welche in Kraftrichtung über eine Distanz von einem Zentimeter einwirkt.

Etymologie. Die Geschichte einer sprachlichen Form; die Ableitung von Wörtern; ein Zweig der Linguistik.

exogen. Von außen hervorgerufen.

extrapolieren. Sich durch Schlußfolgerungen von einer bekannten in eine unbekannte Situation versetzen; eine Ausdehnung unter der Annahme der Kontinuität.

extraterrestrisch. Außerhalb der Erde befindlich.

Fehlingsche Reaktion. Eine Reaktion, welche in einer Lösung von Kupfersalz in Gegenwart reduzierender Zucker oder Aldehyde stattfindet und als Niederschlag rotes Kupferoxyd hervorruft.

Forminifieren; ein rundliches Materieaggregat, welches zufälligerweise und in oberflächlicher Hinsicht einer lebenden Zelle ähnelt.

Gen. Ein Zellbereich, der mit der Übermittlung, Entwicklung und/oder der Bestimmung der Erbmerkmale zu tun hat.

genetischer Code. Der Informationscode, welcher über die Vererbung bestimmt.

heterogen. Von unterschiedener Art oder ungleichen Bestandteilen.

Hiatus. Eine Lücke; ein Zwischenraum, in welchem ein Teil fehlt.

Hieroglyphen. Schriftzeichen, die in alten Schriftsystemen verwendet wurden.

hydrophob. Wasserabstoßend.

hydrolysierbar. Etwas, das mit Hilfe von Wasser chemisch gespalten werden kann.

ipso facto. Durch die Tatsache oder Handlung selbst.

Isomerie. Ein Zustand, in welchem die gleichen chemischen Bestandteile im gleichen Verhältnis vorliegen, jedoch in unterschiedlicher geometrischer Anordnung.

Kybernetik. Die vergleichende Forschung über die automatischen Kontrollsysteme, welche vom Nervensystem und Gehirn und mechanisch-elektrischen Kommunikationssystemen wie Computern gebildet werden.

Kontinuum. Etwas, das kontinuierlich und immer dasselbe ist.

Makromolekül. Ein großes, komplexes Molekül.

methodologisch. Beschäftigt sich mit Prinzipien der Verfahrensweisen.

Mikrobiologie. Das Studium der Mikroorganismen.

Mikrosphäre. Eine kleine Primordialschale ungeschlechtlicher, dimorpher Art.

Monokultur. Anbau eines einzigen landwirtschaftlichen Produktes oder eine Art zu leben, welche alle anderen ausschließt.

Montagnard. Bergbewohner; jemand, der in den Bergen lebt.

Morphogenese. Die Bildung oder Differenzierung von Geweben und Organen.

Morphologie. Zweig der Biologie, welcher sich mit Formen und Strukturen beschäftigt.

Mutation. Veränderung; plötzliche Veränderung innerhalb des genetischen Codes.

Naturwissenschaftlicher Materialismus. Auffassung, daß die Materie die einzige Realität darstellt und daß die Gesamtrealität auf naturwissenschaftlicher Basis erklärt werden kann.

Neobiogenese. Die Neuentstehung von Leben aus unbelebtem Material.

Neurodynamik. Energieverhältnisse in Nervenzellen und Nervenfasern.

Neuron. Eine Nervenzelle mit all ihren Vorgängen.

non sequitur. Eine Schlußfolgerung, welche nicht in logischer Weise aus den Prämissen folgt.

Nucleinsäure. Eine chemische Verbindung innerhalb des Zellkerns.

Obskurantist. Jemand, der sich der Verbreitung von Wissen und Aufklärung widersetzt.

Ontogenese. Die Lebensgeschichte oder Entwicklung des einzelnen Organismus.

Ovum. Ei.

Oxyhämoglobin. Die oxydierte Form des Hämoglobins.

Panspermie. Eine Theorie des 19. Jahrhunderts, welche behauptete, daß Lebenskeime überall im Universum vorhanden seien und sich überall dort entwickelten, wo sie günstige Bedingungen anträfen; steht im Gegensatz zur Lehre der spontanen Lebensentstehung.

parabiotisch. Kennzeichnet eine Situation, in welcher Angehörige von zwei oder mehr Arten ohne Konflikte eng zusammenleben, während sie dennoch getrennte Kolonien bilden.

Peptid, Polypeptid. Die Vereinigung von zwei oder mehreren Aminosäuren, wobei die Aminogruppe der einen Säure mit der Carboxylgruppe der anderen reagiert.

Photon. Ein Quantum Strahlungsenergie, wie z. B. von Licht oder Röntgenstrahlen.

Phylogenese. Entwicklung von Stämmen oder größerer biologischer Untereinheiten der Natur.

Plasmogenese. Spontane Erzeugung lebenden Plasmas.

Polymerisation. Die Bildung von Makromolekülen aus einfachen Molekülen.

Polynucleotid. Ein Nucleotid, welches aus der Verbindung vieler einfacher Mononucleotide hervorgeht.

präbiogenetisch. Vor der Entstehung des Lebens.

präbiotisch. Etwas, das vor der Anwesenheit von Leben schon existierte.

Primaten. Höchstentwickelte Säugetiergruppe, welche Menschen, Affen und Menschenaffen einschließt.

primordial. Ursprünglich; fundamental; elementar.

Proteinoide. Proteinähnliche Körper mit einer Struktur, welche einfacher als die der Proteine ist.

Protobiologie. Zweig der Biologie, der sich mit den Früh- und Vorformen des Lebens beschäftigt.

Protozelle. Eine primitive Vorform der lebenden Zelle. Mikrosphären werden manchmal fälschlicherweise Protozellen genannt.

Psychoraum. Ein Bereich des Geistes, in welchen äußere Ereignisse projiziert werden, bevor der Geist sich ihrer bewußt wird.

Punkt Omega. Ein Ausdruck Teilhard de Chardins, welcher damit die letzte Erfüllung aller Dinge in Christus bezeichnete.

Pyrokondensation. Chemische Kondensation, die sich unter dem Einfluß von Wärme und oft unter Ausschluß von Wasser vollzieht.

Quantum. Menge; nach der Quantentheorie Elementareinheit der Energie.

Radikal. Geladene chemische Struktur; Atomgruppen, die als Ganzes reagieren.

Ribosom. In lebenden Zellen enthaltenes mikroskopisch kleines Gebilde, an dem bestimmte chemische Synthesen stattfinden

RNS. Ribonucleinsäure.

Sequenz. Aufeinanderfolge; Reihenfolge verschiedener Bestandteile; besonders die Aufeinanderfolge der Aminosäuren eines Proteins (Aminosäuresequenz).

Simulieren. Künstlich darstellen.

Stereospezifität. Chemische Reaktionsspezifität, die auf Stereoisomerie beruht.

sterisch. Bezogen auf die Anordnung der Atome im Raum.

Substrat. Eine Substanz, auf die, z. B. durch Enzyme, eingewirkt wird; zum Wachstum nötiges Nährmedium.

supramateriell. Über die Materie hinausgehend.

Tautologie. Überflüssigkeit; unnötige Wiederholung derselben Aussage in verschiedener Form.

Thermodynamik. Wissenschaft, welche sich mit den mechanischen Wirkungen und Zusammenhängen von Wärme beschäftigt.

transmateriell. Etwas, das sich über der Materie befindet.

Uniformitarianismus. Lehre, daß die bestehenden Prozesse zur Erklärung aller geologischen und anderen Veränderungen der Vergangenheit ausreichen.

Vakuolisierung. Die Bildung von Hohlräumen oder Vakuolen.

Viskosität. Klebrigkeit.

Zirrhose (zirrhotisch). Die Exzessivbildung von Bindegewebe, z. B. in der Leber.

Zygote. Befruchtetes Ei.

Bibliographie

BAHADUR, K. *Synthesis of Jeewanu, the Protocell.* Allahabad, Indien: Ram Narain Lal Beni Prasad. 1966.

BALL, R. H; DOROUGH, G. D. und CALVIN, M. *J. Amer. Chem. Soc.* 68 (1946): 2278.

BERNHARD, ROBERT. *Scientific Research* (Sept. 1, 1969), pp. 28—33.

BLUM, H. *Time's Arrow and Evolution.* Zweite Auflage, Princetown, N.Y.: Princeton U., 1955.

BRUN, J. „Genetic Adaptation of Caenorhabditis elegans (Nematoda) to High Temperatures", *Science* 150 (1965): 1467.

BUTLEROW, A. *Comp. Rend.* 53 (1861): 295.
— — —. *Ann.* 120 (1861): 295.

CULBERTSON, JAMES T. *The Minds of Robots, Sense Data, Memory Images and Behavior in Conscious Automata.* Urbana, Ill.: Illinois, 1963.

FOX, S. W., Hrsg., *The Origins of Prebiological Systems.* New York: Academic, 1965.

FOX, S. W.; HARADA, K.; WOODS, K. R. und WINDSOR, C. R. *Arch. Biochem. Biophys.* 102 (1963): 439; und *J. Amer. Chem. Soc.* 82 (1960): 3745.

GAMOV, GEORGE; RICH, ALEXANDER und YČAS, MARTYNAS. „The Problem of Information Transfer from Nucleic Acids to Proteins" in *Advances in Biological and Medical.* Bd. 4. New York: Academic, 1956.

GEORGE, FRANK. „Toward Machine Intelligence", *Science Journal* (Sept. 19, 1968), pp. 80—84.

GROTH, W. E. und WEYSSENHOFF, H. V. *Planet. Space Sci.* 2 (1960): 79.

HALDANE, J. B. S. *Rationalist Annual* 3 (1929).

HERRARA, A. L. Science 96 (1941): 14.

JEANS, SIR JAMES. *The Mysterious Universe.* New York: Macmillan, 1930.

JONES, M. E.; SPECTOR, L und LIPPMANN, F. *J. Amer. Chem. Soc.* 62 (1955): 819.

KENDREW, JOHN. *The Thread of Life.* Cambridge, Mass.: Harvard U., 1966.

KENYON, DEAN H. und COLE, M. V. *Proc. Natl. Acad. Sc.* 58 (1967: 735.

KENYON, DEAN H. und STEINMAN, GARY. *Biochemical Predestination.* New York: McGraw-Hill, 1969.

KERKUT, G. A., *Implications of Evolution.* Pergamon Press, 1960.

KOLER, KARL. A. und EDEN, MURRAY. *Recognizing Patterns, Studies in Living and Automatic Systems.* Cambridge, Mass.: M. I. T., 1968.

KRAMPITZ, G. *Naturwiss.* 46 (1959): 558.

LANGENBECK, W. *Angew. Chem.* 66 (1954): 151.

LAWDEN, D. F. „Are Robots Conscious?" *The New Scientist* (Sept. 4, 1969) pp. 476—77.

LEDERBERG, J. *Science* 131 (1966): 269.

LENAERTS, EARNEST H. „Talking to the Computer" *New Scientist* (Dez. 4, 1969), p. 489.

LOEW, O. *Prak. Chemie* 33 (1886): 321.

— — —, *Chem. Ber.* 22 (1889): 470.

MARIAN, E. und TORRACA, O. *Intern. Sugar J.* 55 (1953): 309.

MELTZER, BERNARD und MICHIL, DONALD, Hrsg., *Computer Minds, Machine Intelligence.* Edinburgh: Edinburgh U., 1969.

MIDDLETON, D. *Introduction to Statistical Communication Theorie.* New York: McGraw-Hill, 1960.

MILLER, S. L. Science 117 (1953): 528.

— — —. *J. Amer. Chem. Soc.* 77 (1955): 2351.

MOORHEAD, PAUL S. und KAPLAN, MARTIN M., Hrsg., *Mathematical Challenges to the Neo-Darwinian Interpretation of Evolution.* Philadelphia: Wistar Inst., 1967.

OPARIN, A. I. *The Origin of Life.* New York: Dover, 1953.

— — —. et al., Hrsg., *The Origin of Life on the Earth.* New York: Academic, 1957.

— — —. *Life: Its Nature, Origin and Development.* Edinburgh: Oliver & Boyd, 1961.

ORO, J. *Biochem. Biophys. Res. Comm.* 2 (1960): 407.

OVERMAN, RICHARD. *Evolution and the Christian Doctrine of Creation.* Philadelphia: Westminster, 1967.

PALM, C. und CALVIN, M. *J. Amer. Chem. Soc.* 84 (1965): 2115.

PONNAMPERUMA, C.; LEMMON, R. M.; MARINER, R. und CALVIN, M. *Proc. Natl. Acad. Sci.* 49 (1963): 737.

PUTNAM, H. *Robots, Machines or Artificially Created Life.* New York: Harper & Row, 1966.

REZA, FAZOLLAH M. *An Introduction to Information Theory.* New York: McGraw-Hill, 1961.

ROSEN, C. A. „Machines that Act Intelligently", *Science Journal* (Okt., 1968), p. 109.

ROTHEMUND, P. *J. Amer. Chem. Soc.* 58 (1936): 625.

SANCHEZ, R. A.; FERRIS, J. P. und ORGEL, L. *Science* 154 (1966), p. 109.

Science News 97 (7. März 1970): 243.

SIPPL, CHARLES J. *The Computer Dictionary and Handbook*. Indianapolis: Bobbs-Merrill, 1967.

SMITH, A. E.; SILVER, J. J. und STEINMAN, G. *Experientia* 24 (1969): 36.

SOALE, S. G. und BATEMAN, F. *Modern Experiments in Telepathy*. London: Faber, 1954.

STEINMAN, G. *Arch. Biochem. Biophys.* 119 (1967): 67; und 121 (1967): 533. STEINMAN, G. und COLE, M. N. Proc. Natl. Acad. Sci 58 (1967): 735 „Summary of Apollo 11 Lunar Science Conference", *Science* 167, no. 3918 (Jan. 30., 1970): 449—782.

WIGNER, E. P.*The Logic of Personal Knowledge*. London: Routledge & Kegan Paul, 1961.

WILDER SMITH, A. E. *The Drug Users*. Wheaton, Ill.: Shaw, 1969, U.S.A.

— — —. *Man's Origin, Man's Destiny*. Wheaton, Ill.: Shaw, 1968, U.S.A.

— — —. *Herkunft und Zukunft des Menschen*. Neuhausen-Stuttgart, 1972, Hänssler-Verlag, Deutschland.

— — —. *The Paradox of Pain*. Wheaton, Ill., Shaw, 1971, USA.

— — —. *Ist das ein Gott der Liebe?* Neuhausen-Stuttgart, 1971, Hänssler-Verlag, Deutschland.

— — —. *The Creation of Life: A cybernetic Approach to Evolution*, Wheaton, Ill., 1971, Shaw, U.S.A.

Index

α-Aminobuttersäure: 42
α-Tetraphenylchlorin: 45
α-Tetraphenylporphin: 45
Abiogenese: 21 ff., 25 ff., 30, 31, 39, 40, 42, 45, 50, 58, 93, 105, 106, 117, 128, 130, 214, 223, 228, 229
Abstammungslehre: 16
Adam: 14
Adenin: 44, 49
Adenosintriphosphat (ATP): 44
Aethan: 42
Alanin: 42, 44, 48, 64
Aldehyde: 45, 82
Algorithmus: 62, 106, 109 ff., 188, 202, 203, 207
Alloisoleuzin: 43
Ameisensäure: 42
Aminosäure: 39 ff., 42 ff., 48 ff., 50, 52, 56, 58, 62, 66, 67, 78, 86, 87, 96, 99, 102, 103, 110, 113, 126, 130, 205, 206, 243
4-Aminoimidazol-5-carboxamid (AICA): 44
4-Aminoimidazol-5-carboxamidin (AICA): 44
Ammoniak: 41, 42, 44, 45, 68, 78, 126
Ammoniumzyanid: 44
Ammoniumthiozyanat: 83
Amöbe: 82
Android: 192
Ankara: 15, 90, 128
Antikörperbildung: 48
Antropomorphismus: 149, 180, 213, Apollo: II u. 12: 210   [214
Arabinose: 43
Artbildung: 136 ff., 149
Archebiopoese: 21, 23, 31, 93, 98, 99, 101, 211
Aristoteles: 71
Askorbinsäre: 124, 127
Asparaginsäure: 42, 44
Astronomie, moderne: 211
Asparagin: 42
Außer-sinnliche Wahrnehmung (ASW): 157

Atatürk, Kemal: 12, 90, 91
Atheismus: 13
Atome: 47, 48, 57, 62, 99, 102
ATP-ase: Aktivität: 83
Autokatalyse: 44, 66
Automat: 153
Azetylen: 45
Aussalzungsprozeß: 73, 74, 75
β-Alanin: 42

Bach, J. S.: 128
Bahadur: 87
Bateman F.: 198
Bauxit: 138
Benzaldehyd: 45
Bernhard R.: 227
Biodimere: 110
Biomonomere: 39 ff., 53, 55, 58, 61, 69, 79, 89, 95 ff., 110, 113, 116, 118 ff., 130
Biopolymere: 63, 79, 111, 116
Blum, H.: 35, 36, 47, 130
Bohr, Niels: 177
Borosilikat: 78
Broad: C. D.: 154, 157
Brun, J.: 37

Caernorhabditis elegans (Nematode): 37
Cannabis: 173
Chaos: 106, 121, 220, 222
Chlor: 135
Chlorophyll: 40, 45
Chirurgie, Operationen, genetische: 141 ff, 179
Chromosomen: 81, 136, 234
Code; codiert: 16, 56, 66, 67, 76, 77, 82, 84, 93, 94, 95, 96 ff., 107, 109, 110, 113, 118, 120 ff., 149, 156, 159, 166, 167, 175, 205 ff., 213, 215, 223 ff., 228, 230, 231, 233, 234, 235, 236, 237, 238
Computer, digital: 182
Computer, Computersimulation: 34, 60, 100, 108, 119, 127, 153, 183 ff., 203, 204, 206, 211, 217, 227, 230
Crobsy: J. L.: 103

Culbertson, James T.: 151, 153 ff., 158 ff., 170 ff.
Curara: 152
Cytochrome: 45

Dauerfrostboden: 63
Darwin, Charles: 16, 37, 46, 101, 105, 203, 208, 213 ff., 216, 217, 220, 221, 228, 229
Darwinismus, Darwinisten: 38, 104, 105, 202, 216, 221, 223, 227 ff., 233 ff.
De Beer, Sir Gavin: 233
Deutschland: 90
Diastereomere: 103
Dimere: 110, 111, 114, 115
Dipeptid: 53
DNS: 47, 55 ff., 64, 65, 81 ff., 96 ff., 124, 132, 135, 141, 205, 212, 227, 228, 231, 234

Einsicht: 185, 186, 190
Eden, Murray: 29, 34, 37, 69, 99, 100, 145, 150, 189, 199
Einsteinische Theorie: 177
Eisenchlorid: 86
Elektromagnetische Kraft: 197
Elektronen: 63, 126, 158, 160 ff., 208, 212
Energie: 36, 37, 43, 45, 47, 49, 52 ff., 57, 62, 68, 78, 80, 95 ff., 102, 106, 111, 126, 128, 135 ff., 141, 144 ff., 149, 164, 187, 195, 208, 211, 226, 235
England: 90
Entropie: 21, 22, 24, 36, 49 ff., 62, 91, 94 ff., 112, 122, 126, 130, 135, 138 ff., 145, 149, 163, 199, 205, 207, 223 ff., 235 ff.
Enzyme: 37, 48, 72, 76, 81 ff., 97 ff., 124
Epigenetischer Bereich: 205 ff.
Evolution: 20, 22, 27, 35 ff., 37, 40, 71, 74, 85, 100, 104, 108, 135, 141, 143 ff., 149, 154, 210 ff., 226 ff., 233, 235
Evolutionsprozeß: 21 ff., 62, 109 ff., 223
Evolutionstheorie (Entwicklungslehre): 20, 30, 32 ff., 100, 106, 140, 194, 205
Exogen: 23, 120, 132 ff., 235
Erbgut: 81, 99

Fehlende Faktoren: 20, 28, 32, 34, 60, 100, 145, 146, 199, 228, 229
Fehlingische Lösung: 87, 88
Fisher: 204
Formaldehyd: 43, 83 ff.
Formamid: 44
Formamidin: 44
Fossilien: 55, 216
Fox, Sichney: 36, 50, 58
Frankreich: 90
Fruktose: 43

Galaktose: 43
Gelatine: 74
Gene, Genetik: 14, 57 ff., 77, 81 ff., 103, 112, 130, 136, 142 ff., 205, 212, 223 ff., 235
Genetisches Code: 57 ff., 93, 99, 101, 107, 142, 203 ff., 234
Gehirn (biologisches): 135 ff., 154 ff., 164 ff., 170, 177, 182 ff., 185 ff., 197
Gehirn (mechanisches): 186
George, Frank: 183 ff., 190
Gleichgewicht: 36 ff., 91, 130
Glutaminsäure: 42
Glykoaldehyd. 43
Glyzerinaldehyd: 43
Glyzin: 42 ff.
Gott: 201 ff., 207, 213 ff., 218 ff., 222, 232, 238
Gummiarabikum: 74, 87
Gedächtniskasten: 153, 159, 173
Gesetz: 15, 72, 146, 202, 212, 215

Haldane, J. B. S.: 204
Haldane-Oparin hypothese: 40
Hand-Auge-Maschine: 192, 193, 207, 208
Händel: 128
Haschisch: 173
Haemoglobin: 40, 45, 110, 114, 133
Heraklit: 71
Heterozyklische Basen: 39, 43, 44
Heterogenität: 103
Histone: 74
Hydrolyse: 65
Hydroxyaceton: 43

Information: 30, 56 ff., 59, 60, 63, 66, 101, 112 ff., 126, 127, 130, 132, 193, 205, 223 ff.
Information „konserviert": 126

Insulin: 102, 113, 114, 116
Intelligenz; Intellectuelle Kraft: 17, 19, 24, 54, 55, 56, 60, 61, 63, 66 ff., 69, 107, 127, 132 ff., 138, 145 ff., 161, 162, 164, 165, 181, 199, 201, 207 ff., 215, 227 ff., 232, 233 ff.
Intelligenz, Künstliche: 18, 29 ff., 133, 134, 153, 181, 182 ff., 194 ff., 199, 207, 208, 212, 233, 239
Isomerie: 103, 114
Innewohnende Ordnung,
Innewohnende Eigenschaften,
Syntaktische Ordnung,
Innewohnende anhaftende Eigenschaften,
Innere Eigenschaften: 47, 65, 91, 95, 100, 103, 109, 110, 118, 125, 130, 210

Jeans, Sir James: 107, 146, 161 ff., 168, 172, 176, 178, 230, 231
Jesus Christus: 14
„Jeewanti": 86

Kaliumchlorid: 73 ff.
Kaliumoleat: 73
Kendrew, John: 35, 36
Kenyon, Dean, H.: 25, 40, 45, 47, 62, 74, 75, 82, 83 ff., 94, 102, 106, 110 ff., 117, 129, 202, 207, 210
Koler, Karl A.: 189
Kügelchen: 78, 88

Lawden, D. F.: 195 ff.
Lernen: 183, 187, 191, 190
Lernmaschinen: 138, 137, 144
Lerner, Michael: 102
Leucin: 43
Leben: 14, 15, 16, 17, 18, 19, 21, 22 ff., 30 ff., 39 ff., 43 ff., 49 ff., 53 ff., 66 ff., 71 ff., 75, 82, 84, 85 ff., 91, 93, 94, 97, 105, 109 ff., 111, 112 ff., 118 ff., 126 ff., 131, 132 ff., 145, 146, 149, 201, 203, 210, 215, 223, 228, 237
Lebende Materie; lebendes Substrat: 20, 24, 47, 69, 72, 73, 78, 84, 85, 95, 97, 165, 175, 207, 215
Lochin, John: 187

Lunar Material (Mondmaterial): 210
Labyrinth: 115 ff.

Makromolecüle: 39, 43, 44, 46, 47 ff., 52 ff., 69, 74, 75, 85, 88, 96, 97, 98 ff., 102, 103 ff., 111, 117, 121, 124, 126
Manipulatione, intelligent: 54
Mannose: 43
Marxismus, Kommunismus: 16, 17, 221
Materie: 24 ff, 62, 71, 91, 94, 95, 97, 101, 109, 110, 111, 119, 121, 122, 127, 128, 131, 145, 146, 148, 154, 162 ff., 166, 168, 172, 175, 180, 197, 201, 206, 207, 208, 209, 210, 211 ff., 223, 228, 230, 235, 239
Matrizen: 65
McCarty, Prof. J.: 192
McDowell, Ian: 225, 226
Medarwar, Sir, Peter: 32, 85, 86
Membrane (semi-permeable): 88
Meskalin: 173
Metabolismus; Stoffwechselenergie: 60, 71, 74, 75, 76, 78, 80, 82, 98, 99, 114, 118, 129, 130, 132, 133, 136 ff., 140, 187, 212, 224
Metallurgie: 67
Methan: 41, 42, 68, 126
Mäuse: 115 ff.
Mikrosphären: 59, 73, 78 ff., 91, 93 ff., 98
Miller S. L.: 26, 40, 42, 68
Minsky, M. L.: 192
Molybdat: 86
Molybdänsäure: 86, 87
Mond: 210
Monomere: 72, 104, 116
Montagnarts: 68
Montmorillonit: 66
Mora, Peter T.: 104, 105
Morphogenezität: 77 ff., 83, 89, 93
Morphologie: 85, 90, 91, 212
Motoren, Stoffwechsel: 37, 62, 91, 107, 145
Multidimensionale Systeme: 177
Musik: 215
Muster, Pläne: 55 ff, 63 ff, 149, 190, 199, 207, 212, 229
Musterherstellung: 194, 195, 212

Mustererkennung: 183, 185, 188, 190, 192, 193, 194, 212
Mutationen: 23, 33, 99, 162
Mythen: 14

Nachahmung von Persönlichkeit: 186
Natrium: 135
Natürliche Auslese: 22, 33, 37, 38, 99, 100, 105, 106, 135, 140, 162, 202 ff., 215, 217, 233, 235
Naturalismus: 18
„Naturtheologie": 213, 217, 218
Naturwissenschaftlicher Materialismus: 12 ff., 23, 24, 27 ff., 53, 76, 83, 88, 89, 91, 95, 98, 108, 120 ff., 127, 128, 129 ff., 154, 157, 158, 161, 165, 201, 228
Neobiogenese: 21, 89, 108, 113
Neo-Darwinismus; Neo-Darwinisten: 12, 19 ff., 28 ,30, 31, 32 ff., 35, 38, 72, 99, 101, 105, 120, 121, 135, 136, 145, 150, 199, 205 ff., 223, 227, 228, 229, 233, 235
Nervennetz: 153, 158, 164, 170, 171, 172
Nervenbäume: 171
Neuronen: 153, 171
Nitrile: 46, 82
Nicht-zufällige Vorgänge: 47, 103, 224
N-Methylalanin: 43
Nucleinsäuren: 40, 46, 65, 72, 74, 97, 103
Nucleoprotein: 97
Nucleotidtriphosphatasen: 98

Onsager: 112
Ordnung: 16, 17, 20 ff., 34, 35, 47, 55 ff., 59, 62, 65 ff., 77 ff., 93 ff., 94 ff., 100, 106, 107, 109, 110, 118, 119 ff., 130, 133, 135, 136, 145, 146, 147, 149, 163, 166, 201 ff., 210 ff., 215, 218, 221, 224, 225, 235, 237
Ovum, Eizelle: 109

Paley, William. S.: 213 ff.
Papert, S.: 192
Parasit: 60

Pasteur, Louis: 21
Paraformaldehyd: 86
Peptid: Peptidketten: 40, 65 ff., 111, 116, 122
Pfueger: 46
Phenylalanin: 43
Philister: 221
Photonen: 159, 160
Phylogenese: 21, 23, 136, 235
Plasmaproteine: 115, 117
Plasmogenie: 82
Plato: 175
Polymerase: 98, 103
Polymere; Polymerisationen: 39, 46 48, 52, 54, 63, 66, 75, 98, 103, 110, 111, 114, 123
Polymetaphosphate: 54
Polynucleoidkette: 72
Polynucleotidphosphorylase: 98
Polypeptide: 53, 63, 96, 108
Popper, Prof. Karl: 32
Porphrine: 39, 43, 45 ff.
„Präbiotische" Erde: 36, 39, 43, 45, 52, 65, 66, 73
Prigogine: 112
Primitive Umstände: 25, 39, 43, 45, 98, 110
Programme, Programmierung: 100, 113, 126, 127, 133, 135 ff., 151, 156, 157, 186, 187 ff., 190, 191, 226, 227 ff., 230 ff., 235
Prolin: 43
Propionsäure: 42
Proteine: 50, 55 ff., 58, 59, 64, 65, 66, 69, 72, 96, 103, 104, 107, 115, 124
Proteine, lebensfähige: 37, 40, 46, 49, 64, 67, 78, 82, 84, 103 ff.
Proteinoide: 48, 59, 64, 68
Protobiologie: 39, 97
Protozellen; Urzellen: 74, 91
Protoplasma: 83, 84
Physische Eigenschaften: 156, 197, 208, 210
Physische Wechselwirkung: 198
„Physischer Drang": 62, 210, 211
Psychoraum: 158, 159, 160, 161, 170, 171, 172
Pyridin: 45
Pyrokondensation: 54
Puzzlespiel: 49
Punkt Omega: 62, 239

Quarzsand: 43, 54

Radikale: 47, 63, 102, 106
Radioaktivität: 62
Raum/Zeit Kontinuum: 168 ff.
Relativitätstheorie: 177
Reolikation: 138
Reproductionsvorgänge: 81, 93
Reversible Reactionen: 25, 36, 53
Ribose: 43
Ribosome: 57, 135
Ribulose: 43
RNS: 55, 56, 82 ff., 124, 135
Roboter: 135, 137, 138, 142, 151,
    153, 175, 187, 192, 193 ff., 198,
    219
Rohrzucker: 87
Rosen C. A.: 183, 193
Rußland: 90, 191

Sagan, Karl: 98
Sarcosin: 42
Sauerstoff: 52
Schlußfolgerndes Denken: 183, 184
Schöpfer: 26, 27, 30, 31, 61, 91,
    164, 174
Schöpfung: 30, 61, 163, 165
Schützenberger: 29, 33, 34, 119,
    120, 145, 203 ff., 208
Selektivität: 59, 64, 65
Serin: 42
Sequenzen: 46, 47, 59 ff., 67, 76,
    82, 84, 103, 104, 106, 110, 111,
    114, 115, 123 ff., 141 ff, 224,
    228
Silikate: 78
Soale, S. G.: 198
Spezifität: 53, 54, 61, 63, 64 ff., 68,
    69, 70, 76, 77, 103, 104, 105 ff.,
    111, 124
Spermium: 109
Spontane Reaktionen: 21 ff., 34,
    39, 40, 42, 44 ff., 59 60, 62,
    65 ff., 77, 79, 81, 94, 97, 98, 100,
    106, 107, 112 ff., 119, 121, 227
Sprache: 183, 190, 191, 194, 230,
    231, 232
Stanford Research Institute: 193
Stanford Universität: 192
Steinman, Gary: 25, 40, 45, 78 ff.,
    82, 89, 106

Stereochemie: 63, 116
Stereospezifität: 47, 114
Sterische Hindernisse: 114 ff.
Stickstoff: 50
Strahlung: 62
Stoffaufnahme: 80, 81, 189
Succinylchlorin: 152
Superintelligenz: 209
Schweiz: 67
Substanzen, tote; unbelebte: 20 ff.,
    24, 26, 30, 31, 39, 41, 45, 64,
    107, 111, 207, 208, 228
Systeme, geschlossene: 112

Teilhard de Chardin, Vater Pierre:
    32, 61, 62, 101, 106, 197, 202,
    207, 239
Telepathie: 157, 198
Tetrosen: 43
Theismus: 27, 62
Thermionische Röhren: 133
Thermodynamik: 47, 62, 93, 97,
    101, 105, 112, 131, 135, 140,
    141, 145, 207, 212, 220, 225,
    226
Threonin: 42
Thiozyanat: 83, 84
Transdimensionale Realität: 180
Transmaterial: 178, 212
Transzendent: 17, 19, 117, 178, 180,
    202, 210, 211, 212
Trypsin: 86
Türkei: 12, 13, 90, 128
Tyrosin: 43
„Teufelchen": 226 („Maxwell Teu-
    felchen")

Übernatürlich, supernatürlich:
    13 ff., 23, 26, 27 ff., 41, 46, 86,
    98, 106, 122, 128, 132, 154, 202
UV-Strahlung: 42, 44, 83
Universum, Welt: 18, 21, 146, 164,
    165, 166, 173, 175, 209, 215, 221,
    226, 231, 235, 237
Unspezifität: 102
Ursprung, Herkunft, Entstehung
    des Lebens: 16 ff., 23, 25, 26,
    39, 40, 41, 71, 85, 86, 88, 89,
    93, 97, 108, 120, 162, 201, 203,
    211, 229, 238
Entstehung,
    Ursprung, Herkunft:

201 ff., 228 ff.
Entstehung,
  Ursprung, Herkunft der Arten:
  22, 35
University of Aston, Birmigham,
  England: 195
Vakuolisierung: 80—81, 83, 85.
Valin: 43, 64
Viren: 60
Vitamin C: 208, 211
Vereinigte Staaten: 13, 15, 26, 90,
  192
Vorstellung: 159, 185, 190

Waddington, Dr.: 119, 205 ff.
Wald, Dr.: 205
Wahrscheinlichkeit: 104, 105, 145,
  225
Wärmelehre: 66, 91, 112, 199, 206,
  223
Wasserstoff: 50
Wasserstoffsuperoxyd: 88
„Wechselwirkung mit den nächsten
  Nachbarn": 110, 111, 115, 124
Weisskopf, Prof. V. F.: 34
Weltanschauung: 18, 19, 62, 83,
  146, 161, 174
Weltlinien: 168 ff.
Weyl: 174

Whitehead: 197, 208
Wigner, E. P.: 104
Wunder: 148

Zeit: 20, 21, 171, 172, 174, 175, 176
Zeitspannen, Zeiträume: 23, 25, 35,
  36, 47, 91, 98, 99, 104, 105, 108,
  130, 135, 140, 142, 145, 202,
  210, 216, 217, 228, 233, 235,
  236
Zink: 83
Zinkacetat: 45
Zucker: 43, 49
Zuckerrübe: 142 ff.
Zufall: 16, 33, 34, 35, 47, 72, 93,
  94, 101 ff., 105, 106 ff., 120 ff.,
  130, 140, 141, 144, 145, 202, 205,
  206, 211, 212, 214 ff., 223, 224,
  225, 229, 233
Zufällige, willkürliche Reaktionen,
  Prozesse und Entwicklungen:
  21 ff., 26, 27, 38, 40, 43, 49, 53,
  57, 59, 61 ff., 72, 93, 94 ff.,
  103 ff., 113, 123, 136, 162, 166,
  204, 223, 228, 235, 236
Zygote: 22, 36, 37, 135

C. Wilder Smith
mit Mitarbeit von E. Wilder Smith

Lieferbare TELOS-Taschenbücher

2	Dale Rhoton Die Logik des Glaubens	54	Jörg Erb Missionsgestalten
5	MacDonald Wahre Jüngerschaft	55	Richard Kriese Besiegte Schwermut
8	Jörg Erb Nichts kann uns scheiden	56	Peter Beyerhaus Bangkok '73
10	Anton Schulte Es gibt einen Weg zu Gott	57	Bill Bright Die letzte Revolution
13	Watchman Nee Der normale Mitarbeiter	58	Edith Willies-Nanz Pelicula
14	Watchman Nee Sitze, wandle, stehe	59	Siegfried Wild Damit die Richtung . . .
15	Faith Coxe Baily Auch sie wurden frei	60	Luise Hubmer Der Freude Grund (I)
17	Elisabeth Seiler Berufen und geführt	61	Luise Hubmer Des Lebens Kraft (II)
18	Elisabeth Seiler Tut seine Wunder kund	64	Rolf Scheffbuch Ökumene contra Mission
19	Elisabeth Seiler Wunderbar sind seine Wege	65	Arthur Mader Hören, Schweigen, Helfen
20	Wilhelm Gottwaldt Wissenschaft contra Bibel?	66	Friedrich Hauss Biblische Taschenkonkordanz
21	Wolfgang Heiner Fragen der Jugend	67	Heinrich Kemner Glaube in Anfechtung
25	W. Ian Thomas Christus in Euch – Dynamik . . .	68	Karl Weber F. W. Baedeker/Georg Müller
26	Karl-H. Bormuth Alte Gebote und neue Moral	69	Frieda Wehle Darum gehe hin
27	George Verwer Jesus praktisch erleben	70	Herta-Maria Dannenberg Komm zu mir nach Afrika
28	Klaus Vollmer Chance und Krise des Lebens	71	Heinrich Kemner Prophetische Verkündigung
30	George Verwer Konfr. Menschen m. Christus	72	Alfred Stückelberger Autorität – Ja oder nein
31	Hellmuth Frey Zusammenschluß d. Kirchen	73	Marie Hüsing Anruf und Trost
32	Wolfgang Heiner Botschafter Gottes, Bd. 1	75	Friedrich Kosakewitz Mit Gottes Wort unterwegs
33	Wolfgang Heiner Botschafter Gottes, Bd. 2	76	Jean Saint-Dizier Ich bin geheilt
34	Wolfgang Heiner Botschafter Gottes, Bd. 3	77	Fritz Grünzweig Scheinwerfer auf dem Weg . . .
35	Heinrich Jochums Heilsgewißheit	79	H. Tanaka . . . mitten unter die Wölfe
36	Gertrud Volkmar Vom Glücklichwerden . . .	80	Hans Edvard Wislöff Auf sicherem Grund
39	Heinrich Kemner Wir wählen die Hoffnung	81	Burkhard Krug Erweckung im hohen Norden
40	Wilhelm Gottwaldt Fehler in der Bibel?	82	Rudolf Irmler Weihn. – daheim u. draußen
41	Alfred Lechler Ein Arzt gibt Lebenshilfe	83	Betty Macindoe Wo alle Wege enden
42	Lieselotte Breuer Jesus – im Detail erlebt	84	Rolf Scheffbuch FRAG-würdige Ökumene
44	Jörg Erb Dichter und Sänger, Bd. 2	86	Karl Heim Der geöffnete Vorhang
45	James Adair Fixer finden Jesus	87	Richard Kriese Ohne Angst in die Zukunft
46	J. Oswald Sanders Geborgenheit u. Wagnis	89	W. Ian Thomas Man br. Gott, u. Mensch zu sein
47	Otto Riecker Mission oder Tod	90	Otto Riecker Leben unter Gottes Führung
49	W. Ian Thomas Tote können nicht sterben	91	Kurt Scherer Zu seiner Zeit
50	Michael Green Es k. mir keiner m. Tatsachen	92	Friedrich Hauß Biblische Gestalten
51	Jack Wyrtzen Ist Sex Sünde?	93	Michael Green Dann lebt er also doch
52	Karl Weber Klarer Kurs in wirrer Zeit	94	Albert Jansen Traum der Liebe

96 Erich Schnepel
Wirkungen des Geistes
97 Jakob Hitz
Seelsorge an sich selbst
98 Francis Schaeffer
Die neue religiöse Welle
100 Ludwig Schneller
Tischendorf-Erinnerungen
101 Edith Willies Nanz
Gauchos hören von Christus
102 Anny Wienbruch
Ein Sommer mit Jakob
104 Rolf Scheffbuch
Zur Sache: Weltmission
105 Johanna Dobschiner
Zum Leben erwählt
106 Wilder Smith
Herkunft u. Zukunft d. Mensch.
107 Allan Sloane
Time to run
108 Rolf Scheffbuch
Jesus nach denken
109 Karl Backfisch
Christus in einer atheist. Welt
110 Hellmuth Frey
Jesus allein od. Jesus und . . .
111 Otto Mosimann
Alles überwindende Liebe
112 Doreen Irvine
D. Königin d. schwarzen Hexen
114 Ernst Modersohn
Im Banne des Teufels
115 A. Stückelberger/L. Rossier
Was sagt u. Gott d. uns. Kind.?
116 Watchman Nee
Der Gebetsdienst
117 John R. W. Stott
Es kommt auch auf d. Verst. an
118 Aimé Bonifas
Das Evangelium für Spanien
119 Horst Zentgraf
Sag ja
120 Lane Adams
Komm, flieg mit mir
122 G. C. Willis
Er aber war aussätzig
123 Fritz Hubmer
Die dreif. Freiheit der Erlösten
124 Daniel Schäfer
Einsame Heilige
125 Hermann Leitz
Engel gibt es
126 Immanuel Sücker
Weltraum, Mensch u. Glaube
127 Elishewa Marwitz
Wächter über deinen . . .
128 Wilder Smith
Ergriffen? Ergreife!
129 Udo Middelmann
Pro Existenz
130 L. A. T. Van Dooren
Realität der Auferstehung
131 L. A. T. Van Dooren
Gebet, das lebensnotwendige
Atmen des Christen
132 Bruno Schwengeler
Verschobene Proportionen
133 Watchman Nee
Die verborgene Kraft
134 Festo Kivengere
Erneuerte Gemeinden

135 Watchman Nee
Das Werk Gottes
137 Rolf Lindenmann
Von der Lebensangst
zur Lebensfreude
138 Anton Schulte
Leben ist Freude
140 Horst Zentgraf
Nimm, was dein ist
141 Hildegard Krug
Dein Weg wird hell
145 Michael Green
Jesus bedeutet Freiheit
146 Hermann Gschwandtner
Dein Haus für Christus
147 Erich Schnepel
Bauleute Gottes
148 Werner Kretschmar
Wie teuer ist das Glück?
149 Arno Pagel
Ludwig Hofacker
150 Hans Rohrbach
Anfechtung und
ihre Überwindung
152 Festo Kivengere
Wenn Gott handelt
153 Traugott Thoma
Vom Amboß
auf die Kanzel
154 Klaus W. Müller
Südsee-Missionare unterwegs
156 Helene Luginsland
Draußen vor dem Osttor
157 Müller/Erdlenbach
Missionarische Gemeindearbeit
158 Armin Mauerhofer
Die vollkommene Erlösung
Jesu Christi
159 Hugh Steven
Manuel
162 J. Oswald Sanders
Machtvoller Glaube
163 Richard Kriese
Dein Leid ist nicht sinnlos
164 Daniel Schäfer
Vom segnenden Leid
165 Immanuel Sücker
Angst, Furcht, Geborgenheit
166 Arno Pagel
Da zünd dein Feuer an
167 Elli Kühne
Gott ruft Menschen
168 Robert H. Schuller
Dynamisches Familienleben
169 Karl Kalmbach
Ein Urwalddorf
170 Michael Griffiths
Alles oder nichts
172 H.-J. Schmidt
Frei für Gott und den Nächsten
173 Werner Krause
Licht in meine Dunkelheit